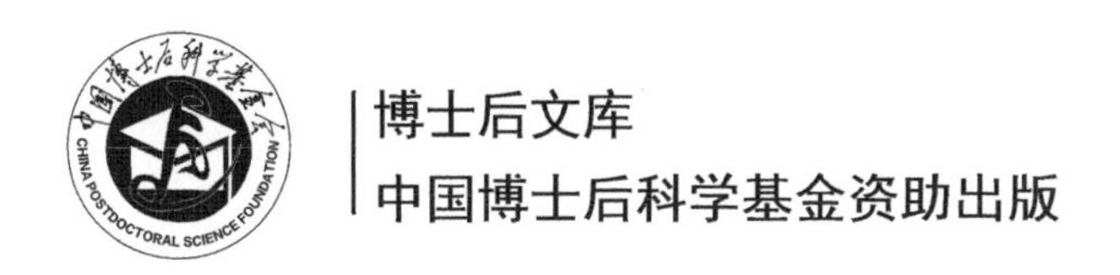

深部煤层充填开采覆岩运移控制技术理论与实践

王方田　著

科 学 出 版 社
北 京

内 容 简 介

充填开采是保障深部煤层开采安全、提高资源采出率与保护生态环境的有效技术途径。本书瞄准深部煤层超高水充填开采覆岩运动控制技术的瓶颈难题，立足于山东义能煤矿超高水材料充填开采示范区，系统研究了深部煤层充填开采地质特征、超高水充填开采覆岩运移规律、充填体与煤柱协同承载机理、充填工作面安全高效过断层技术、充填开采冲击地压防控效应及智能化充填与开采协调控制技术，为实现“三下”深部煤层安全高效智能绿色开采提供了科学依据。本书内容翔实，提供了丰富的实例、模型、数据与图表，可以帮助读者提升对深部煤层充填开采覆岩运移控制技术的理论与实践的认知，拓展固体矿产资源科学开发思路。

本书可为充填开采、智能采矿、资源规划设计与矿山生态环境治理等相关领域的科学研究人员、工程技术人员提供参考，也可作为采矿工程、资源与环境、安全工程等专业的教学参考用书。

图书在版编目（CIP）数据

深部煤层充填开采覆岩运移控制技术理论与实践 / 王方田著. —北京：科学出版社，2021.3

（博士后文库）

ISBN 978-7-03-068153-9

Ⅰ. ①深… Ⅱ. ①王… Ⅲ. ①煤矿开采－充填法－研究 ②煤矿开采－岩层移动－研究 Ⅳ. ①TD823.7 ②TD325

中国版本图书馆 CIP 数据核字（2021）第 034332 号

责任编辑：王　运　张梦雪 / 责任校对：王　瑞

责任印制：吴兆东 / 封面设计：陈　敬

科学出版社 出版

北京东黄城根北街 16 号

邮政编码：100717

http://www.sciencep.com

北京九州迅驰传媒文化有限公司印刷

科学出版社发行　各地新华书店经销

*

2021 年 3 月第 一 版　开本：720 × 1000　1/16

2025 年 2 月第二次印刷　印张：12 3/4

字数：257 000

定价：168.00 元

（如有印装质量问题，我社负责调换）

《博士后文库》编委会名单

《博士后文库》序言

1985 年，在李政道先生的倡议和邓小平同志的亲自关怀下，我国建立了博士后制度，同时设立了博士后科学基金。30 多年来，在党和国家的高度重视下，在社会各方面的关心和支持下，博士后制度为我国培养了一大批青年高层次创新人才。在这一过程中，博士后科学基金发挥了不可替代的独特作用。

博士后科学基金是中国特色博士后制度的重要组成部分，专门用于资助博士后研究人员开展创新探索。博士后科学基金的资助，对正处于独立科研生涯起步阶段的博士后研究人员来说，适逢其时，有利于培养他们独立的科研人格、在选题方面的竞争意识以及负责的精神，是他们独立从事科研工作的"第一桶金"。尽管博士后科学基金资助金额不大，但对博士后青年创新人才的培养和激励作用不可估量。四两拨千斤，博士后科学基金有效地推动了博士后研究人员迅速成长为高水平的研究人才，"小基金发挥了大作用"。

在博士后科学基金的资助下，博士后研究人员的优秀学术成果不断涌现。2013 年，为提高博士后科学基金的资助效益，中国博士后科学基金会联合科学出版社开展了博士后优秀学术专著出版资助工作，通过专家评审遴选出优秀的博士后学术著作，收入《博士后文库》，由博士后科学基金资助、科学出版社出版。我们希望，借此打造专属于博士后学术创新的旗舰图书品牌，激励博士后研究人员潜心科研，扎实治学，提升博士后优秀学术成果的社会影响力。

2015 年，国务院办公厅印发了《关于改革完善博士后制度的意见》（国办发〔2015〕87 号），将"实施自然科学、人文社会科学优秀博士后论著出版支持计划"作为"十三五"期间博士后工作的重要内容和提升博士后研究人员培养质量的重要手段，这更加凸显了出版资助工作的意义。我相信，我们提供的这个出版资助平台将对博士后研究人员激发创新智慧、凝聚创新力量发挥独特的作用，促使博士后研究人员的创新成果更好地服务于创新驱动发展战略和创新型国家的建设。

祝愿广大博士后研究人员在博士后科学基金的资助下早日成长为栋梁之才，为实现中华民族伟大复兴的中国梦做出更大的贡献。

李静海

中国博士后科学基金会理事长

前　言

煤炭安全高效绿色开采是我国中长期能源战略安全的重要保障。随着长期大规模高强度开发煤矿，中东部矿区长期开发的主力矿井与西部新近建设矿井多已进入深部开采，深部应力环境发生显著变化，呈现煤岩体变形塑性化、强时间效应、扩容性、不连续性等特征，易导致突发性工程灾害和重大伤亡事故。同时我国“三下”（建筑物下、铁路下、水体下）压煤资源量巨大尤其是中东部矿区多处于村庄城镇建筑密集的平原地带，建筑物与生态环境保护要求高，传统条带开采等方法造成矿井采掘接续紧张、资源采出率低、服务年限缩短，严重制约了煤矿可持续发展。

充填开采是深部煤炭开采控制覆岩破裂及地表变形的最有效方法，也是实现能源开发与城市建设协同发展的重要技术支撑。国家生态文明建设及黄河流域生态保护和高质量发展战略对深部充填开采提出了新的要求，既要控制覆岩运动尽可能对生态环境微扰动，又要保证充填材料的环保性避免二次污染，直接促进了超高水材料深部充填开采发展。

本书瞄准深部煤层超高水充填开采覆岩运动控制技术的瓶颈，立足山东义能煤矿超高水材料充填开采示范区，综合运用现场调研、实验室实验、理论分析、数值计算及现场应用等研究方法，对深部煤层充填开采地质特征、超高水充填工作面覆岩运移规律、充填体与煤柱协同承载机理、充填工作面安全高效过断层技术、充填开采冲击地压防控效应及智能化充填与开采协调控制技术进行了系统研究，主要成果包括：①现场调研了深部煤层充填开采地质生产特征，实验分析了深部煤岩物理力学参数及超高水材料基本性能；理论分析确定直接顶、基本顶初次断裂步距，表明传统垮落法管理顶板存在厚砂岩顶板大面积来压冲击动力灾害隐患，提出了超高水充填开采顶板破断判据，揭示了超高水充填开采覆岩运移规律。②构建了充填体+煤柱协同承载结构力学模型，分析了超高水材料充填体对覆岩及煤柱的支护特征，揭示了充填体支护作用机制，确定了合理充填率、水体积比及煤柱尺寸设计参数，表明充填体+煤柱协同承载可有效降低顶板破裂范围并控制覆岩运移。③对比分析了垮落法、充填开采条件下断层对应力传递及塑性区发育的阻隔作用特征，为避免超高水充填工作面过断层时发生动力灾害，提出了区域防冲、爆破碎岩、冒顶片帮防治等技术，实现了安全高效过断层效果。④基于能量理论分析了超高水充填开采煤体变形能积聚演化规律，提出了超高水充填工作面发生冲击地压的最小动能判据，揭示了充填开采防治冲击地压效应，现场微震系统监测结果表明不会发生冲击地压。⑤构建了智能化超高水充填开采协调控制系统，提出了深井大流量浆料输送、管道堵塞防治、二次充填、协同控顶及矸石泵送留巷无煤柱开采等采充协调的覆岩运移关键控制技术，形成了深井超高水充填开采工作面安全高效智能化监测预警机制。现场实践实现了“三下”深部煤层安全高效智能绿色开采，为类似条件煤炭资源科学开发提供了示范。

本书研究得到了国家重点研发计划项目（2018YFC0604701）、国家自然科学基金面上项目（51974297）、中国博士后科学基金面上项目（2018M630634）、中央高校基本科研业务费专项资金面上项目（2019XKQYMS50）的资助。研究过程中，煤炭资源与安全开采国家重点实验室、深部煤炭资源开采教育部重点实验室、江苏省矿山地震监测工程实验室、江苏省老工业基地资源利用与生态修复协同创新中心提供了平台支持。在本书所涉课题研究过程中，屠世浩教授、郭广礼教授、冯光明教授、窦林名教授、李乃梁副教授、巩思园副研究员、李怀展副教授等给予了悉心指导；在现场实施过程中，山东裕隆集团公司的彭新宁总经理、吴承国副总经理、王子升总工程师，山东义能煤矿有限公司的李少涛矿长、孙力总工程师、刘士法副总工程师、孔祥民工程师等给予了指导帮助，为顺利开展研究奠定了良好基础。硕士研究生赵宾、梁宁宁、马奇、李岗、班建光、任帅、高翔、邵栋梁等参与了模拟实验和现场监测分析工作，在此表示感谢。特别感谢博士后科学基金对本书出版的资助。

由于作者水平有限，书中难免存在疏漏之处，恳请广大专家学者和同行不吝赐教。

2020年10月

目　　录

第1章 绪　论

1.1 研究背景及意义

随着浅部煤炭资源长期高强度开采，如何实现深部煤层安全高效开采与生态环境保护是当前煤炭绿色开采的重大难题之一。我国“三下”（建筑物下、铁路下、水体下）压煤量达 137.9 亿 t，其中建筑物下压煤量达 87.6 亿 t，特别是中东部矿区多处于建筑密集、交通发达的平原地带，生态环境保护要求高，“地上”城镇可持续发展与“地下”矿产资源开发矛盾突出，造成矿井采掘接续紧张、资源采出率低、服务年限缩短，严重制约了能源供应的稳定性和经济环境的协调性（吴吟，2012）。目前，中东部矿区长期开发的主力矿井与西部新近建设矿井多已进入深部开采，应力环境发生显著变化，呈现煤岩体变形塑性化、强时间效应、扩容性、不连续性等特征，导致突发性工程灾害和重大伤亡事故显著增加，“三下”深部煤炭资源开采已成为煤炭产业可持续发展的重要制约因素（谢和平等，2012；李长洪等，2017；谢和平，2017）。图 1.1 为 1982 年、2005 年、2018 年“三下”压煤量以及煤炭年产量统计（徐法奎和李凤明，2005）。

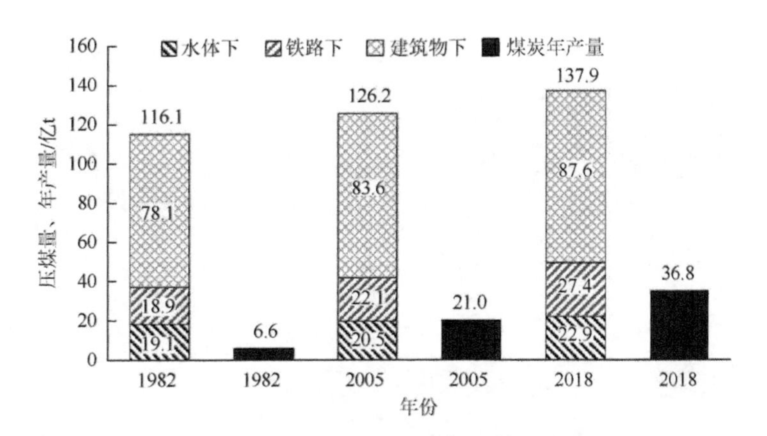

图 1.1 “三下”压煤量与煤炭年产量对比

目前，开采“三下”压煤主要有以下两种技术途径：①疏迁受护对象，如搬迁村庄、疏降水体等措施；②控制岩层移动，包括条带开采、充填开采及协调开采等方法（许家林等，2004，2006；冯光明等，2010，2011，2015；Xuan et al.，

2013；Wang et al.，2018，2020；王方田等，2020）。前者村庄搬迁费用高、社会问题突出，而充填开采能很好地控制覆岩运移程度，有效减缓地表沉降变形，避免建（构）筑物损毁，为提高“三下”资源采出率、缓解采掘接续紧张、降低地表沉降及保护生态环境提供了新思路。

传统综采工作面垮落法管理顶板时，采空区覆岩运移逐步影响到地表，在竖向上形成垮落带、裂隙带和弯曲下沉带的“三带”特征，因采厚不同导致地表不同程度的沉陷破坏，如图 1.2（a）所示；应用充填开采技术后，直接顶受充填体支撑，其下沉空间受限，有效改变了覆岩变形破坏特征，仅造成直接顶破裂运动，如图 1.2（b）所示。待采空区稳定后，地表沉陷变形量在建筑物Ⅰ级保护范围内，可实现建筑物、耕地及生态环境的有效保护。

充填开采对于防治深井动力冲击灾害、减少地表下沉、保护生态环境具有重要影响（周杰彬等，2012；张升等，2019）。以超高水材料充填开采为例，其具有工艺简单、水体积比高、用料少、充填率高、适应性强、劳动组织相对简单等特点，现场应用可有效解决开采与地面环境保护之间的突出矛盾，合理充填开采后不会造成地表建筑物坍塌破坏，同时具有防治冲击地压、防灭火、防治水、提高资源开采率等优势（冯光明等，2010，2011，2015）。大量实践表明，充填开采技术实际应用后的效果受工作面布置、充填设计参数、覆岩结构、长期演化等因

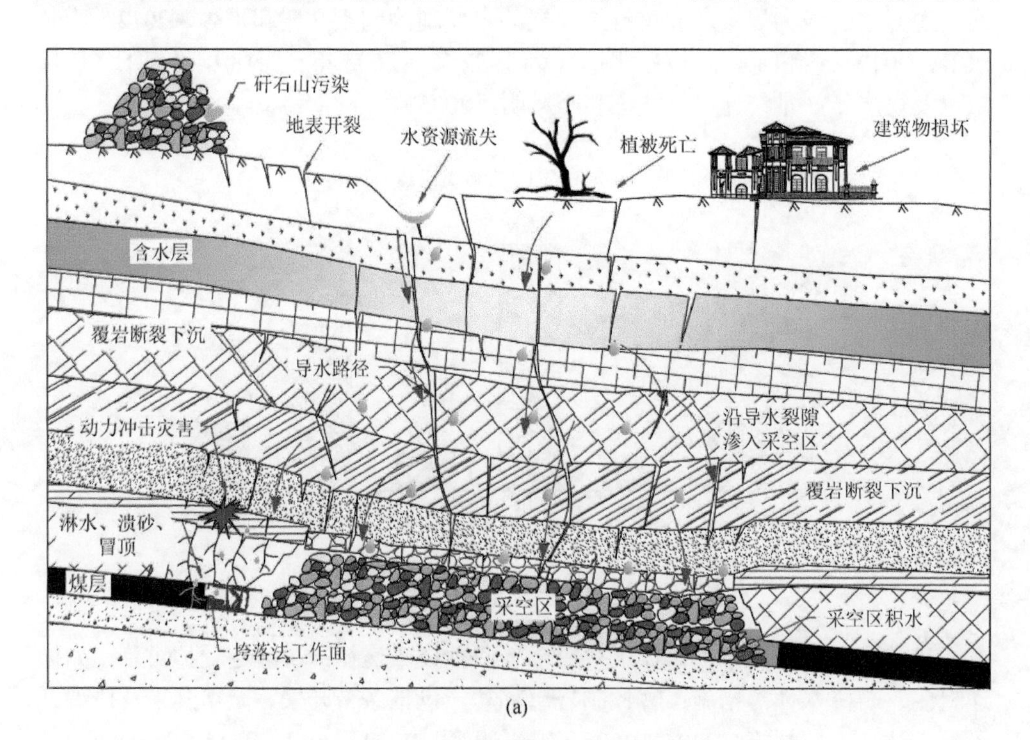

(a)

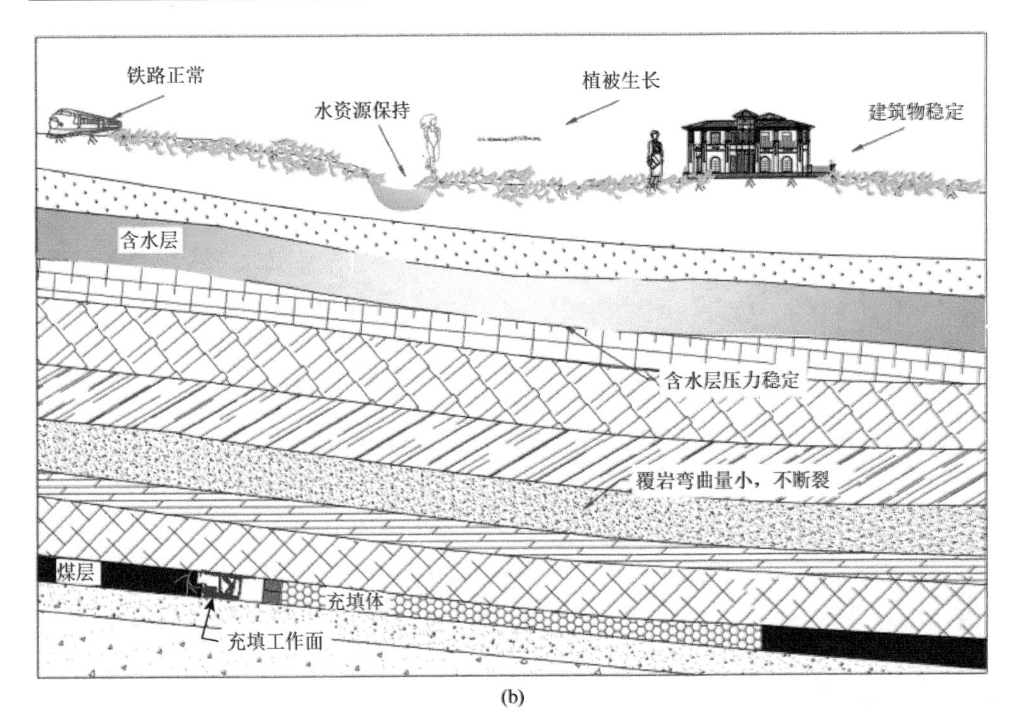

(b)

图 1.2 不同顶板管理方式覆岩运移特征

(a) 垮落法管理顶板的“三带”特征；(b) 充填开采覆岩运移特征

素制约，若设计不合理将造成实践结果与预计差距大，甚至不能满足基本要求。“三下”煤层充填开采时，工作面之间会留设一定宽度煤柱支撑覆岩。当采空区被充填满后，充填体、煤柱各自支撑覆岩，维持覆岩的整体稳定，如图 1.3 所示。如何实现充填体与煤柱的协同承载对控制覆岩运移具有重要影响。此外，由于深部煤层断层构造复杂，如何安全高效过断层，防止动力冲击灾害成为当前的技术难题。随着煤矿智能化开采技术不断发展，开采与充填协调已成为煤矿智能化绿色开发的重要发展方向。

因此，本书以深部煤层充填开采覆岩运移控制技术为研究主题，围绕深井超高水充填工作面覆岩运移规律、充填体与煤柱的协同承载机理、充填工作面安全高效过断层技术、超高水充填开采冲击地压防控效应、智能化超高水充填开采协调控制技术等展开研究，揭示充填工作面覆岩运移规律及区段煤柱稳定性机理，提出合理的充填率（充填高度）、充填材料水体积比、煤柱尺寸，探究断层构造等对覆岩运移的影响规律及充填开采防治冲击地压效应，提出智能化开采与充填协调的覆岩运移控制技术，为实现深部煤炭资源开采安全与生态环境保护提供科学依据。

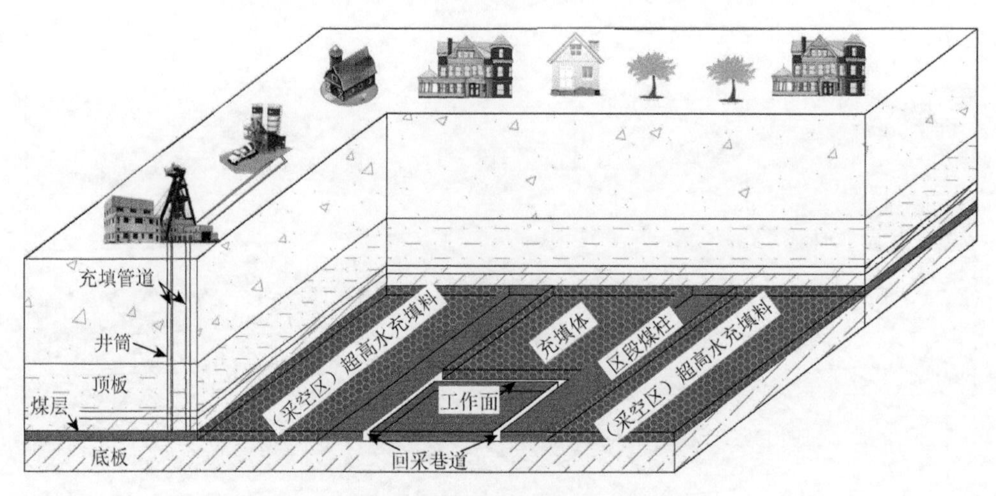

图 1.3 超高水充填系统示意图

1.2 国内外研究现状及综合评述

1.2.1 充填开采技术

充填开采技术是利用外来材料（如砂、矸石、碎石、粉煤灰等）充填采空区，以达到控制岩层移动以及地表沉陷的一种开采技术（许家林等，2015；张强等，2017；张吉雄等，2018）。充填开采技术从提出应用至今已逾百年，总体经历 5 个阶段，如图 1.4 所示。

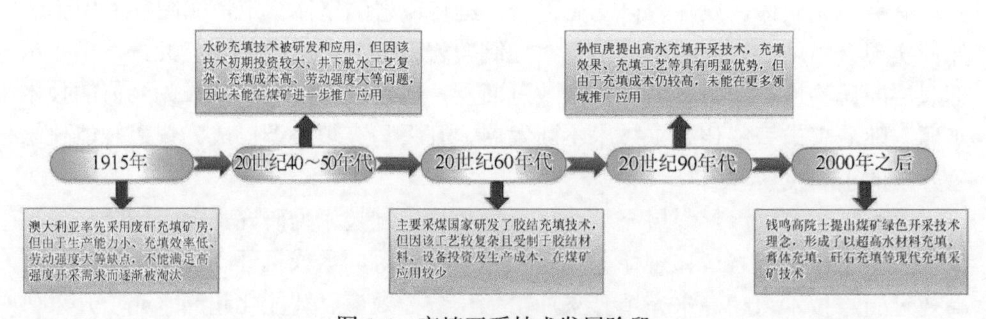

图 1.4 充填开采技术发展阶段

1. *废矸充填矿房*

1915 年，澳大利亚采用废矸充填矿房，成为最早进行充填开采的国家，但该充填方式效率低、劳动强度大、生产能力小，不能满足高强度开采的需求而逐渐被淘汰（Cowling，1998；Nantel，1998）。

2. 水砂充填开采

1950年前后，欧洲主要采煤国家采用水砂充填代替了废矸充填，取得了较好的效果。20世纪40～50年代，我国金属矿山引进水砂充填技术，但因初期投资较大、井下脱水工艺复杂、充填成本高、劳动强度大等缺点，未能在煤矿进一步推广应用（海国治和张春良，1987；李启成和邹文洁，2005）。

3. 胶结充填开采

加拿大、苏联和中国等主要采煤国家在20世纪60年代研发了胶结充填技术，以碎石、尾砂等为骨料，与类水泥材料搅拌形成膏体后，通过泵送或自流运至采空区充填。在20世纪70年代开始研究高浓度胶结充填，全尾砂高浓度胶结充填技术解决了当时矿井充填材料不足的问题，且减少了环境污染（常庆粮等，2011）。由于该充填工艺受制于胶结材料，且充填设备费用、运行成本较高，在煤矿应用较少。

4. 高水充填开采

我国学者在20世纪90年代提出了高水充填开采，采用高水材料（凝结料）进行采空区充填，通过管道设备输送至采空区，凝固后支撑围岩。高水充填开采技术在充填效果、充填工艺等方面具有明显优势（王旭锋等，2014；孙春东等，2015；张汉雄等，2016），但由于充填成本仍较高，限制了进一步推广应用。

5. 机械化高强度充填开采

21世纪以来，我国煤炭行业飞速发展，冲击地压、防治水、防灭火、地表沉陷、环境污染及“三下”压煤开采等一系列问题日益突出，许多煤矿面临煤炭资源枯竭、濒临关井等问题。为此，我国学者钱鸣高等（2003）提出煤矿绿色开采技术及科学采矿的理念，形成了以膏体充填开采技术、超高水材料充填开采技术等为代表的现代新型充填采矿技术体系，均得到了较大规模推广应用，并取得了较好的实践效果。

1）膏体充填

中国矿业大学周华强等（2007）研发了膏体充填采煤技术，是指把煤矿附近的煤矸石、粉煤灰、工业炉渣、劣质土、城市固体垃圾等在地面加工制作成不需要脱水处理的牙膏状浆体，采用充填泵或重力加压，通过管道输送到井下，适时充填采空区的充填开采方法。膏体充填技术已在兖州、峰峰等矿区完成了开采试验，且获得了较好效果。

2）超高水材料充填

中国矿业大学冯光明（2010，2011，2015）于2007年研发出一种水体积分数可达97%的速凝材料，即超高水充填材料。超高水材料主要由A料和AA辅料、B料和BB辅料组成，其中A料部分由烧制铝土矿与复合超缓凝剂组成，B料部分由石膏等与复合速凝剂组成，在与水的混合下形成A、B单浆液，两种单浆液以1∶1比例混合搅拌均匀后，在一定时间内形成具有一定强度的固结体。超高水材料充填开采具有以下显著特点：

（1）水体积比高、用料少、成本低。水体积比可达95%～97%，用水量超高，这有利于降低材料采购与输送成本，提高材料供应可靠性。

（2）凝结速度快，强度高。两种单浆液混合后可在8～90min内实现初步的凝结，固结体的7d抗压强度可达到最终强度的60%～90%，最终强度达1.65MPa，实际应用时，固结时间及强度可根据需要调整。固结体受压时，体积应变只有0.00075～0.003，三向围岩状态下固结体变形量非常小，非常适合井下密闭环境，对煤矿地质条件适应性强，为有效控制覆岩运移及地表沉陷提供了保障。

（3）制备工艺简单。单浆液可持续30～40h不凝固，并且混合浆体的黏稠度低，具有很强的流动性和可灌性。可通过泵送管路对采空区进行灌注式充填，充填工艺十分简单，充填率高，适合矿井大面积充填工作。

（4）自动化程度高、劳动强度低。充填材料可在地面或井下制备，均采用管路输送，利用自动化控制系统，实现上料、搅拌、输送的自动化，大大降低了劳动强度，提高了生产效率。

（5）材料无毒害、环境友好。超高水充填开采技术可充分利用矿井水，降低排水费用，同时减少排水污染；材料本身无毒，对地下采空区水质无污染损害，有利于井上下生态环境保护。

1.2.2 充填开采覆岩运移规律

采动覆岩运移规律及控制一直是煤炭开采研究的核心问题之一，其与覆岩的厚度、岩性、层位关系、开采强度及断层构造等因素有关（王新丰等，2016；张升等，2019），国内外学者在覆岩活动规律的研究过程中，先后提出了悬臂梁、压力拱、铰接岩块、砌体梁、传递岩梁等假说。1996年，钱鸣高等（1996）在“砌体梁”基础上提出了岩层运动的“关键层”理论，该理论认为采场上覆岩层中存在一层至数层能对上覆岩层局部或直至地表的全部岩层移动起控制作用的岩层，为研究覆岩运移规律提供了科学依据。

在煤炭资源开采过程中，若用垮落法管理综采工作面顶板，煤层顶板自下而上逐层垮落直至充满采空区，由于煤壁支承作用，岩块剧烈回转滞后于工作面煤壁，岩块完成回转的时间为该岩块断裂后到其下的直接顶全部垮落为止，在此期间该岩块回转的多少主要与直接顶的岩性、工作面煤壁的稳定性及支架的支护阻力有关。直接顶的下沉量与支架工作阻力、直接顶高度、直接顶弹性模量、基本顶回转角等密切相关。破断块体回转角过大使得铰接处发生回转变形失稳，而已垮落关键层位置不同，待断裂块体的回转角也不同。因此，工作面采出空间大易造成覆岩破断运动强烈，引起采场煤壁片帮、冒顶、压架、支架失稳发生率高等难题。基于此，国内外学者提出了包括充填开采在内的一系列顶板控制技术。

国外学者针对充填开采工艺、充填材料选取以及对围岩的控制效果进行了大量分析。Emad 等（2015）总结了胶结充填、膏体充填的特征及存在问题，结合金属矿条件进行了膏体充填、胶结充填的现场试验与效果评价。Mohamed 等（2010）为防止开采沉陷造成地面建筑物与交通设施破坏，结合石膏矿条件模拟分析了充填采空区对石膏柱体长期稳定性的影响规律。Krupnik 等（2015）结合金矿地质特征对充填材料的流变性和强度进行了实验研究，提出了合理充填材料配比及工艺流程。Kostecki 和 Spearing（2015）利用 FLAC^{3D} 模拟分析了煤柱的塑性流动特性，对比分析了充填材料抗拉、抗剪强度对煤柱强度的影响特征。

近些年，我国煤炭的高强度开采，在充填开采方面进行了大量的研究。朱卫兵等（2007）提出了“覆岩离层分区隔离注浆充填”技术，指出“离层区充填体 + 关键层 + 分区隔离煤柱”共同承载体有效补充了条带开采技术的不足。张新国等（2013）采用充填膏体在线监测系统对采空区充填体压缩量、受力情况和材料水化程度进行了监测和效果评价，表明充填体骨料级配合理、结构稳定，有利于覆岩运移控制。

在协调开采方面，戴华阳等（2014）提出了“采-充-留”协调开采方法，通过相似模型试验揭示了“采-充-留”协调开采顶板垮落、压实与岩层移动特性，结合开滦矿区条件设计了村庄下协调开采方案。贺强和韩兴华（2017）在实验室制备了具有膨胀变形特性的膏体材料，模拟分析了不同采留尺寸时煤柱承载特征，预计了不同开采方式对地表沉陷的控制作用。朱卫兵等为降低充填成本和提高采出率，提出了一种采空区灌浆桩柱支撑覆岩以控制地表下沉的协调开采技术，并在硬顶薄煤层开展了试验（Zhu et al.，2017）。

在充填置换煤柱方面，余伟健等（2012）根据矸石的强度与压实特性，推导了不同矸石充填体压碎对应的压缩值及等价采高公式，总结出充填体的压实度和充填率是影响覆岩沉降的关键因素，分析了不同压实充填体置换煤柱所对应的覆岩移动规律。康亚明等（2015）结合宁东煤田“三下”压煤条带煤柱条件，提出间隔跳采式穿巷开采方法，有利于提高巷间煤柱稳定性和采出率。充填开采技术在国内煤矿得到了一系列试验应用，部分典型工程案例如下。

1. 济宁太平煤矿膏体充填

太平煤矿生产能力为 110 万 t/a，主采 3 号煤层，由于八采区东翼部分区段上覆基岩厚度较薄（5.7～33.3m），保护层厚度仅为0～5.4m，因此，留设防水煤岩柱已无法实现安全开采。考虑到资源的采出率以及其安全生产条件，确定采用膏体充填采煤技术。首试8309区段自上而下分层的第二分层，即先采二分层，再采顶分层。工作面采高为2.2m，充填步距为2.4m，采充比为1.0，每次充填在7h之内完成，充填系统能力富裕系数为1.0，充填能力为146m^3/h，采用“三八”工作制，工作面日进4刀，每个采煤班进尺2刀。工作面对应地面测点测得地表最大下沉量为1154mm（此处已采2个分层，累计采高为4.4m），下沉系数为0.26。造成太平煤矿充填开采后地表下沉量仍较大的主要原因是充填前顶底板移近量和充填欠接顶量偏大；选用的膏体充填胶结料质量波动较大，造成充填料浆的泌水率变化也较大，充填料浆凝固时发生的体积收缩成为影响地表下沉量的主要因素（赵连友等，2008）。

2. *孙村煤矿中厚煤层似膏体充填开采*

孙村煤矿生产能力为140万t/a，第四纪冲积层厚度小于100m，21101工作面回采的是风井煤柱，面长100m，倾斜条带布置，回采工作面仰采角度平均约为16°，煤厚2.0～2.2m，煤层顶底板均为砂岩。似膏体由煤矸石粉碎物、火电厂粉煤灰、水泥、河砂、水和减水剂等其他物质组成，由地面制备车间进行加工而成，通过管路自流输入工作面采空区。充填物一般3h初凝，8h终凝后强度可达1～2MPa，1个月后强度达3MPa。似膏体充填开采总投资为2200～2300万元，充填成本为50～60元/t。回采后经地面实测地表下沉小于10mm，使回采率达到95%以上，解放垂深600m以上的煤柱近1000万t，具有良好的经济和社会效益（王宏峰，2011）。

3. *翟镇煤矿较薄煤层矸石充填开采*

翟镇煤矿生产能力为200万t/a，全矿共四个综采工作面，地面标高约为+180m，井下开采水平为–430m。7403工作面采用走向长壁后退式采煤、采空区矸石充填法。工作面走向长为802～875m，倾斜长为75m。埋深为600～800m。煤层采厚为1.8m。直接顶为灰白色细砂岩，夹黑色线理条带，较完整；基本顶为灰黑色粉砂岩。工作面顶板条件较好。地表建筑物为镇政府、医院、学校。工作面矸石充填采用液压支架后悬溜子运矸，充填过程中可采用卸矸溜槽之间增加普通溜槽的方式，调整卸矸溜槽底部孔距以此来保证充填效果。全高开采预计最大下沉量为1580mm，最大水平变形为3.2mm/m，达到Ⅱ级建筑物破坏；采用矸石充填后实测最大下沉量为380mm，最大水平变形为0.5mm/m，在建筑物破坏Ⅰ级范围内（李杨和杨宝贵，2011）。

1.2.3 充填开采充填体 + 煤柱承载特征

留设区段煤柱是长壁工作面解决采掘接续紧张与控制回采巷道变形的常用方法，主要有以下三种。

1. 常规煤柱设计法

一般认为区段煤柱能够承担施加给它的所有压力，包括巷道开挖引起的应力转移、上区段和本区段工作面开采引起的侧向和超前支承压力，即区段煤柱在其两侧工作面开采期间均能保持一定的稳定性，不会完全破坏。

2. 让压煤柱设计法

煤柱被设计在适当的时间以适当的速率发生适当的破坏，让压煤柱的破坏往往以片帮的形式发生，其片帮的深度可达到 45%，片落的煤柱可以作为资源回收，最终煤柱内不存在弹性核。设计让压煤柱的主要原因是采用常规煤柱设计法时煤柱的尺寸过大，导致煤炭损失量过大，且易引发巷道底鼓与冲击地压，而采用让压煤柱则可以有效避免上述灾害发生。

3. 临界煤柱设计法

临界煤柱的尺寸介于让压煤柱和常规煤柱之间，在煤炭资源回采过程中，可以承载部分顶板压力但不会完全破坏，并且不会因为煤柱内积聚高应力而导致巷道维修困难。

例如，湖南省周源山煤矿 24 采区主采 1 号煤层，平均厚度为 2.3m，倾角为 19°，工作面长度为 120m，地表有河流、水库、洗煤厂、铁路等其他建筑，“三下”压煤量达 410 万 t，占该采区总采煤量的 86%。采用矸石和膏体进行充填开采，充填开采过程：先开采工作面，采到一定距离后边充填边开采，直到整个工作面开采并充填完毕；然后，留 30m 的煤柱进行下一个工作面的开采，依次进行，直到采区内所有煤层被采出。采用理论分析与 $FLAC^{3D}$ 数值模拟计算表明，在进行充填设计时，应将充填体的压实度提高到 0.8 以上、充填率控制在 90%以上才能维护覆岩和煤柱的稳定，并最大限度地降低地表沉降值（余伟健等，2012）。

充填开采时，充填体对煤柱的侧向压力限制了煤柱在水平方向的变形，使煤柱重新回到三向受力状态，充填体的侧护作用提升了煤柱强度，能更有效地支撑上覆岩层。充填体的压实度和充填率对形成和提高充填体 + 煤柱协同支撑系统的整体性、改善受力环境有重要影响。如何提高充填体强度和充填率（充填高度），增强充填体对顶板的支撑力及对煤柱的侧向力，实现对覆岩的协同承载，最大限度地控制地表下沉，是当前急需解决的关键问题。

1.2.4 深部煤层充填开采动力灾害防治机理

近年来，随着浅部煤炭资源的渐进枯竭，矿井开采逐渐转向深部。随着煤层埋深的增加，垂直应力增加，开采过程中煤层顶底板应力集中程度逐渐增大，高应力作用下极易导致煤岩体发生破坏，同时还伴有与之相关的动力灾害，包括冲击地压、煤与瓦斯突出和巷道围岩大变形等主要灾害。冲击地压和煤与瓦斯突出发生的频率、强度随着采深的增加具有明显的上升趋势。如何防止深部煤层开采时动力灾害的发生，已经成了一个亟待解决的问题（刘喜军，2018）。

通过总结分析大量动力灾害发生地点的煤岩性质、开采条件、区域构造，结合动力灾害诱发因素的研究成果，将诱发动力灾害的因素分为内因和外因。其中，内因是指煤岩体本身具有储存和释放能量的性质，如瓦斯含量、冲击倾向性、破坏类型等；外因是指外部环境对动力灾害的诱发，如开采深度、地质构造活动等。

1. 煤岩固有的突出属性和冲击属性

煤岩固有的突出属性一般为高瓦斯压力、高瓦斯含量、低普氏系数等因素的有机组合；煤岩固有的冲击属性一般为坚硬顶板、冲击倾向性等因素的有机组合。

2. 地应力

地应力是各种作用和各种起源的力。在地应力作用下，岩体处于动力平衡状态，一旦应力状态发生改变，岩体将失稳而发生动力灾害。

3. 开采深度

绝大多数动力灾害发生在深部开采阶段，因为深部开采的矿井地应力及瓦斯压力都较高，易引发动力灾害。随开采深度的增加，深部煤岩体的性质与浅部显著不同，是动力灾害发生的内在本质因素。

4. 地质构造

断层、褶曲、煤层倾角变化带等地质构造会导致应力集中区域积累大量能量。因此，构造应力集中程度也是评价动力灾害危险的重要因素。

5. 外界动力

煤矿开采会破坏原岩应力的平衡状态，导致应力重新分布，局部地区出现应力集中进而导致煤岩的破坏。因此，外界动力的诱导作用是引起动力灾害发生的重要因素。

高应力积聚可能造成的冲击危险，为解决这个难题，矿井通常采用开采保护层、卸压爆破、水压致裂等解危措施，提前释放冲击能量，降低应力集中程度。但由于地质环境因素等影响，一些解危措施适应性差，解危效果不理想，很难达到降低冲击危险性的目的。根据近些年来的研究趋势以及现场实验，充填开采已经成为一个较为成熟的防止深井开采发生动力灾害的方法（刘建功等，2016；孙希奎等，2017；谢生荣等，2018）。

“三下”深部煤层资源采用充填开采后，工作面采空区被充填体密实充填，采空区顶板垮落空间减小，顶板破断可能性降低，在采空区充填体、采场支架和未开采煤体的共同支撑下，冲击发生的应力集中程度减弱，顶板下沉和底板破坏的程度降低，工作面整体生产安全性提高。

充填开采同时能够防止底板承压水突出，垮落法开采条件下煤层采动后，底板岩层及含水层严重破坏，产生大量新裂隙相互贯通形成裂隙新网络，使含水层水量发生明显变化；而充填开采能降低底板的破坏程度，防止高承压底板水突出（梁冰等，2016）。

1.2.5 综合评述及发展趋势

在充填开采技术、工作面充填开采覆岩运移规律、充填工作面区段煤柱稳定性规律与控制以及深部煤层充填开采防冲机理等方面的研究进展，取得了很多有益成果，同时也存在以下问题：

（1）为解决“三下”压煤问题，先后提出并应用了水砂充填、膏体充填、矸石固体废弃物充填与超高水充填技术，并取得了一定成效。其中，超高水材料充填开采技术因工艺简单、用料少、充填率高、适应性强等优势，具有广阔推广应用前景，但目前对深井地质生产条件下的超高水充填与开采协调研究较少。

（2）国内外围绕垮落法管理顶板的工作面覆岩运移及矿压显现规律进行了大量研究，提出了一系列有效顶板控制技术。此外，针对膏体充填、矸石充填与超高水材料充填开采工作面覆岩运移进行了一定的探究，但较少针对深井超高水充填开采覆岩运移规律及控制开展研究。

（3）对区段煤柱稳定性及控制开展了大量研究，提出了一系列煤柱尺寸设计方法，但涉及充填工作面煤柱稳定性规律的研究较少，如何实现合理的充填体+煤柱协同承载效应，最大限度减少地表沉降，是当前急需解决的问题。

（4）断层等地质构造对工作面开采具有重要影响，结合充填开采工程背景、研究断层构造对充填后覆岩运移及工作面矿压显现规律的影响特征，实现安全高效快速过断层。

（5）针对深部矿井垮落法开采易诱发动力灾害的问题，目前的解决方式多采用卸压防控，较少研究超高水充填开采对冲击地压的防控效应。

（6）如何对超高水充填与开采覆岩运移进行协调控制、提出智能化超高水充填开采技术及智能化监测评估超高水充填开采效果仍是当前亟待解决的重要问题。

因此，本书以义能煤矿深部工作面超高水充填开采地质生产条件为研究背景，围绕厚层砂岩顶板破断特征、工作面覆岩运移规律、充填工作面充填体与煤柱的协同承载机理，深井充填工作面安全高效过断层技术、充填开采对冲击地压的防控效应及智能化超高水开采与充填协调的覆岩运移控制技术等展开研究，为实现“三下”深部煤层安全高效智能绿色开采提供科学依据。

1.3 主要研究内容

本书以深井工作面超高水充填覆岩运移规律及控制为研究主题，包括以下主要研究内容。

1. 深部煤层超高水充填工作面覆岩运移规律

对义能煤矿3号煤层、顶底板及充填材料进行现场取样与实验室物理力学测试分析，构建厚层砂岩顶板破断结构力学模型，研究未充填、充填及不同充填参数条件下的厚层砂岩顶板破断特征，揭示深井超高水充填开采覆岩运移时空演化规律。

2. 充填工作面煤柱稳定性机理及控制方法

构建充填体与煤柱承载结构力学模型，揭示煤柱在上覆岩层及充填体作用下的变形破坏规律，提出合理煤柱宽度及稳定性控制方法。

3. 断层构造等对充填开采覆岩运移的影响特征

结合现场地质条件分析断层构造分布与形态特征，建立断层对覆岩运移影响的力学模型，研究断层对覆岩运移的影响规律，提出工作面安全高效快速过断层技术。

4. 超高水充填开采冲击地压防控效应

结合诱发矿井冲击地压的影响因素及工作面开采能量演化理论，对比分析垮落法、充填开采能量积聚程度，构建充填开采微震监测技术及冲击地压实时监测预警系统。

5. 智能化开采与充填协调的覆岩运移控制技术

研究开采与充填协调的覆岩运移控制机制，构建开采与充填相互协调系统，提出开采与充填协调承载的覆岩运移控制技术及智能化监测技术。

主要研究目标包括：

（1）建立深井工作面超高水充填顶板破断与覆岩运移模型，提出充填条件下的厚层砂岩顶板破断与覆岩运移时空演化规律。

（2）揭示充填条件下区段煤柱稳定性机理，提出煤柱合理尺寸设计方法；提出垮落法、充填开采条件下断层构造等对覆岩运移的影响特征。

（3）分析超高水充填开采对冲击地压的防治效应；构建智能化工作面开采与充填协调的覆岩运移控制技术。

1.4 研究方法及技术路线

以义能煤矿为研究试验基地，综合运用现场调研、理论研究、实验室测试、数值模拟和现场实测等方法对项目内容开展研究。

（1）理论研究：运用采矿学、岩体力学、断裂力学、地质学、测量学等理论，结合工作面开采地质生产特征，研究工作面厚砂岩顶板破断机理、充填工作面覆岩运移规律、煤柱稳定性规律、断层滑移失稳机理及能量演化规律。

（2）实验室测试：采用岩石力学性质测试设备 SANS 试验机对工作面顶底板、煤柱、充填体等进行物理力学参数测试分析，分析超高水材料固结体矿物组分与微观结构特征，研究充填体长期承载特性。

（3）数值模拟：采用 UDEC 离散元模拟充填工作面厚砂岩顶板破断规律及覆岩运移规律、工作面过断层围岩破坏特征，运用 PFC 颗粒流模拟充填体 + 煤柱协同承载特性、通过 $FLAC^{3D}$ 模拟充填条件下合理的煤柱尺寸及冲击能量演化规律。

（4）现场实测：通过监测充填工作面液压支架阻力、顶板离层数据及地表移动变形对超高水充填开采进行效果评价，观测煤柱内部应力分布特征探究充填体 + 煤柱协同承载模型的稳定性，监测充填工作面微震数据，评价超高水充填开采的防冲效果。研究采用技术路线如图 1.5 所示。

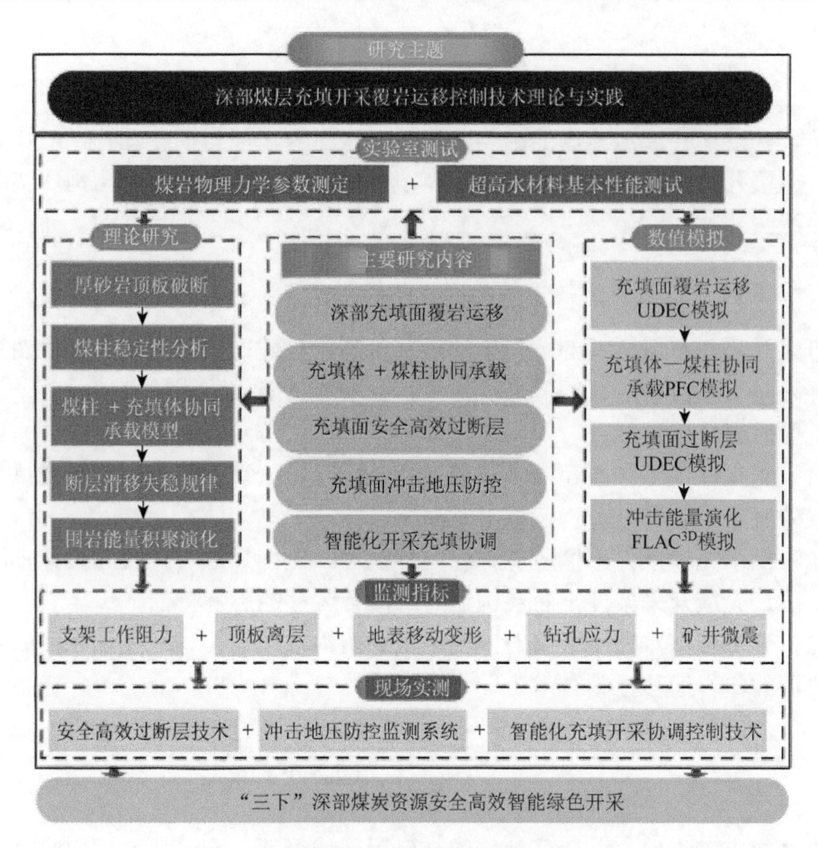

图 1.5 研究技术路线图

参 考 文 献

常庆粮，周华强，柏建彪，等. 2011. 膏体充填开采覆岩稳定性研究与实践. 采矿与安全工程学报，28（2）：279-282.

戴华阳，郭俊廷，阎跃观，等. 2014. "采-充-留"协调开采技术原理与应用. 煤炭学报，39（8）：1602-1610.

冯光明，王成真，李凤凯，等. 2010. 超高水材料开放式充填开采研究. 采矿与安全工程学报，27（4）：453-457.

冯光明，王成真，李凤凯，等. 2011. 超高水材料袋式充填开采研究. 采矿与安全工程学报，28（4）：602-607.

冯光明，贾凯军，尚宝宝. 2015. 超高水充填材料在采矿工程中的应用与展望. 煤炭科学技术，43（1）：5-9.

海国治，张春良. 1987. 水砂充填法采煤工作面实现综合机械化开采的若干问题探讨. 辽宁工程技术大学学报，6（1）：28-34.

贺强，韩兴华. 2017. 不同采-留-充开采方法下地表沉陷控制研究. 煤炭科学技术，45（3）：32-36，42.

康亚明，贾延，方延强. 2015 .宁东煤田"三下"压煤条带煤柱穿巷开采技术的适用性及其关键力学问题研究. 科学技术与工程，15（28）：14-21.

李启成，邹文洁. 2005. 水砂充填料中的水流特性研究. 煤炭学报，30（5）：136-138.

李杨，杨宝贵. 2011. 我国现代煤矿充填技术发展及其分类. 煤矿开采，16（5）：1-4.

李长洪，卜磊，魏晓明，等. 2017. 深部开采安全机理及灾害防控现状与态势分析. 北京科技大学学报，39（8）：1129-1140.

梁冰，汪北方，姜利国，等. 2016. 浅埋采空区垮落岩体碎胀特性研究. 中国矿业大学学报，45（3）：475-482.
刘建功，赵家巍，李蒙蒙，等. 2016. 煤矿充填开采连续曲形梁形成与岩层控制理论. 煤炭学报，41（2）：383-391.
刘喜军. 2018. 深井煤岩瓦斯动力灾害防治研究. 煤炭科学技术，46（11）：69-75.
钱鸣高，缪协兴，许家林. 1996. 岩层控制中的关键层理论研究. 煤炭学报，21（3）：225-230.
钱鸣高，许家林，缪协兴. 2003. 煤矿绿色开采技术. 中国矿业大学学报，32（4）：343-348.
孙春东，张东升，王旭锋，等. 2015. 超高水材料袋式长壁充填开采覆岩控制技术研究与应用. 煤炭学报，40（6）：1313-1319.
孙希奎，赵庆民，施现院. 2017. 条带残留煤柱膏体充填综采技术研究与应用. 采矿与安全工程学报，34（4）：650-654.
王方田，李岗，班建光，等. 2020. 深部开采充填体与煤柱协同承载效应研究. 采矿与安全工程学报，37（2）：311-318.
王宏峰. 2011. 似膏体管道自流充填技术在孙村煤矿的应用. 山东煤炭科技，5：25-27.
王新丰，高明中，李隆钦. 2016. 深部采场采动应力、覆岩运移以及裂隙场分布的时空耦合规律. 采矿与安全工程学报，33（4）：604-610.
王旭锋，孙春东，张东升，等. 2014. 超高水材料充填胶结体工程特性试验研究. 采矿与安全工程学报，31（6）：852-856.
吴吟. 2012. 中国煤矿充填开采技术的成效与发展方向. 中国煤炭，38（6）：5-10.
谢和平. 2017. “深部岩体力学与开采理论”研究构想与预期成果展望. 四川大学学报（工程科学版），49（2）：1-16.
谢和平，王金华，申宝宏，等. 2012. 煤炭开采新理念——科学开采与科学产能. 煤炭学报，37（7）：1069-1079.
谢生荣，岳帅帅，陈冬冬，等. 2018. 深部充填开采留巷围岩偏应力演化规律与控制. 煤炭学报，43（7）：1837-1846.
徐法奎，李凤明. 2005. 我国“三下”压煤及开采中若干问题浅析. 煤炭经济研究，25（5）：26-27.
许家林，赖文奇，钱鸣高. 2004. 中国煤矿充填开采的发展前景与技术途径探讨. 矿业研究与开发，24（Z1）：18-21.
许家林，朱卫兵，李兴尚，等. 2006. 控制煤矿开采沉陷的部分充填开采技术研究. 采矿与安全工程学报，23（1）：6-11.
许家林，轩大洋，朱卫兵，等. 2015. 部分充填采煤技术的研究与实践. 煤炭学报，40（6）：1303-1312.
余伟健，冯涛，王卫军，等. 2012. 充填开采的协作支撑系统及其力学特征. 岩石力学与工程学报，31（S1）：2803-2813.
张汉雄，黄瑜，黄肖，等. 2016. 深部大采高高水充填开采矿压显现研究. 煤炭工程，48（8）：64-67.
张吉雄，张强，巨峰，等. 2018. 深部煤炭资源采选充绿色化开采理论与技术. 煤炭学报，43（2）：377-389.
张强，张吉雄，王佳奇，等. 2017. 充填开采临界充实率理论研究与工程实践. 煤炭学报，42（12）：3081-3088.
张升，张吉雄，闫浩，等. 2019. 极近距离煤层固体充填充实率协同控制覆岩运移规律研究. 采矿与安全工程学报，36（4）：712-718.
张新国，江宁，江兴元，等. 2013. 膏体充填开采条带煤柱充填体稳定性监测研究. 煤炭科学技术，41（2）：13-15.
赵连友，刘阳军，马军. 2008. 太平煤矿充填支架综采工作面设备配套与工艺. 煤矿开采，4：43-46.
周华强，全永红，郑保才，等. 2007. 膏体充填原材料水分与配比计量误差分析. 采矿与安全工程学报，3：270-273.
周杰彬，刘长武，李晓迪，等. 2012. 深部煤炭充填开采地表变形控制研究. 金属矿山，41（8）：44-47.
朱卫兵，许家林，赖文奇，等. 2007. 覆岩离层分区隔离注浆充填减沉技术的理论研究. 煤炭学报，32（5）：458-462.
Cowling R. 1998. Twenty-five years of mine filling-developments and directions. Brislane：Sixth International Symposium on Mining with Backfill.
Emad M Z，Mitri H，Kelly C. 2015. State of the art review of backfill practices for sublevel stoping system. International Journal of Surface Mining Reclamation & Environment，29（6）：544-556.
Kostecki T，Spearing A J S. 2015. Influence of backfill on coal pillar strength and floor bearing capacity in weak floor conditions in the Illinois Basin. International Journal of Rock Mechanics & Mining Sciences，76（6）：55-67.

Krupnik L A，Bitimbaev M Z，Shaposhnik S N，et al. 2015. Validation of rational backfill technology for Sekisovskoe deposit. Journal of Mining Science，51（3）：522-528.

Mohamed M A H，Christophe D，Farimeh M. 2010. Improving short and long-term stability of underground gypsum mine using partial and total backfill. Rock Mechanics and Rock Engineering，43（4）：447-461.

Nantel J. 1998. Recent developments and trends in backfill practices in Canada. Brislane：Sixth International Symposium on Mining with Backfilll.

Wang F T，Ma Q，Li G，et al. 2018. Overlying strata movement laws induced by longwall mining of deep buried coal seam with superhigh-water material backfilling technology. Advances in Civil Engineering，4306239：1-10.

Wang F T，Ma Q，Zhang C，et al. 2020. Overlying strata movement and stress evolution laws triggered by fault structures in backfilling longwall face with deep depth，Geomatics. Natural Hazards and Risk，11（1）：949-966.

Xuan D Y，Xu J L，Zhu W B. 2013. Backfill mining practice in China coal mines. Journal of Mines Metals & Fuels，61（7）：225-234.

Zhu W，Xu J，Xu J，et al. 2017. Pier-column backfill mining technology for controlling surface subsidence. International Journal of Rock Mechanics & Mining Science，96（7）：58-65.

第 2 章　深部煤层充填开采地质生产特征

2.1　矿井地质概况

义能煤矿位于山东省济宁市汶上县东南部义桥镇和兖州市西北部新驿镇之间，井田面积为 30.53km^2。矿区西北部为义桥煤矿，西及西南部为唐阳煤矿，南部为鲁西煤矿，东南部与新驿煤矿相邻，区内交通方便（图 2.1）。

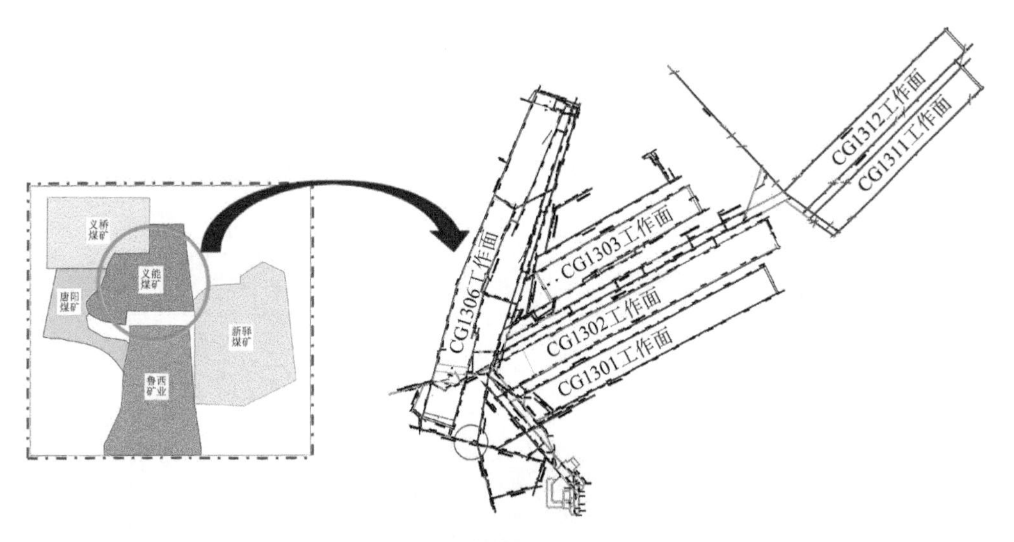

图 2.1　义能煤矿采掘布置平面图

义能煤矿总体为向斜构造，井田内褶曲、断层发育，含煤地层沿走向、倾向产状变化较大，倾角一般为 2°～8°，井田西南部有岩浆岩侵入，但总体影响程度较小，地质构造为中等复杂程度；井田范围内可采煤层自上而下分别是 3 号煤层、16 号煤层、17 号煤层，均为较稳定型气煤（QM45）煤层，其中 3 号煤层埋深超过 820m，进入深部开采范畴，瓦斯相对涌出量最大记录值为 0.47m^3/t，小于 4m^3/t，矿井瓦斯地质类型简单。义能煤矿受采掘破坏的含水层及水体的补给条件一般，但有一定的补给水量，底板灰岩岩溶裂隙较发育，承压水对开采有一定影响。煤尘有爆炸性，煤层自然发火期较短，地温地压等相对简单。

井田总资源量（储量）为 9979.8 万 t，可采储量为 2530.7 万 t，核定生产能力为 0.6Mt/a，服务年限为 30.7a。采用立井开拓方式，主立井装备箕斗，担负井下煤炭的提升任务，兼做回风井；副立井装备罐笼，担负人员、材料、矸石、设备的提升任务，兼做进风井。根据水平划分原则，结合主采 3 号煤层赋存情况，确定全矿井共划分 2 个水平，第一、第二水平标高分别为−725m、−950m，矿井开采深度大，高地应力对采掘空间围岩稳定性具有重要影响。

义能煤矿综合柱状图如图 2.2 所示。

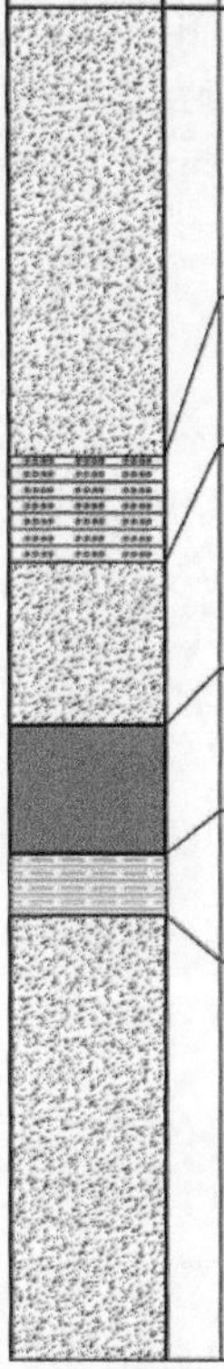

综合柱状	岩性	厚度/m	埋深/m	岩性特征
	细砂岩	10.60	804.74	以石英、长石为主，中上部具有裂缝，变质细砂状结构，致密块状构造，充填方解石，含有丰富的黑色结核，硬度较大
	粉砂岩	2.48	815.34	灰白色，块状，以石英、长石为主，硬度大，分选差
	细砂岩	3.88	817.82	灰白色夹灰黑色，平行层理，以石英、长石为主，中部夹少量的粉砂岩互层，硬度大，分选较差
	3号煤	3.00	821.70	黑色、褐黑色条痕，为半亮型煤，含少量的黄铁矿，阶梯状断口
	泥岩	1.44	824.70	灰黑色、块状，含有丰富的植物根部化石及少量黄铁矿，岩心较为破碎
	细砂岩	10.47	826.14	灰白色夹灰黑色，平行层理，以石英、长石为主，中部夹少量的粉砂岩互层，硬度大，分选较差

图 2.2　义能煤矿综合柱状图

2.2　工作面地质生产条件

2.2.1　工作面概况

CG1302 工作面位于义能煤矿工业广场北 410m 处，其地面相对位置贯穿某甲村，大部分为农田，工作面东南部为 CG1301 采空区，西北部为 13 轨道大巷、13 皮带大巷及 CG1303 工作面，东北和西南为实体煤。工作面位第一水平，地面标高为+45～+47m，工作面标高为−776.7～−703.2m，走向长度为 1030m，倾向长度为 110m，面积为 10939.41m^2。工作面开采 3 号煤层，厚度为 2.1～4.0m，平均厚度为 3.0m，平均倾角为 6°。

根据首采区地质报告及 CG1302 工作面附近已施工的采掘工程可知，该工作面回采范围内煤层顶底板砂岩裂隙水为该工作面开采时的直接充水水源，其赋水性差，以静储量为主，补给、径流条件均差，易疏干。工作面回采过程中涌水量约为 12.06m^3/h，煤层底板下距三灰岩（三棱石灰岩层）溶裂隙含水层（简称三灰水）间距约为 48.51m，三灰静止水位标高为−511m，该工作面最低标高为−776.7m，底板隔水层承受的水头压力为 7.81MPa，三灰岩溶裂隙含水层和奥灰岩溶裂隙含水层（简称奥灰水）突水系数小于正常块段突水系数 0.1MPa/m，工作面回采范围内不受三灰水和奥灰水的威胁。CG1302 工作面断层揭露情况见表 2.1，工作面断层构造多、断层落差大，对工作面开采具有重要影响。

表 2.1　断层揭露情况表

断层名称	倾向/(°)	倾角/(°)	性质	落差/m	影响程度
F1302-1	299	45	正	1.8	无影响
F1302-2	296	70	正	3	无影响
F1302-3	9	68	正	2.4	无影响
F1302-4	6	70	正	2.5	影响较小
F1302-5	329	70	正	0.5～1.5	影响较小
F1302-6	332	70	正	1.5	影响较大
F1302-7	182	45	正	3.9	影响较大
F1302-8	106	47	正	5.6	影响较大
F1302-9	104	60	正	1	影响较小
F1302-10	119	70	正	1.8	影响较小
F1302-11	231	70	正	3.5	影响较大
F1302-12	126	70	正	2.5	影响较小
F1302-13	289	70	正	0～3	一定影响

2.2.2　工作面采煤方法

CG1302 工作面采用综合机械化走向长壁采煤工艺，双滚筒采煤机割煤，采高为 3.0m，沿顶板割煤，在局部煤层超高处留底煤开采，采煤机截深为 0.6m，落煤后由工作面刮板输送机运送至转载机后转至胶带输送机。工作面三机设备如图 2.3 所示，主要设备配套及技术参数见表 2.2。工作面采用“三八”工作制，即两班生产、一班充填检修循环交替作业，每班作业时间为 8h。

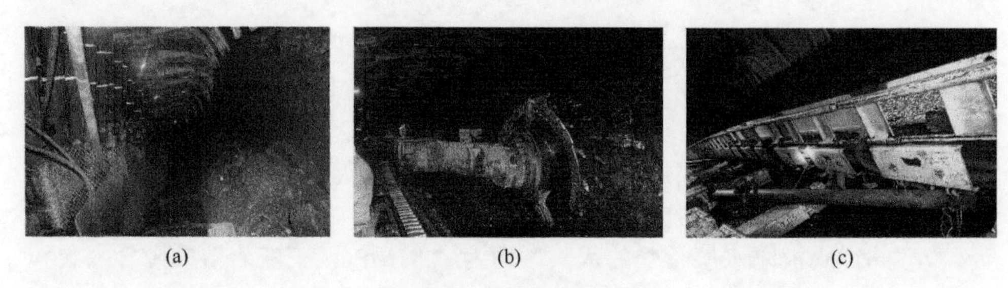

(a) (b) (c)

图 2.3　三机设备图

（a）液压支架；（b）采煤机；（c）刮板输送机

表 2.2　工作面主要设备配套及技术参数表

使用地点	名称	型号	技术参数	
工作面	液压支架	ZC7000/19/40	支撑高度：1.9/4.0m，共 24 架	
		ZCG8000/19/40	支撑高度：1.9/4.0m，共 2 架	
		ZC7600/18/36	支撑高度：1.8/3.6m，共 48 架	
	采煤机	MG250/600-WD	生产能力：500t/h 额定电压：1140V	总功率：600kW
	刮板输送机	SGZ730/264	电机功率：机头 132kW 额定电压：1140V	机尾：132kW 输送量：600t/h
胶带运输平巷	转载机	SZZ730/132	电机功率：132kW 额定电压：1140V	输送量：750t/h 长度：60m
	破碎机	PLM/1000	电机功率：110kW	额定电压：1140V
轨道运输平巷	皮带机	DSJ100/63/110	电机功率：110kW 输送量：630t/h	额定电压：660V
	乳化液站	BRW200/31.5	电机功率：132kW 公称压力：31.5MPa	额定电压：1140V/660V 额定流量：200L/min
	变压器	KBSGZY-800/10	800kVA/10/1.14（1 台）	
		KBSGZY-800/10	800kVA/10/1.14（1 台）	

2.3　煤岩体物理力学参数测定

2.3.1　煤岩力学性能测试

煤岩样均取自 CG1302 工作面煤层及顶底板，在中国矿业大学煤炭资源与安全开采国家重点实验室进行了物理力学测试分析，根据抗压强度、抗拉强度、抗剪强度等指标对煤层顶底板进行了等级划分（蔡美峰等，2002；王作棠，2007；钱鸣高等，2010）。

1. 测试内容及要求

测试内容：煤岩的物理力学性质，包括单轴抗压强度、抗拉强度、抗剪强度、内摩擦角、弹性模量等。

（1）煤岩取样。煤岩体分别取自义能煤矿皮带大巷稳定岩层及 CG1302 工作面断层破碎带附近。

（2）试块加工。所取煤岩样不能满足实验要求，需通过加工制成要求的标准试件。

（3）实验设备与方法。实验均在 SANS 试验机上进行，细则按照《煤和岩石物理力学性质测定方法》（GB/T 23561.7—2009）要求执行。

2. 岩石单轴抗压强度试验

煤岩样单轴抗压试验试样破坏情况如图 2.4 所示。

(a)

(b)

(c)

图 2.4　煤岩样单轴抗压试验试样破坏情况

（a）顶板细砂岩；（b）3 号煤；（c）底板泥岩

煤岩样抗压压力-位移变化曲线如图 2.5 所示。

3. 岩石抗拉强度试验

煤岩样单轴抗拉试验试样破坏情况如图 2.6 所示。

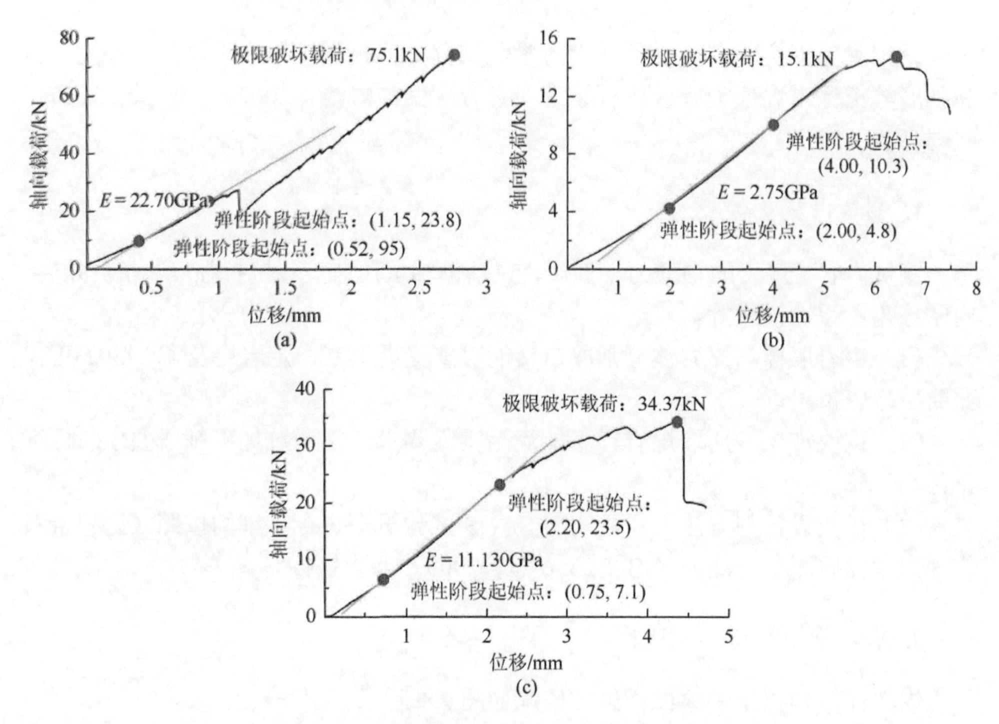

图 2.5　煤岩样抗压压力-位移变化曲线

（a）顶板细砂岩；（b）3 号煤；（c）底板泥岩

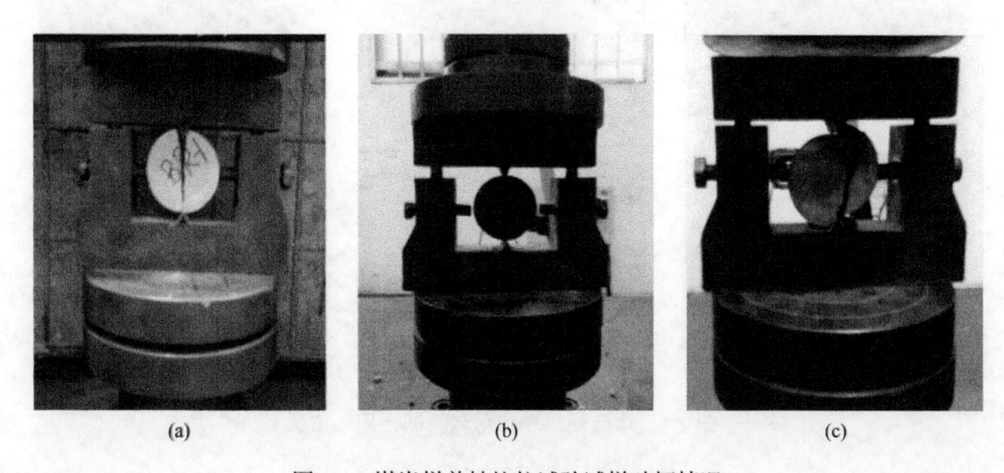

图 2.6　煤岩样单轴抗拉试验试样破坏情况

（a）顶板细砂岩；（b）3 号煤；（c）底板泥岩

煤岩样抗拉应力-位移变化曲线如图 2.7 所示。

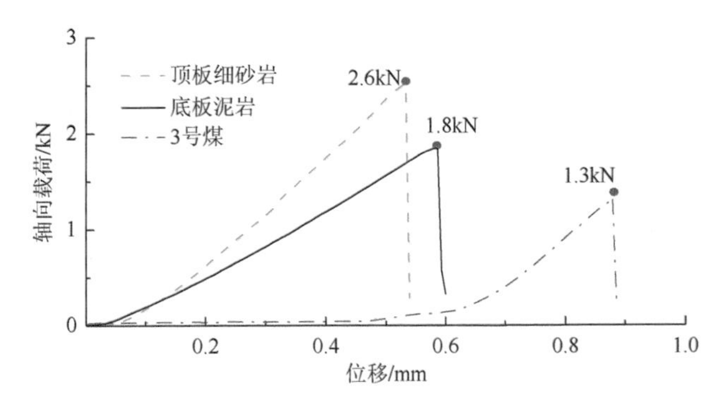

图 2.7　煤岩样抗拉应力–位移变化曲线

4. *岩石抗剪强度试验*

煤岩样单轴抗剪试验试样破坏情况如图 2.8 所示。

图 2.8　煤岩样单轴抗剪试验试样破坏情况

（a）顶板细砂岩；（b）3 号煤；（c）底板泥岩

实验成果整理和计算，绘制煤岩样抗剪强度曲线如图 2.9 所示。

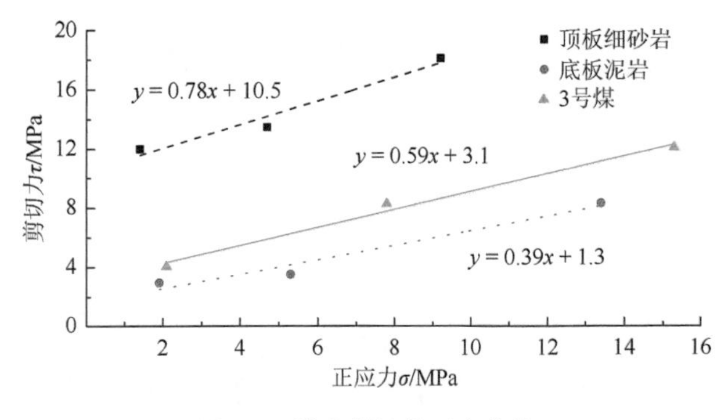

图 2.9　煤岩样抗剪强度曲线

由图 2.9 可知：黏聚力 c 为散点趋势线公式 $y = kx + C$ 常数项 C 的值。

摩擦角的计算方法为：$\varphi = \arctan k$。由此可知煤岩的黏聚力 c 与内摩擦角 φ，见表 2.3。

表 2.3　黏聚力及内摩擦角的测试结果

岩性	黏聚力 c/MPa	内摩擦角 φ/(°)
3 号煤	3.1	30
底板泥岩	1.3	26
顶板细砂岩	10.5	38

2.3.2　煤岩力学测试结果

根据岩性、抗压强度等指标确定岩石等级划分标准，见表 2.4。

表 2.4　3 号煤层顶底板岩石等级划分标准

岩石等级	岩性	抗压强度/MPa	容重/(kg/m³)	普氏硬度系数
不坚固岩石（Ⅰ）	泥岩、粉砂岩	<30	1500～2700	1～3
中等坚固岩石（Ⅱ）	粉砂岩	30～60	2300～2800	3～7
坚固岩石（Ⅲ）	砂岩	60～80	2400～2800	7～9
极坚固岩石（Ⅳ）	岩浆岩	>80	2500～3000	>9

根据上述抗压、抗拉、抗剪等变形试验方法，对义能煤矿 CG1302 工作面煤岩样性质进行了测试分析，取自断层破碎带附近的 3 号煤层顶底板岩石测试结果，见表 2.5。

表 2.5　断层破碎带附近 3 号煤层顶底板岩石测试结果

岩性	抗拉强度/MPa	抗压强度/MPa	容重/(kg/m³)	抗剪强度/MPa			内摩擦角/(°)	黏聚力/MPa
				45°	55°	65°		
顶板细砂岩	1.14	39.07	2640	20.25	29.78	19.10	38	10.5
3 号煤	0.63	7.81	1540	4.38	3.76	3.94	30	3.2
底板泥岩	0.82	17.16	2330	15.32	12.53	12.61	26	1.3

据此分类，断层破碎带附近 3 号煤层顶板细砂岩以中等坚固岩石为主，底板泥岩以不坚固岩石为主。

根据上述抗压、抗拉等试验方法，取自 13 皮带大巷附近（无断层构造影响）的 3 号煤层顶底板岩石测试结果，见表 2.6。

表 2.6 13 皮带大巷附近 3 号煤层顶底板岩石测试结果

岩性	抗拉强度/MPa	抗压强度/MPa	弹性模量/GPa	容重/(kg/m^3)
顶板细砂岩	2.255	45.77	7.825	2589
3 号煤	—	12.46	—	1540
底板泥岩	1.379	45.36	2.997	2397

根据岩石等级划分标准，义能煤矿 13 皮带大巷附近 3 号煤层顶板细砂岩以中等坚固岩石为主，底板泥岩以中等坚固岩石为主。

2.4 超高水材料基本性能及充填开采工艺

CG1302 工作面采空区采用中国矿业大学研制的水体积可达 95%以上的超高水材料进行充填（冯光明等，2010，2011，2015），该材料具有凝结时间可调、能长距离输送等优点，是充填采空区的理想材料。

2.4.1 超高水材料基本性能分析

1. *矿物组分*

水体积比为 94%和 94.7%的超高水充填材料在恒温养护箱中养护 28d 后，将材料烘干、破碎并筛选粒度 200 目以下的样品。采用 X 射线衍射仪对不同水体积比的材料进行物相分析，实验条件为 Cu 靶辐射、40kV 电压、40mA 电流、3°～70°的扫描范围、0.1(°)/min 扫描速率、1.0mm 发射狭缝、0.2mm 收接狭缝（黎水平和吴其胜，2009；张小东和张鹏，2014；李霞等，2016）。实验数据分析结果如图 2.10 所示。

如图 2.10 所示，94%和 94.7%水体积比超高水材料在养护 28d 后的主要物相皆为钙矾石（$3CaO \cdot Al_2O_3 \cdot 3CaSO_4 \cdot 32H_2O$）及石膏（$CaSO_4 \cdot 2H_2O$）。钙矾石在 94%和 94.7%水体积比的超高水材料中质量占比分别为 90.2%和 86.8%，表明钙矾石是超高水材料的主要成分，并且其含量随着水体积比的增高而减少。

2. *微观结构*

在标准养护条件下将水体积比为 92.5%、94%、94.7%的超高水材料养护 28d 后，将材料烘干，加工成粉末状，经超声分散、表面喷金处理后，采用 Quanta250

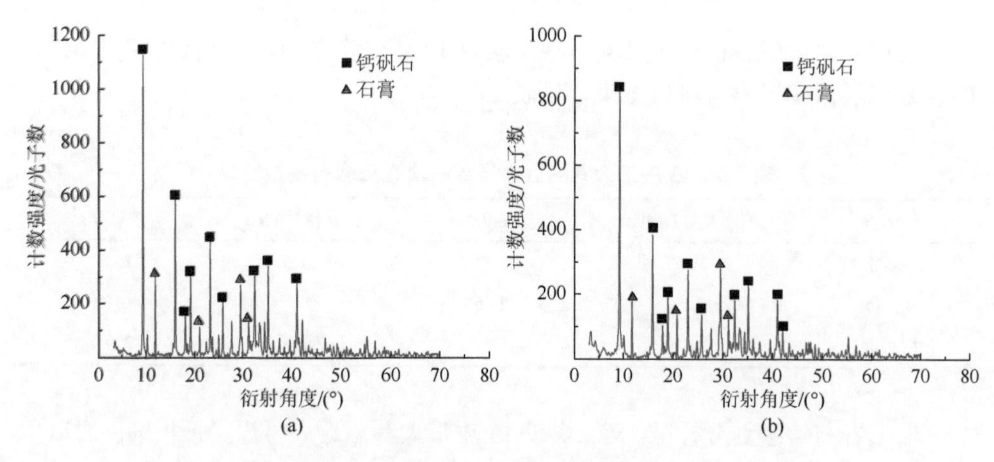

图 2.10　水体积比 94%和 94.7%超高水充填材料 X 射线衍射分析

（a）水体积比 94%；（b）水体积比 94.7%

型扫描电子显微镜在高真空条件下观察其放大 10000 倍时的微观结构（宫伟力和李晨，2010；邹俊鹏等，2016），如图 2.11 所示。

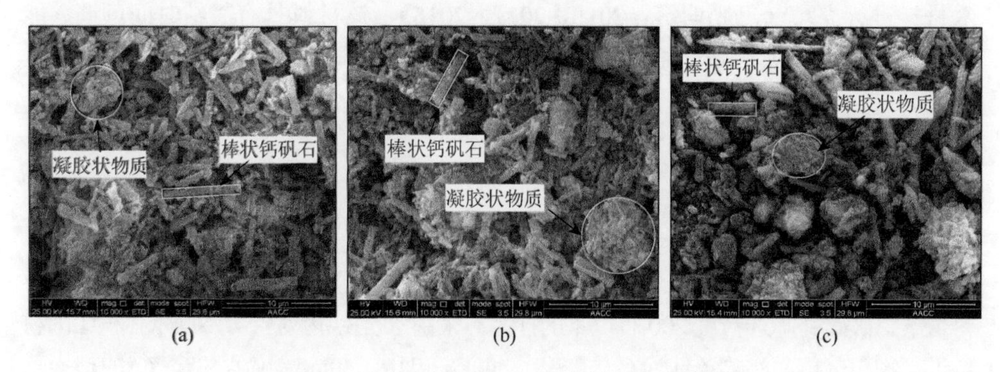

图 2.11　不同水体积比超高水材料微观结构

（a）水体积比 92.5%；（b）水体积比 94%；（c）水体积比 94.7%

由图 2.11 可知，92.5%水体积比的超高水材料内部钙矾石排列紧密，部分钙矾石较为纤细，孔隙较密且多，伴有较多的小体积凝胶状物质，对水的吸附能力很强。水体积比为 94%时钙矾石排列由密变疏，孔隙增大，呈较粗的针状和棒状，形态各异，凝胶状物质较为分散，固水能力减弱。水体积比增加到 94.7%时材料内部结构松散，孔隙大且分布不均，黏结力不强，与水分子的结合强度较弱。

经微观测试分析，针状与棒状钙矾石相互交错形成超高水材料致密多孔的内部结构，材料强度的提高正是这种结构不断致密化的结果。在相同的养护龄期，随着水体积比的增大，材料内部结构由致密变为疏松，强度随之减小。

3. 固结体力学特性

为更好地贴合工程实践，便于分析对比，试件分别采用 92.5%、93.0%、94.7% 和 96.0%水体积比的配比进行试件配制。其中，每个水体积比配制边长为 100mm×100mm×100mm 的正方体试件 5 组，每组 5 件，共 25 件；配制直径 $\Phi=50$mm，高 $h=100$mm 的圆柱体试件 5 组，每组 8 件，共 40 件。养护时长分别为 1d、7d、14d、21d、28d。利用成型模具制备试件。其中制作所用的水取自实验室常温自来水，水温约为 18℃，所用材料取自义能煤矿充填站，制作成型的试件利用图 2.12 所示的养护箱养护。

(a)

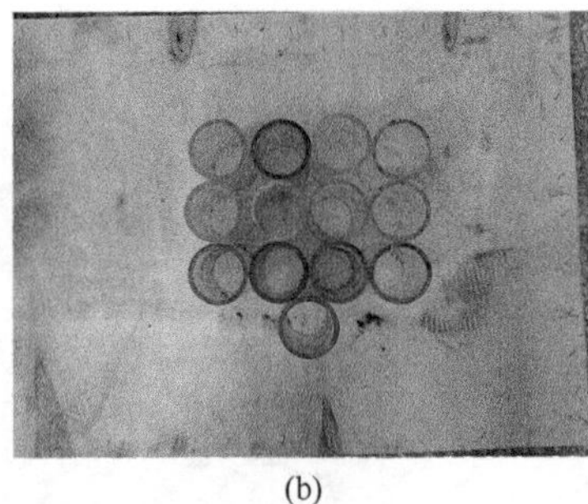
(b)

(c)

图 2.12　模具及养护箱

（a）成型模具 A；（b）成型模具 B；（c）养护箱

试件制作过程如下：

（1）根据配比表 2.7，利用电子天平分别称取水及材料 A 料、AA 辅料、B 料、BB 辅料；

表 2.7　超高水材料不同水体积比配比参数表

水体积比/%	A 料/g	AA 辅料/g	A 料配比水/g	B 料/g	BB 辅料/g	B 料配比水/g	水灰比
92.5	210.00	21.00	923.00	210.00	8.40	927.20	4.11
93.0	196.20	19.62	928.08	196.20	7.85	931.93	4.43
94.7	147.57	14.76	960.65	147.57	5.90	948.85	6.00
96.0	112.15	11.21	970.09	112.15	4.49	461.13	8.00

（2）将称取好的水均分，倒入两个搅拌机中，随后分别加入所需的 A 料、B 料，搅拌 3min；

（3）将 AA 辅料、BB 辅料分别加入以搅拌好的 A 料、B 料中，继续搅拌 1min；

（4）将两个搅拌机中搅拌好的混合料混入一个搅拌机中，继续搅拌 5min，以制成超高水充填材料；

（5）将制备成功的充填材料倒入成型模具 A、B 中，静置 20min，待其凝固后拆模，并送入养护箱中养护；

（6）养护箱内温度保持在 20±1℃，相对湿度不低于 99%；

（7）按照试验要求，对试件进行定期养护；

（8）根据养护时间取出要进行实验试件，通过 SHM-200 岩石磨平机将两端磨平后，对试件进行编号，准备进行试验；

（9）承载实验使用 SANS 万能实验机。实验准备如图 2.13 所示。

图 2.13 实验准备过程

（a）配料；（b）倒模；（c）磨平；（d）SANS 万能实验机；（e）三面受限系统

1）单轴承载性能

试验选用中国矿业大学 SANS 万能材料试验机进行试验。开启试验系统，实验采取位移加载，设定加载速率为 0.5mm/min，设定位移量为 15mm 时停止加压，准备开始试验，记录最大破坏载荷。

记录实验过程，并处理得到不同养护时间下超高水固结体应力-应变曲线。

养护 1d 破坏过程：压密阶段→游离水被压出→试件表面出现裂隙→裂隙扩大→试件完全破坏（图 2.14）；不同水体积比固结体养护 1d 单轴抗压强度分别为 1.772MPa、1.502MPa、0.768MPa、0.424MPa（图 2.15）；养护 1d 固结体受压过程中失水速度快、失水量大，可知反应程度低，凝结强度小。

图 2.14　养护 1d 超高水固结体单轴承载实验

（a）未施加载荷；（b）游离水被压出；（c）出现裂隙；（d）裂隙扩大；（e）试件完全破坏

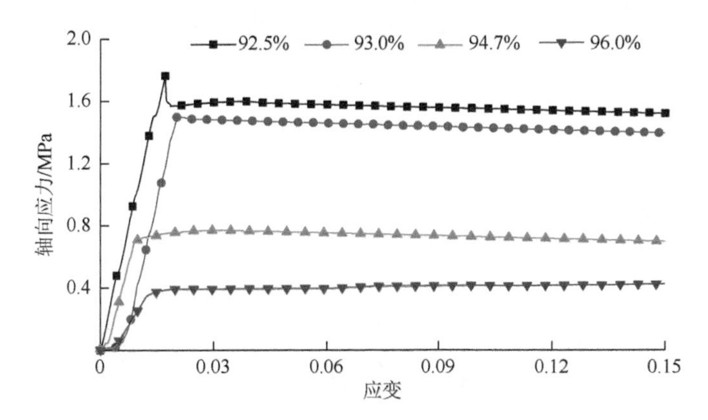

图 2.15　不同水体积比固结体养护 1d 应力-应变曲线

养护 7d 破坏过程：压密阶段→游离水被压出→试件表面出现裂隙→裂隙扩大→试件完全破坏（图 2.16）；不同水体积比固结体养护 7d 单轴抗压强度分别为 3.408MPa、2.980MPa、1.895MPa、1.082MPa（图 2.17）；养护 7d 固结体受压过程中失水速度快，相比养护 1d 失水量减小，但是依然较多，可知其反应依然在持续。

图 2.16　养护 7d 超高水固结体单轴承载实验

（a）未施加载荷；（b）游离水被压出；（c）出现裂隙；（d）裂隙扩大；（e）试件完全破坏

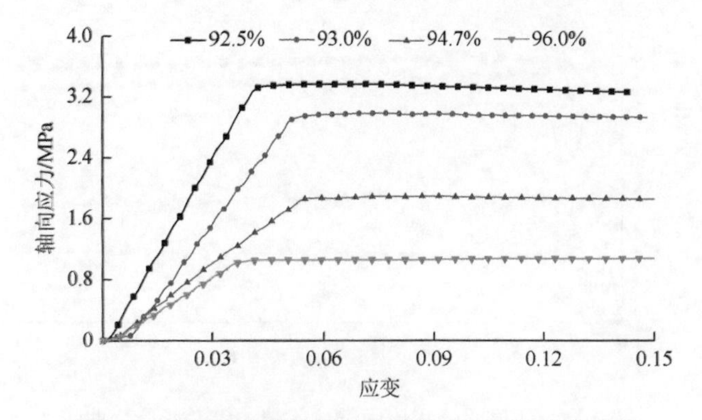

图 2.17　不同水体积比固结体养护 7d 应力-应变曲线

养护 14d 破坏过程：压密阶段→游离水被压出→试件表面出现裂隙→裂隙扩大→试件完全破坏（图 2.18）；不同水体积比固结体养护 14d 单轴抗压强度分别为 3.923MPa、3.536MPa、2.118MPa、1.173MPa（图 2.19）；固结体受压时失水速度减慢，失水量减小。

图 2.18　养护 14d 超高水固结体单轴承载实验

（a）未施加载荷；（b）游离水被压出；（c）出现裂隙；（d）裂隙扩大；（e）试件完全破坏

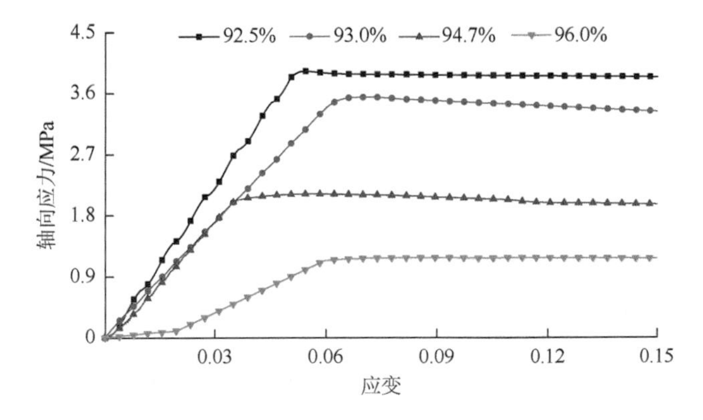

图 2.19　不同水体积比固结体养护 14d 应力-应变曲线

养护 21d 破坏过程：压密阶段→游离水被压出→试件表面出现裂隙→裂隙扩大→试件完全破坏（图 2.20）；不同水体积比固结体养护 21d 单轴抗压强度分别为 4.086MPa、3.674MPa、2.188MPa、1.238MPa（图 2.21）；固结体受压时失水速度进一步减慢，失水量进一步减小。

图 2.20　养护 21d 超高水固结体单轴承载实验

（a）未施加载荷；（b）游离水被压出；（c）出现裂隙；（d）裂隙扩大；（e）试件完全破坏

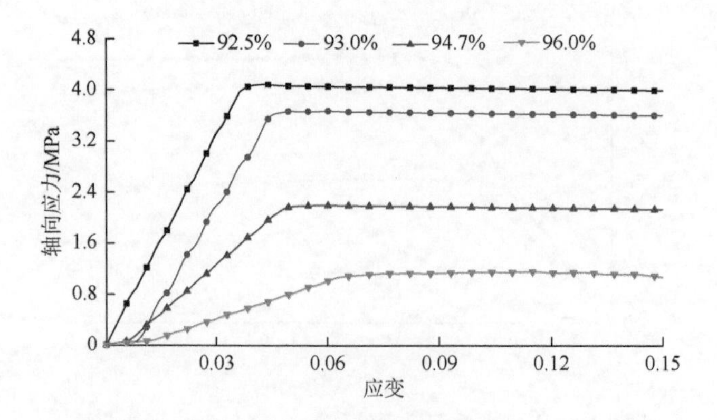

图 2.21　不同水体积比固结体养护 21d 应力-应变曲线

养护 28d 破坏过程：压密阶段→试件表面出现裂隙→裂隙扩大→试件完全破坏（图 2.22）；不同水体积比固结体养护 28d 单轴抗压强度分别为 4.120MPa、3.755MPa、2.263MPa、1.294MPa（图 2.23）；养护 28d 固结体受压时没有出现明显的失水现象，说明固结体内水分子基本和材料完全反应，强度也随之提高，在第 28d 基本达到强度峰值。

图 2.22　养护 28d 超高水固结体单轴承载实验

（a）未施加载荷；（b）出现裂隙；（c）裂隙扩大；（d）试件完全破坏

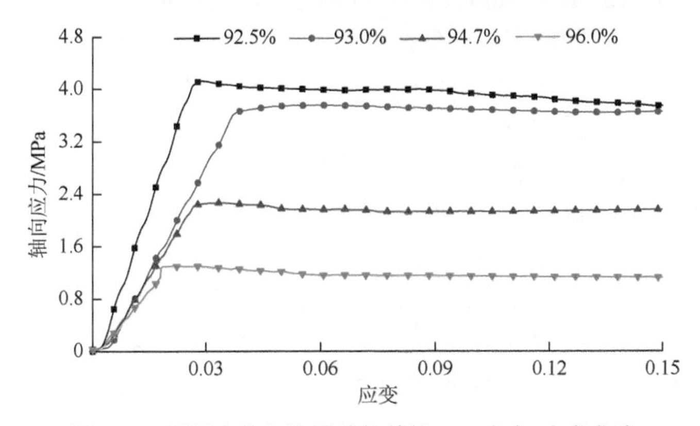

图 2.23　不同水体积比固结体养护 28d 应力-应变曲线

统计得到不同水体积比超高水固结体单轴抗压强度大小，如表 2.8 所示，通过拟合得到固结体抗压强度随养护时间的变化情况，如图 2.24 所示。

表 2.8　单轴承载实验结果　　（单位：MPa）

水体积比	养护时间				
	1d	7d	14d	21d	28d
92.5%	1.772	3.408	3.923	4.086	4.120
93.0%	1.502	2.980	3.536	3.674	3.755
94.7%	0.768	1.895	2.118	2.188	2.263
96.0%	0.424	1.082	1.173	1.238	1.294

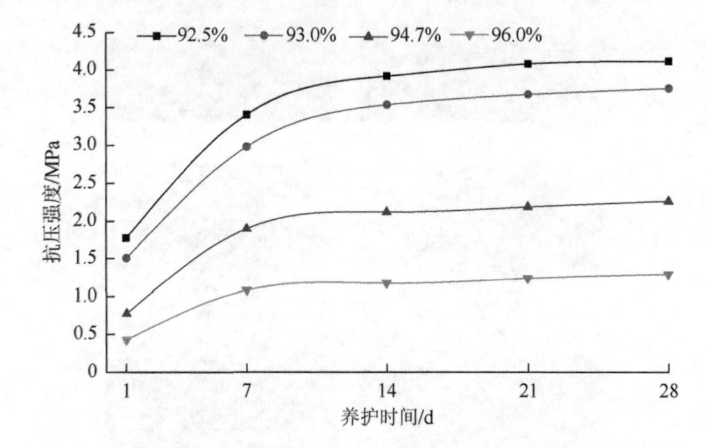

图 2.24　不同水体积比超高水固结体抗压强度随养护时间变化曲线

由图 2.14～图 2.24 可知：

（1）单轴承载试验中，超高水材料固结体试件的破坏一般经历五个过程：试件受压后，试件内部孔隙压密→试件结构被破坏，被锁住的游离水被压出→破坏加剧，试件表面出现裂隙→裂隙快速扩大→试件完全破坏。

（2）由应力-应变曲线可知，超高水材料固结体试件在应力达到峰值之前，其应力增长呈线性增长，其达到峰值时试件变形量为 1～3mm，这也说明当变形量达到 1%～3%时超高水固结体的承载能力最大，之后其结构遭到破坏。

（3）固结体试件的应力-应变曲线到达顶峰后应力降低，并逐渐平缓，其后应力稳定在一定范围内，说明超高水材料整体结构破坏后，其承载性能快速降低，最终趋于平缓，该值为超高水材料固结体的残余承载强度，由于固结水被压出，残余强度的大小与材料本身相关，并未随固结体水体积比的改变产生规律性的变化。

（4）在相同的养护龄期内，超高水固结体的单轴抗压强度随着水体积比的增加而减小，在第 28d 时达到最高抗压强度，水体积比为 92.5%、93.0%、94.7%和 96.0%的固结体最大抗压强度分别为 4.120MPa、3.755MPa、2.263MPa 和 1.294MPa，其中水体积比为 92.5%和 93.0%抗压强度相近，水体积比为 94.7%和 96.0%抗压强度相近。

（5）随着养护龄期的增加，超高水材料固结体的单轴承载强度增加特点不同：1～7d 内，单轴承载强度变化不大；7～28d 强度持续提升，其中养护期在 7～14d 内不同水体积比固结体单轴抗压强度涨幅最为明显；在 28d 养护期内，水体积比 92.5%固结体单轴抗压强度增加了 1.072MPa，水体积比 93.0%固结体单轴抗压强度增加了 0.775MPa，水体积比 94.7%固结体单轴抗压强度增加了 0.368MPa，水体积比 96.0%固结体单轴抗压强度增加了 0.212MPa。总体上可得出固结体水体积比越小，其养护效果越明显。

（6）拟合得到不同水体积比超高水固结体单轴抗压强度 y 与养护时间 x 之间的函数关系，见表 2.9。

表 2.9　单轴抗压强度与养护时间函数关系

水体积比/%	函数关系
92.5	$y = -0.007x^2 - 0.295x + 1.984$
93.0	$y = -0.006x^2 - 0.270x + 1.668$
94.7	$y = -0.005x^2 - 0.196x + 1.009$
96.0	$y = -0.003x^2 - 0.111x + 0.584$

2）三轴承载性能

实验选用定制三面受限系统，将养护好的正方体试件取出两端磨平，将检试件平稳至于承压座内，盖上盖板调整至试件能够均匀受力。开启试验系统，采用位移加载方式进行加载，设定加载速率为 1.5mm/min，设定压缩量为 35mm，直至试件完全破坏，实验停止后自动保存数据。

记录实验过程，并处理得到不同养护时间下超高水固结体应力-应变曲线。

养护 1d 破坏过程：压密阶段→游离水被压出→试件表面出现裂隙→裂隙扩大→试件完全破坏（图 2.25）；不同水体积比超高固结体养护 1d 单轴抗压强度分别为 4.750MPa、4.410MPa、2.310MPa、1.230MPa（图 2.26）；养护 1d 固结体受压过程中失水速度快、失水量大，可知反应程度低，凝结强度小。

图 2.25　养护 1d 超高水固结体三面受限承载实验

（a）未施加载荷；（b）游离水被压出；（c）出现裂隙；（d）裂隙扩大；（e）试件完全破坏

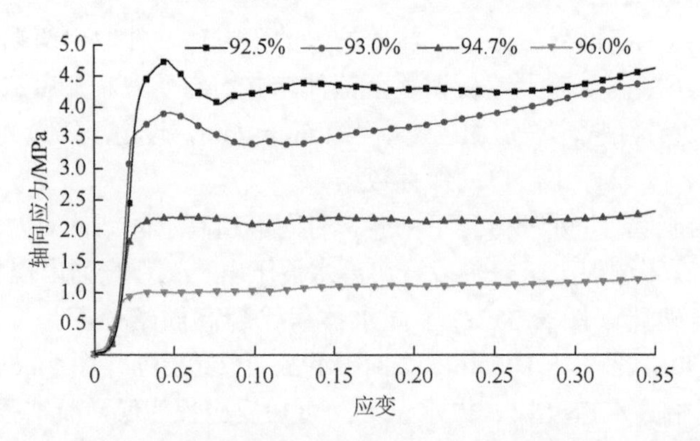

图 2.26　不同水体积比超高固结体养护 1d 三面受限应力-应变曲线

养护 7d 破坏过程：压密阶段→游离水被压出→试件表面出现裂隙→裂隙扩大→试件完全破坏（图 2.27）；不同水体积比超高固结体养护 7d 单轴抗压强度分别为 4.860MPa、3.950MPa、2.455MPa、1.260MPa（图 2.28）；养护 7d 固结体受压过程中失水速度快、失水量相较于养护 1d 变少，但是其强度变化不大。

图 2.27 养护 7d 超高水固结体三面受限承载实验

（a）未施加载荷；（b）游离水被压出；（c）出现裂隙；（d）裂隙扩大；（e）试件完全破坏

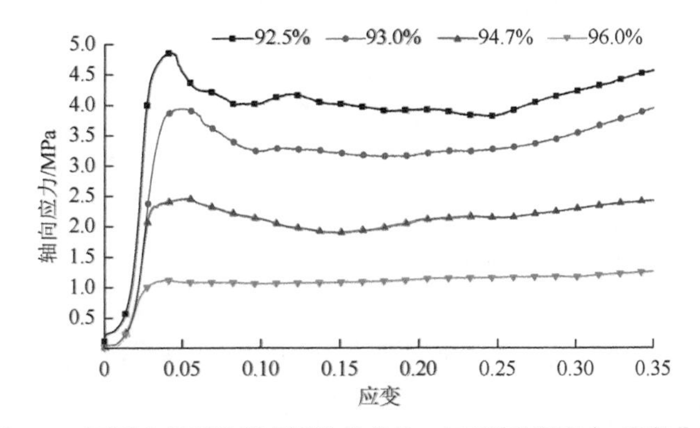

图 2.28 不同水体积比超高固结体养护 7d 三面受限应力-应变曲线

养护 14d 破坏过程：压密阶段→游离水被压出→试件表面出现裂隙→裂隙扩大→试件完全破坏（图 2.29）；不同水体积比超高水固结体养护 14d 单轴抗压强度分别为 5.485MPa、4.980MPa、2.800MPa、1.285MPa（图 2.30）；养护 14d 固结体受压过程中失水速度依然很快，失水量相比 7d 减小，单轴抗压强度也有明显的提高。

图 2.29　养护 14d 超高水固结体三面受限承载实验

（a）未施加载荷；（b）游离水被压出；（c）出现裂隙；（d）裂隙扩大；（e）试件完全破坏

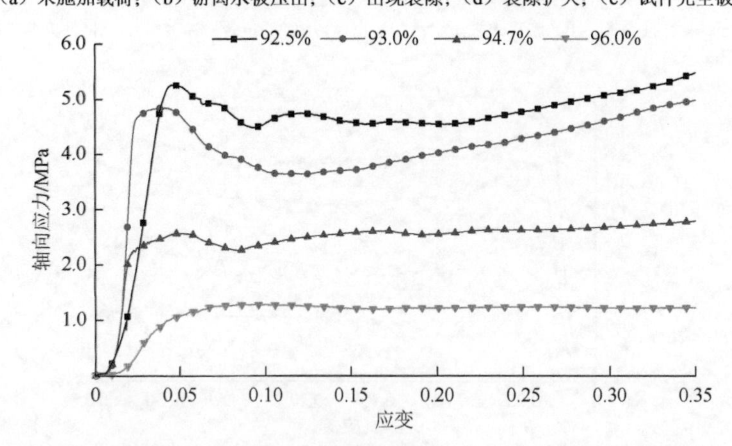

图 2.30　不同水体积比超高水固结体养护 14d 三面受限应力-应变曲线

养护 21d 破坏过程：压密阶段→游离水被压出→试件表面出现裂隙→裂隙扩大→试件完全破坏（图 2.31）；不同水体积比超高水固结体养护 21d 单轴抗压强度分别为 5.685MPa、5.265MPa、3.185MPa、1.550MPa（图 2.32）；养护 21d 固结体受压时失水速度减慢，失水现象相较于前面实验效果不明显，失水量减小，直至试件完全破坏才能看见明显的水分；固结体强度进一步提高。

图 2.31　养护 21d 超高水固结体三面受限承载实验

（a）未施加载荷；（b）游离水被压出；（c）出现裂隙；（d）裂隙扩大；（e）试件完全破坏

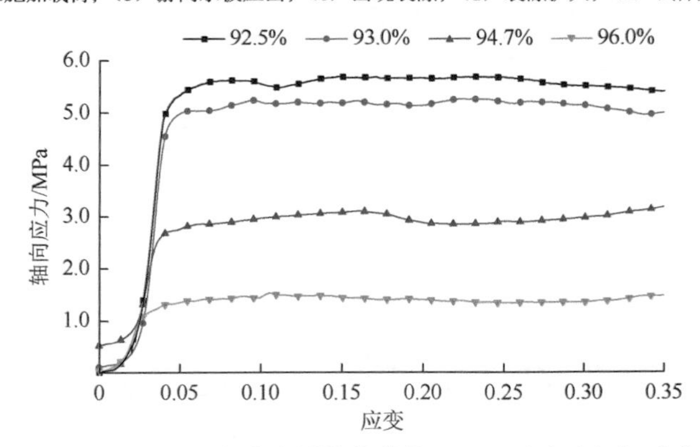

图 2.32　不同水体积比超高水固结体养护 21d 三面受限应力-应变曲线

养护 28d 破坏过程：压密阶段→试件表面出现裂隙→裂隙扩大→破坏加剧→试件完全破坏（图 2.33）；不同水体积比超高水固结体养护 28d 单轴抗压强度分别为 6.845MPa、5.830MPa、3.585MPa、1.755MPa（图 2.34）；养护 28d 受压过程无明显失水现象，说明固结体内水分子已经完全与材料反应，因此强度也达到峰值。

图 2.33　养护 28d 超高水固结体三面受限承载实验

（a）未施加载荷；（b）出现裂隙；（c）裂隙扩大；（d）破坏加剧；（e）试件完全破坏

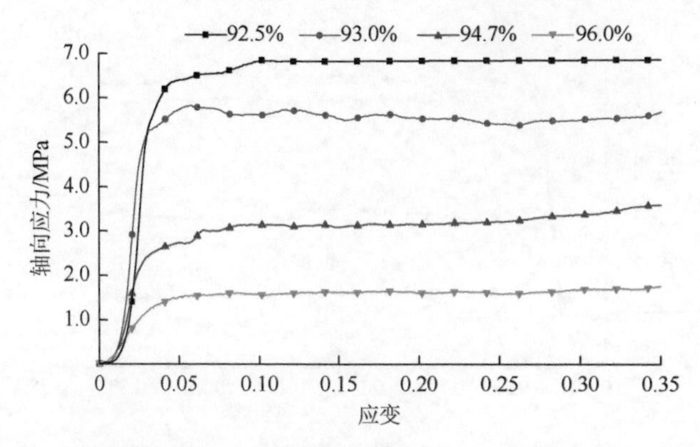

图 2.34　不同水体积比超高水固结体养护 28d 三面受限应力-应变曲线

统计得到在三面受限情况下，不同水体积比超高水固结体抗压强度，见表 2.10，通过拟合曲线得到不同水体积比超高水固结体三面受限强度变化曲线，如图 2.35 所示。

表 2.10　三面受限承载实验结果　（单位：MPa）

水体积比	养护时间				
	1d	7d	14d	21d	28d
92.5%	4.750	4.860	5.485	5.685	6.845
93.0%	4.410	3.950	4.980	5.265	5.830
94.7%	2.310	2.455	2.800	3.185	3.585
96.0%	1.230	1.260	1.285	1.550	1.755

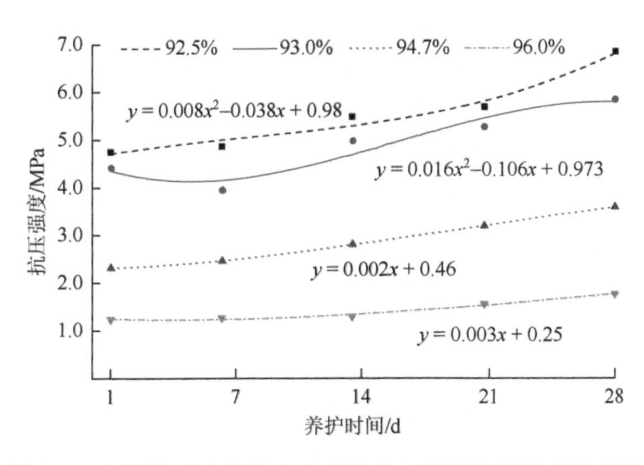

图 2.35　不同水体积比超高水固结体三面受限强度变化曲线

超高水固结体的失水量的大小决定了本身的强度大小，在实验前分别对固结体试件称重得到质量 m_1，每个试件测试完后再次称重得到 m_2，则该试件的失水率 $=(m_1-m_2)/m_1\times 100\%$，统计得到三面受限条件下试件失水率如图 2.36 所示。

由图 2.25～图 2.36 可知：

（1）三面受限承载试验中，超高水材料充填固结体试件的破坏与单轴承载试验一致，也会经历五个过程：试件受压后试件内部孔隙压密；试件结构被破坏，被锁住的游离水被压出；破坏加剧，试件表面出现裂隙；裂隙快速扩大；试件完全破坏。

（2）由应力-应变曲线可知，在三面受限承载实验中，当应力强度超过峰值时，其强度下降缓慢。随着压力机下降，固结体材料进一步被压实，其强度稳定在一定范围内，在承载体变形量达到 3mm 左右时，也就是变形量超过 3%时，试件强度出现反弹上升的现象，超高水材料受到的压力以游离水被压出的形式转换，由

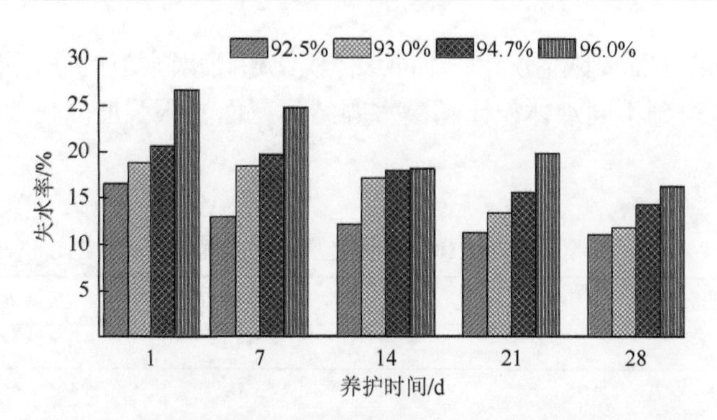

图 2.36　不同水体积比超高水固结体不同养护时间失水率

此可看出，超高水固结体失水量的大小间接地决定了超高水固结体的承载强度。

（3）随养护时间增加，超高水材料固结体的承载强度逐渐增大；相同养护时间，固结体的承载强度随水体积增大而减小，在 28d 养护时间内，不同水体积比（92.5%、93.0%、94.7%和 96.0%）超高水固结体的最大承载强度分别为 6.845MPa、5.830MPa、3.585MPa、1.755MPa，相对于单轴承载实验得到的抗压强度，其强度分别增加了 22.2%、10.5%、27.4%、28.94%，当试件处于封闭空间给予围压时，其强度会进一步提高。

（4）根据试验现象，超高水材料充填固结体承载过大之后会发生失水现象，其失水的速率与承载的大小呈正相关，承载越大失水速率越大；固结体的失水率随超高水材料水体积比的增大而增大，随着养护时间的增加而减小，不同水体积比（92.5%、93.0%、94.7%和 96.0%）的固结体在养护 28d 后失水率分别减小了 5.46%、7.03%、6.34%、10.4%。在工程实践中可以将失水速率和失水量作为该时期内充填材料是否过载，结构是否遭到破坏的判定依据之一。

（5）拟合得到不同水体积比超高水固结体三面受限强度 y 与养护时间 x 之间的函数关系，见表 2.11。

表 2.11　三面受限强度与养护时间函数关系

水体积比/%	函数关系
92.5	$y = 0.008x^2 - 0.038x + 0.980$
93.0	$y = 0.016x^2 - 0.106x + 0.973$
94.7	$y = 0.002x + 0.460$
96.0	$y = 0.003x + 0.250$

从单轴与三轴抗压实验结果分析，试件强度明显偏低，主要有以下两点原因：①试件表面凹凸不平，未能达到理想精度，三轴实验试样固结体三面受限，与真三轴实验标准有微小差距，且实验器材表面部分锈蚀，影响了实验结果的精确性。

②固结体试样制作批次不同，未能准确控制实验环境变量，导致不同凝结时间下的固结体强度大小出现差异。

4. 现场充填效果分析

为探测充填后固结体凝结状态及充填效果，在不同位置布置钻孔窥视测站进行钻孔窥视，监测不同位置的固结体的凝固程度。

1）仪器介绍

本次钻孔窥视选用 YTJ20 型岩层探测记录仪，如图 2.37 所示，该仪器重量轻、体积小，具有高性能可充电电源，可连续使用 8h，便于井下远距离携带。其主要参数见表 2.12。

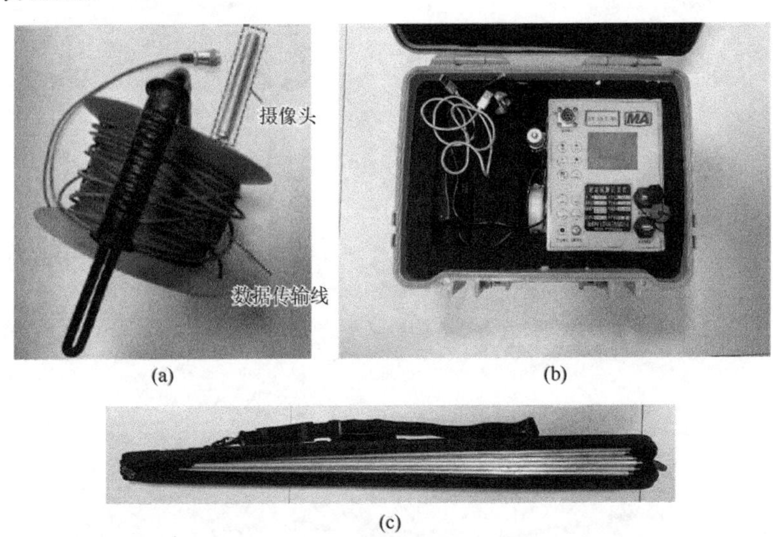

(a)　(b)

(c)

图 2.37　YTJ20 型岩层探测记录仪

（a）数据缆线；（b）主机；（c）探杆

表 2.12　YTJ20 型岩层探测记录仪参数

参数	数值
钻孔直径/mm	28～32
探测深度/m	0～20（标准）
测量裂隙精度/mm	0.1
长度/mm	240
仪器宽度/mm	190
仪器高度/mm	83
主机重量/kg	3.5
探头直径/mm	25
探头长度/mm	100
探头重量/g	150

2）监测方案

为观测充填工作面后方充填体的凝固程度，在充填体内设置钻孔。在CG1302工作面充填液压支架尾梁处布置测站，观测初凝区固结体凝结程度，在CG1301工作面掘进巷联络巷设置观测站，可观测到不同凝结时长的固结体，共设置三个测站，其充填体凝固时间大约为14d、100d、190d，观测区域有初凝区、强度增强区、强度稳定区。图2.38为液压支架后方钻孔位置布置图，图2.39为联络巷测站布置图。

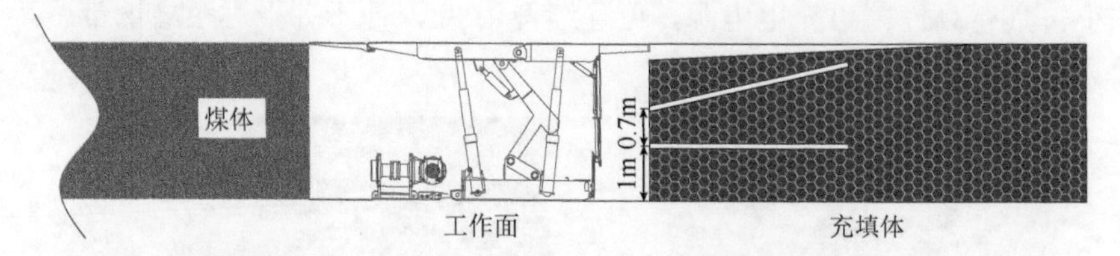

图2.38　液压支架后方钻孔位置布置图

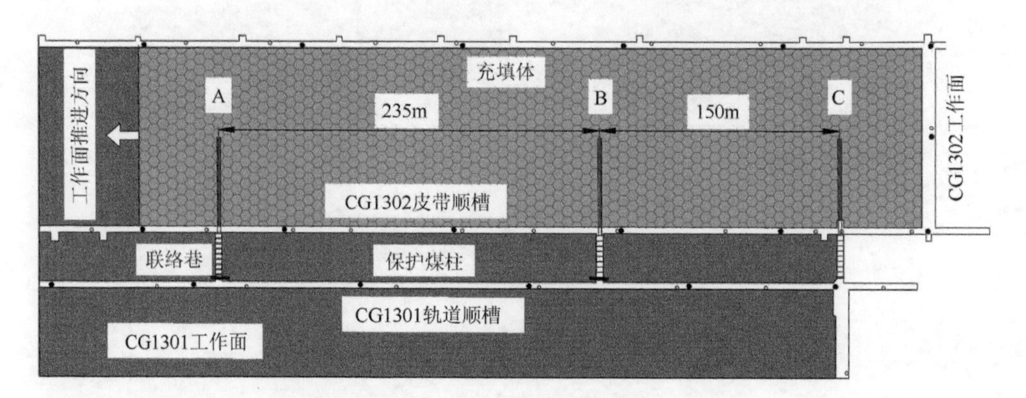

图2.39　联络巷测站布置图

根据钻孔窥视仪的探头直径，制定以下具体观测流程：

（1）在CG1302工作面端头液压支架尾梁处打设两个钻孔，其中一个垂直于充填体在充填体中间位置，另外一个斜向上20°，具体位置如图2.38所示；

（2）在CG1311轨道顺槽通过煤柱间联络巷，向CG1302工作面采空区充填体打设钻孔；

（3）钻孔孔径应为28～32mm，以保证岩层探测记录仪能顺利进入钻孔进行窥视；

（4）钻孔垂直深度应为5m，以观测到充填体凝结状态；

（5）钻孔受矿压影响容易造成塌孔，所以每打完一孔应立即进行窥视工作，以防塌孔对窥视工作造成影响。

3）监测结果分析

充填体在进入采空区后分为四个阶段：凝结阶段，为超高水材料反应阶段，一般在充填后 0～2h 内，具有流动性，不具有强度；初凝阶段，为超高水材料凝固阶段，此时不再具有流动性，凝结成形，但是基本不具有强度，充填体内反应也在持续，一般在充填后 2～24h；强度增强阶段，为超高水材料反应完成阶段，固结体强度持续增长，增长速度随着时间由快变慢直至基本完成，一般在充填后 1～28d；强度稳定阶段，反应基本完成，固结体强度不再增加并保持恒定，承载能力达到最大值，持续时间久。现对不同位置固结体进行钻孔窥视监测，监测结果如图 2.40 和图 2.41 所示。

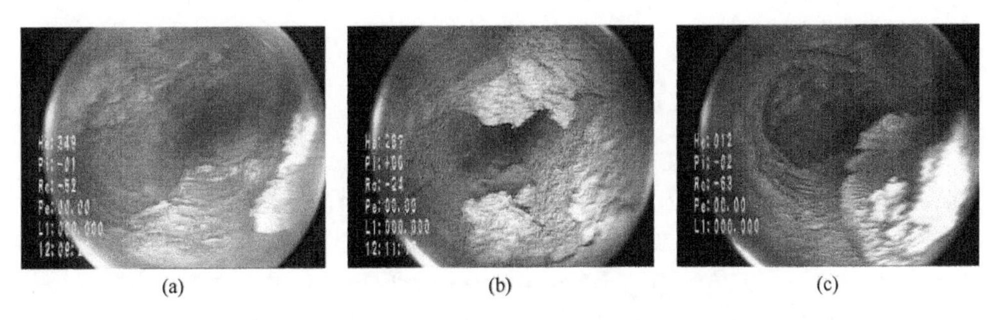

(a)　(b)　(c)

图 2.40　端头液压支架后方充填体钻孔窥视监测图像

（a）2m 处；（b）4m 处；（c）6m 处

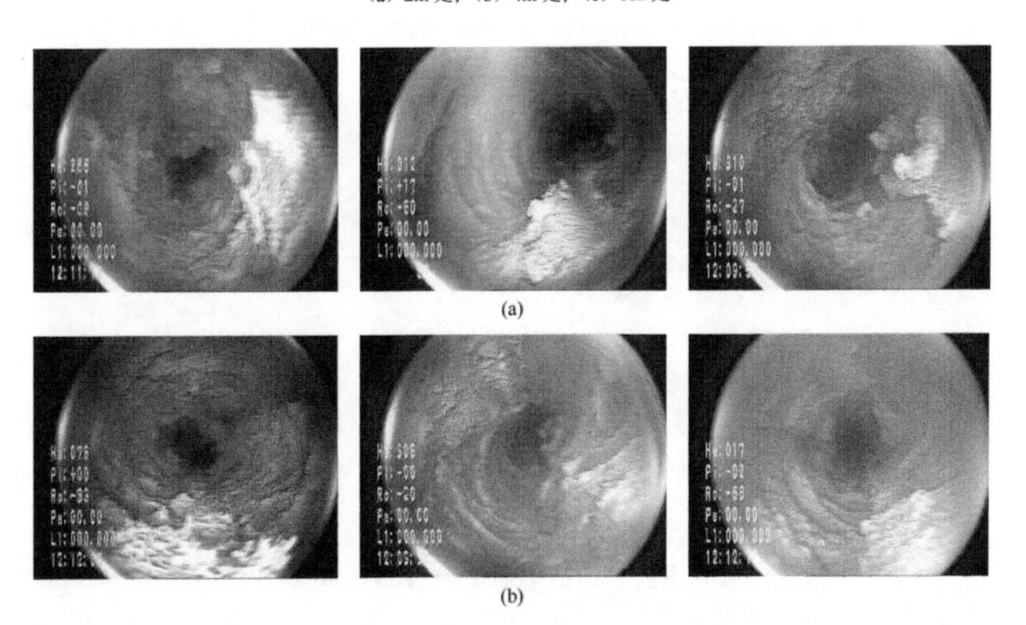

(a)

(b)

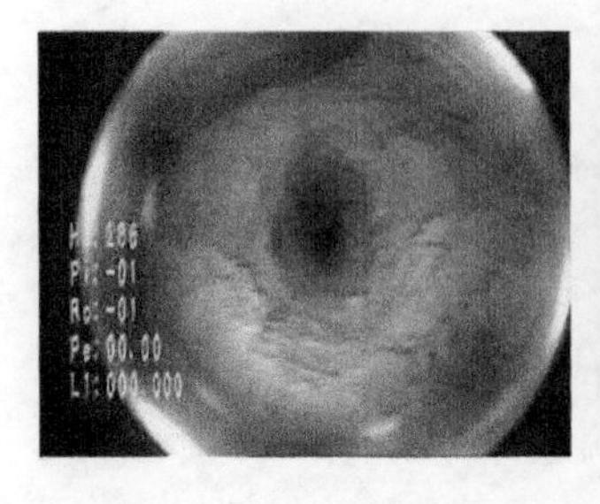

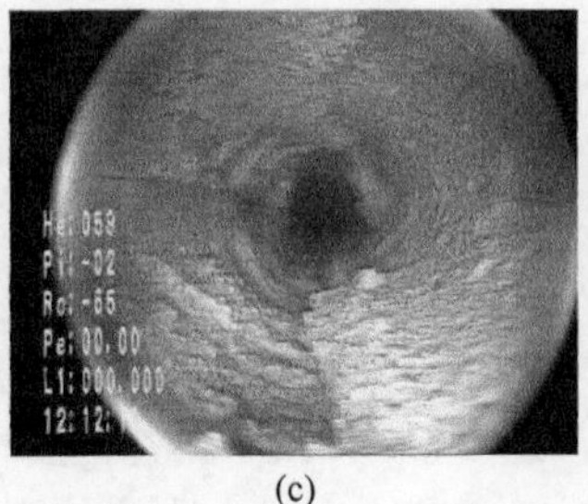

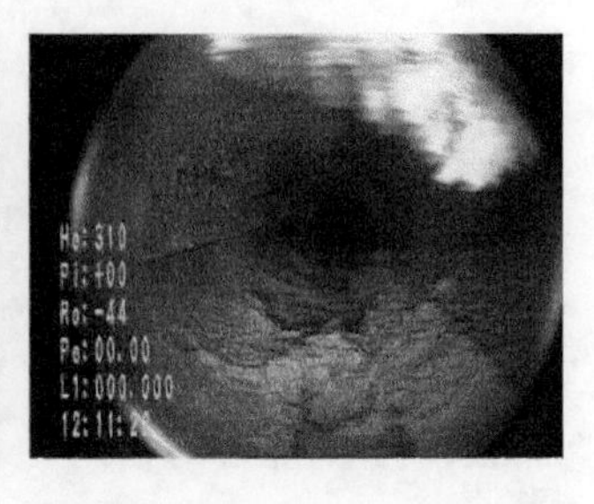

(c)

图 2.41　联络巷充填体钻孔窥视监测图像

（a）测点 A；（b）测点 B；（c）测点 C

液压支架后方固结体属于初凝阶段，由钻孔窥视图像可知，由于反应时间短，其固结体内还充斥大量的游离水，钻孔内固结体仍为浆状，黏结度较低，并放出热量。测点 A 位于距工作面 25m 处，此时固结体属于强度增强阶段，其充填时间大约为 14d，钻孔内水分相对于初凝区有所减小，钻孔壁上固结体为黏结泥质，孔内仍有热量；测点 B 位于距工作面 260m 处，此时固结体属于强度稳定阶段，其充填时间大约为 100d，钻孔内水分相对于强度增加区有所减小，钻孔壁上固结体明显变硬；测点 C 位于距工作面 410m 处，此时固结体属于强度稳定阶段，其充填时间大约为 190d，钻孔内水分很少，钻孔壁触感湿润，固结体硬度大，孔内有明显的块体节理结构。

与实验室内相比较，采空区内固结体游离水不易流失，需要完全反应时间较长，并且释放热量。这可能是因为钻孔时钻杆与孔壁摩擦产生热量，采空区内环境潮湿闷热，易于充填体内保存水分，并且采空区内充填体物料远超实验室。由实验室结果可知，充填体在不失水的情况下强度最大，因此进一步验证了超高水材料在封闭高湿环境中应用性更强，能够发挥其最佳效果。

2.4.2　超高水材料充填技术

1. 充填方法

CG1302 工作面采用袋式充填法，在采空区内布置充填袋，袋内充入超高水混合浆料，充填料凝固后对煤柱、覆岩起到支撑作用，如图 2.42 所示。

2. 充填工艺

超高水充填开采技术主要包括三个系统，分别为：浆体制备系统、输送系统、充填系统。其中浆体制备用水为经过净化处理的矿井水，显著降低了矿井污水排放与治理费用，保护了生态环境，实现了矿井水资源化利用。工艺流程及充填效

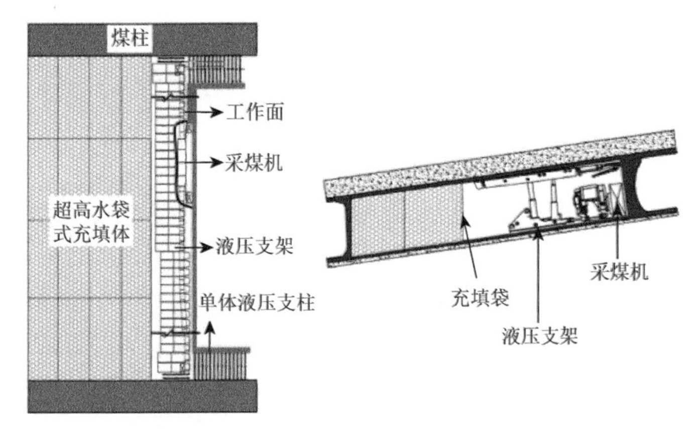

图2.42　袋式充填布置图

果如图2.43所示：浆体制备系统分别自动配制A、B单浆液，然后由输送系统把两种单浆体按1∶1的比例输送到工作面附近，混合后经充填管路注入液压支架后方采空区充填袋。

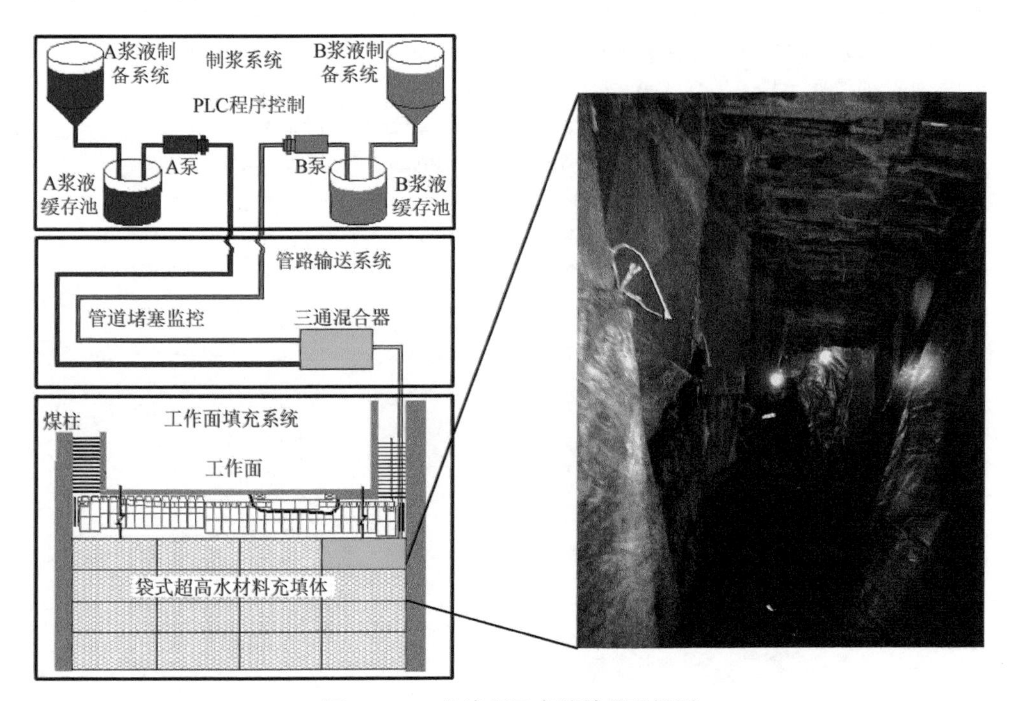

图2.43　工艺流程及充填效果现场图

2.5　本 章 小 结

（1）义能煤矿褶曲断层发育，地质构造为中等复杂程度，瓦斯地质类型简单；

CG1302 工作面走向长度为 1030m，倾向长度为 110m，平均煤厚为 3.0m，平均倾角为 6°，断层构造多，采用综合机械化走向长壁采煤工艺。

（2）实验室测试煤层及顶底板的煤岩试样单轴压缩、抗拉和抗剪结果表明：断层破碎带附近 3 号煤层顶板细砂岩为中等坚固岩石，底板泥岩以不坚固岩石为主；正常区域 3 号煤层顶板以中等坚固岩石为主，部分为坚固岩石，3 号煤层底板为中等坚固岩石。

（3）超高水固结体具有体积应变较小、可控凝结时间、输送距离远等优点，是长壁工作面采空区理想的充填材料，在深部煤层高应力环境下具有良好的稳定性；袋式充填操作简单、工艺成熟，对深部煤层赋存条件具有很好的适用性。

参考文献

蔡美峰，何满潮，刘东燕. 2002. 岩石力学与工程. 北京：科学出版社.

冯光明，王成真，李凤凯，等. 2010. 超高水材料开放式充填开采研究. 采矿与安全工程学报，27（4）：453-457.

冯光明，王成真，李凤凯，等. 2011. 超高水材料袋式充填开采研究. 采矿与安全工程学报，28（4）：602-607.

冯光明，贾凯军，尚宝宝. 2015. 超高水充填材料在采矿工程中的应用与展望. 煤炭科学技术，43（1）：5-9.

宫伟力，李晨. 2010. 煤岩结构多尺度各向异性特征的 SEM 图像分析. 岩石力学与工程学报，29（S1）：2681-2689.

黎水平，吴其胜. 2009. 煤系高岭土制备碱性分子筛材料. 材料科学与工程学报，27（2）：233-237.

李霞，曾凡桂，王威，等. 2016. 低中煤级煤结构演化的 XRD 表征. 燃料化学学报，44（7）：777-783.

钱鸣高，石平五，许家林. 2010. 矿山压力与岩层控制. 徐州：中国矿业大学出版社.

王作棠，周华强，谢耀社. 2007. 矿山岩体力学. 徐州：中国矿业大学出版社.

张小东，张鹏. 2014. 不同煤级煤分级萃取后的 XRD 结构特征及其演化机理. 煤炭学报，39（5）：941-946.

邹俊鹏，陈卫忠，杨典森，等. 2016. 基于 SEM 的珲春低阶煤微观结构特征研究. 岩石力学与工程学报，35（9）：1805-1814.

第 3 章　深部煤层超高水充填工作面覆岩运移规律

深部煤层综采工作面垮落法管理采空区顶板时，关键层断裂后，上覆岩层随之同步下沉，垮落带、裂隙带发育范围大，造成显著的地表沉陷变形（王新丰等，2016；王方田等，2020）。采用超高水材料充填采空区后，可有效控制上覆岩层的破断运移及地表沉陷，对地表建筑物起到有效的保护作用。本章采用理论分析、数值模拟、现场实测等方法探究了垮落法处理采空区、不同充填率、不同超高水材料充填强度下工作面覆岩运移规律、矿压显现强度及地表变形特征。

3.1　厚砂岩顶板破断特征

3.1.1　未充填时厚砂岩顶板破断特征

1. *关键层位置的判定及砂岩顶板所受载荷确定*

根据义能煤矿 CG1302 工作面的煤层地质条件，平均煤厚 3.0m，上方分别为 4.0m 的细粒砂岩、2.5m 的中砂岩及 10.6m 的细粒砂岩等岩层。以传统垮落法处理采空区的情况下，根据组合梁理论（钱鸣高等，2010）：

$$(q_n)_1 = \frac{E_1 h_1^3 (\gamma_1 h_1 + \gamma_2 h_2 + \cdots + \gamma_n h_n)}{E_1 h_1^3 + E_2 h_2^3 + \cdots + E_n h_n^3} \tag{3.1}$$

式中，$(q_n)_1$ 为第 n 层岩层时第 1 层所受的载荷，MPa；E_i 为第 i 层岩层的弹性模量，MPa；h_i 为第 i 层岩层的厚度，m；γ_i 为第 i 层岩层的容重，MN/m^3。

计算过程中若出现$(q_{n+1})_1 < (q_n)_1$，表明第 $n+1$ 层岩层本身具有强度大、岩层厚等特征，对第一层岩层没有载荷作用。由此不仅能判定基本顶的位置，同时可判定基本顶之上是否存在其他关键层，并可以演算直接顶、基本顶承受的最大载荷。

煤层上方第一层对本身的载荷$(q_n)_1$为

$$(q_1)_1 = \gamma_1 h_1 = 0.104\text{MPa} \tag{3.2}$$

考虑第二层对第一层的作用，则

$$(q_2)_1 = \frac{E_1 h_1^3 (\gamma_1 h_1 + \gamma_2 h_2)}{E_1 h_1^3 + E_2 h_2^3} = 0.141\text{MPa} \tag{3.3}$$

计算到第三层时，第一层的载荷为

$$(q_3)_1 = \frac{E_1h_1^3(\gamma_1h_1+\gamma_2h_2+\gamma_3h_3)}{E_1h_1^3+E_2h_2^3+E_3h_3^3} = 0.019\text{MPa} \tag{3.4}$$

由上述计算结果及关键层理论可以判定第三层对第一层载荷不起作用，可判定该岩层为关键层。根据义能煤矿 CG1302 工作面上覆岩层厚度情况及各岩层的物理力学性质，3 号煤层直接顶所承受的载荷为$(q_2)_1 = 0.141\text{MPa}$，关键层位置判定见表 3.1。

表 3.1　关键层位置判定及厚砂岩顶板载荷验算结果统计表

序号	岩性	体积力/(MN/m³)	层厚/m	弹性模量/MPa	抗拉强度/MPa	$(q_n)_1$/MPa	备注
1	细粒砂岩	0.02597	4.0	10311	2.364	0.1039	—
2	粉砂岩	0.02575	2.5	8337	1.904	0.1405	—
3	细粒砂岩	0.02580	10.6	12591	3.131	0.0185	关键层
4	泥岩	0.02529	0.6	6045	1.379	0.0191	—
5	细砂岩	0.02630	10.6	11216	2.609	0.0158	—
6	粉砂岩	0.02575	3.8	8337	1.904	0.0177	—
7	细砂岩	0.02630	5.8	11216	2.609	0.0195	—
8	泥岩	0.02529	4.4	6045	1.379	0.2890	—

结合义能煤矿的煤层地质条件，采用组合梁理论得出基本顶所受载荷为 0.289MPa。

2. 未充填时砂岩顶板破断运动弹性力学分析

1）初次破断步距分析

传统垮落法综采过程中，随着工作面不断推进，顶板岩层悬露跨度增大，挠曲变形加剧。由于直接顶与基本顶岩性存在差异，两者在移动下沉过程中产生离层，层间黏聚力丧失，采空区顶板将发生周期性垮落，垮落空间由下而上逐渐传递至地表，并在地面形成比采空区更为宽广的下沉盆地（何满潮等，2005）。直接顶垮落后，对基本顶的承载作用急剧下降，采用弹性力学分析基本顶受力时，将基本顶简化为固支梁模型，初次破断前两端处于固支状态（钱鸣高等，1996），岩层的应力分析模型如图 3.1 所示。

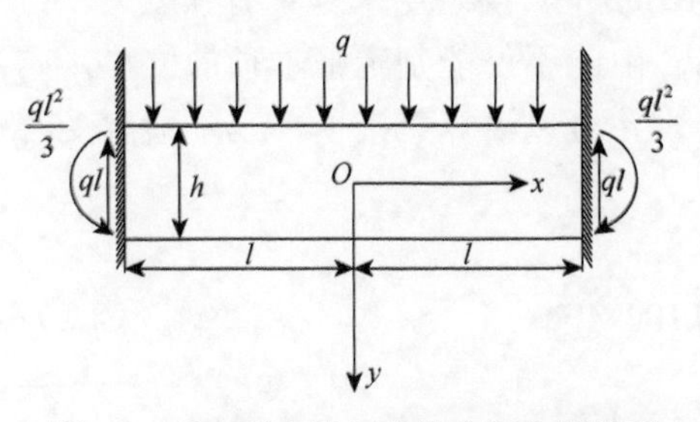

图 3.1　基本顶在岩层中简化固支梁模型

q 为固支梁承受的单位载荷，MPa；l 为固支端距梁中心点 O 的水平长度，m；h 为固支梁高度，m

结合弹性力学理论，根据岩梁受力特点可得各应力分量表达式：

$$\begin{cases}\sigma_x = \dfrac{x^2}{2}(6Ay+2B) + x(6Ey+2F) - 2Ay^3 - 2By^2 + 6Hy + 2K \\ \sigma_y = Ay^3 + By^2 + Cy + D - \rho gy \\ \tau_{xy} = -x(3Ay^2 + 2By + C) - (3Ey^2 + 2Fy + G)\end{cases} \tag{3.5}$$

式中，σ_x为固支梁在 x 方向所受正应力，MPa；σ_y为固支梁在 y 方向所受正应力，MPa；τ_{xy}为固支梁在 y 方向所受剪应力，MPa；ρ为固支梁密度，kg/m^3；A、B、C、D、E、F、G、H、K 为参数常量。

由对称性可知正应力 σ_x、σ_y为 x 的偶函数，剪应力 τ_{xy}为 x 的奇函数，因此可得 $E=F=G=0$。

梁的上下边界条件为

$$\sigma_y\Big|_{y=\frac{h}{2}} = 0, \sigma_y\Big|_{y=-\frac{h}{2}} = -q, \tau_{xy}\Big|_{y=\pm\frac{h}{2}} = 0 \tag{3.6}$$

代入式（3.1）可以得到：

$$A = -\frac{2q}{h^3}, \quad B = 0, \quad C = \frac{3q}{2h}, \quad D = -\frac{q}{2} \tag{3.7}$$

将式（3.7）的结果代入应力表达式（3.5）可得：

$$\begin{cases}\sigma_x = \dfrac{6q}{h^3}x^2y + \dfrac{4q}{h^3}y^3 + 6Hy + 2K \\ \sigma_y = \dfrac{2q}{h^3}y^3 + \dfrac{3q}{2h}y - \dfrac{q}{2} \\ \tau_{xy} = \dfrac{6q}{h^3}xy^2 - \dfrac{3q}{2h}x\end{cases} \tag{3.8}$$

在固支条件下，梁的左右边界（$x=\pm l$）应力条件为

$$\begin{aligned}&\int_{-\frac{h}{2}}^{\frac{h}{2}} \sigma_x\Big|_{x=-l} \mathrm{d}y = 0, \quad \int_{-\frac{h}{2}}^{\frac{h}{2}} \sigma_x\Big|_{x=-l} y\mathrm{d}y = -\frac{ql^2}{3}, \quad \int_{-\frac{h}{2}}^{\frac{h}{2}} \tau_{xy}\Big|_{x=-l} \mathrm{d}y = -ql \\ &\int_{-\frac{h}{2}}^{\frac{h}{2}} \sigma_x\Big|_{x=l} \mathrm{d}y = 0, \quad \int_{-\frac{h}{2}}^{\frac{h}{2}} \sigma_x\Big|_{x=l} y\mathrm{d}y = -\frac{ql^2}{3}, \quad \int_{-\frac{h}{2}}^{\frac{h}{2}} \tau_{xy}\Big|_{x=l} \mathrm{d}y = ql\end{aligned} \tag{3.9}$$

将式（3.8）中应力分量表达式代入左右边界条件有

$$\begin{cases}\int_{-\frac{h}{2}}^{\frac{h}{2}}\left(\dfrac{6q}{h^3}x^2y+\dfrac{4q}{h^3}y^3+6Hy+2K\right)\mathrm{d}y=0\\ \int_{-\frac{h}{2}}^{\frac{h}{2}}\left(\dfrac{6q}{h^3}x^2y+\dfrac{4q}{h^3}y^3+6Hy+2K\right)y\mathrm{d}y=-\dfrac{ql^2}{3}\\ \int_{-\frac{h}{2}}^{\frac{h}{2}}\left(\dfrac{6ql}{h^3}xy^2-\dfrac{3ql}{2h}\right)\mathrm{d}y=-ql\end{cases} \tag{3.10}$$

进一步可解得：$K=0$，$H=\dfrac{ql^2}{3h^2}-\dfrac{q}{10h}$。

所以，最终可得到两端固支梁应力表达式为

$$\begin{cases}\sigma_x=\dfrac{6q}{h^3}x^2y+\dfrac{4q}{h^3}y^3+\left(\dfrac{2ql^2}{h^2}-\dfrac{3q}{5h}\right)y\\ \sigma_y=\dfrac{2q}{h^3}y^3+\dfrac{3q}{2h}y-\dfrac{q}{2}\\ \tau_{xy}=\dfrac{6q}{h^3}xy^2-\dfrac{3q}{2h}x\end{cases} \tag{3.12}$$

由对称性可知梁中间位置处切应力为零，横向主应力σ_1在$\left(0,\dfrac{h}{2}\right)$处拉应力达到最大，由此得到：

$$\sigma_{1\max}=\sigma_x\Big|_{\left(0,\frac{h}{2}\right)}=\frac{q}{5}+\frac{ql^2}{h^2} \tag{3.13}$$

分析最大剪应力位置在梁固定端截面中心位置，可得

$$\tau_{\max}\Big|=\tau_{xy}\Big|_{(l,0)}=\frac{3ql}{2h} \tag{3.14}$$

根据最大拉应力强度准则可知，岩梁不发生断裂的极限跨距为

$$\sigma_{1\max}=\frac{q}{5}+\frac{ql^2}{h^2}\leqslant[\sigma]\text{，即}\, l\leqslant 2h\sqrt{\frac{[\sigma]}{q}-\frac{1}{5}} \tag{3.15}$$

取岩层断裂安全系数为n，可知两端固支条件下岩梁极限安全跨距为

$$L_s\leqslant 2h\sqrt{\frac{[\sigma]}{nq}-\frac{1}{5}} \tag{3.16}$$

式中，L_s为基本顶安全跨距，m；h为基本顶厚度，m；$[\sigma]$为基本顶抗拉强度，MPa；n为安全系数；q为基本顶承受的载荷，MPa。

根据义能煤矿 CG1302 工作面煤岩物理力学参数及顶板厚度情况，大多数岩层厚度较大，且破坏为脆性破坏，故可取安全系数n为 1.2，直接顶所承受的载荷

为其自重及上方粉砂岩顶板所提供的载荷，共计 0.141MPa，基本顶所承受的载荷为覆岩组合梁结构条件下的载荷与自身载荷之和，共计 0.289MPa，根据固支梁破断理论，则直接顶的极限安全跨距为

$$l \leqslant 2\times 4\sqrt{\frac{2.364}{1.2\times 0.141}-\frac{1}{5}} \approx 29.7 \tag{3.17}$$

基本顶的极限安全跨距为

$$L_s \leqslant 2\times 10.6\sqrt{\frac{3.131}{1.2\times 0.289}-\frac{1}{5}} \approx 63.0 \tag{3.18}$$

即直接顶、基本顶初次来压步距分别为 29.7m、63.0m。

2）周期破断步距分析

顶板初次垮落后，随工作面推进会产生周期来压。顶板岩梁一端固支、末端悬空，形成类悬臂梁结构。周期来压时顶板岩层力学模型如图 3.2 所示。

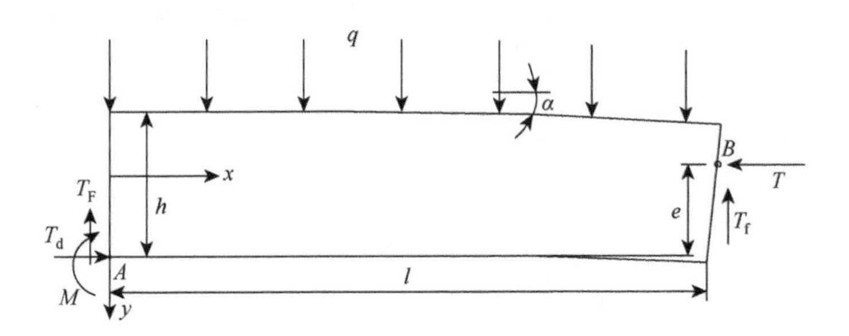

图 3.2　周期来压顶板应力分析模型

根据力学平衡，可得

$$\begin{cases}\sum F_x = 0\text{：}\ T_{\rm d} - T = 0\\ \sum F_y = 0\text{：}\ ql - T_{\rm F} - T_{\rm f} = 0\\ \sum M_A = 0\text{：}\ \dfrac{1}{2}ql^2 + M - T_{\rm f}l - Te = 0\end{cases} \tag{3.19}$$

式中，q 为悬臂梁承受的单位载荷，MPa；l 为悬臂梁外露长度，m；h 为悬臂梁厚度，m；T 为断裂岩块间的水平挤压力，kN；$T_{\rm d}$ 为悬臂梁内部水平作用力，kN；e 为 B 点距离 A 点的垂直距离，m；$T_{\rm F}$ 为下方岩体支撑力，kN；$T_{\rm f}$ 为破碎岩体支撑力，kN；M 为固支端对 A 点的力偶矩，N·m；F_x 为悬臂梁水平方向应力，kN；F_y 为悬臂梁竖直方向应力，kN；M_A 为悬臂梁在 A 点的力偶矩，N·m。

悬臂梁中应力表达式与式（3.5）相同，边界约束条件不同。根据悬臂梁自由端边界条件：

$$\sigma_y\Big|_{y=\frac{h}{2}}=0\,,\quad \sigma_y\Big|_{y=-\frac{h}{2}}=-q\,,\quad \tau_{xy}\Big|_{y=\pm\frac{h}{2}}=0 \tag{3.20}$$

结合梁应力表达式（3.5），解得

$$A=-\frac{2q}{h^3}\,,\quad B=0\,,\quad C=\frac{3q}{2h}\,,\quad D=-\frac{q}{2} \tag{3.21}$$

根据悬臂梁固支端受力边界条件：

$$\int_{-\frac{h}{2}}^{\frac{h}{2}}\sigma_x\Big|_{x=0}\mathrm{d}y=-T\,,\quad \int_{-\frac{h}{2}}^{\frac{h}{2}}\sigma_x\Big|_{x=0}\left(\frac{h}{2}-y\right)\mathrm{d}y=-M\,,\quad \int_{-\frac{h}{2}}^{\frac{h}{2}}\tau_{xy}\Big|_{x=0}\mathrm{d}y=T_{\mathrm{F}} \tag{3.22}$$

将式（3.22）代入应力表达式（3.5）得

$$E=\frac{2T_{\mathrm{F}}}{h^3},\quad H=\frac{2M}{h^3}-\frac{T}{h^2}-\frac{q}{10h},\quad K=-\frac{T}{2h} \tag{3.23}$$

将式（3.22）、式（3.23）代入式（3.5），可得到应力表达式为

$$\begin{cases}\sigma_x=-\dfrac{6q}{h^3}x^2y+\dfrac{12T_{\mathrm{F}}}{h^3}yx+\dfrac{4q}{h^3}y^3+\left(\dfrac{12M}{h^3}-\dfrac{6T}{h^2}-\dfrac{3q}{5h}\right)y-\dfrac{T}{h}\\ \sigma_y=-\dfrac{2q}{h^3}y^3+\dfrac{3q}{2h}y-\dfrac{q}{2}\\ \tau_{xy}=\dfrac{6q}{h^3}xy^2-\dfrac{3q}{2h}x-\dfrac{6T_{\mathrm{F}}}{h^3}y^2+\dfrac{3T_{\mathrm{F}}}{2h}\end{cases} \tag{3.24}$$

由于直接顶破断垮落位置所承受的竖直作用力较小，可取 $T_{\mathrm{f}}=0$，由此得到：

$$T_{\mathrm{F}}=ql \tag{3.25}$$

因此，岩梁周期破断时应力分量表达式为

$$\begin{cases}\sigma_x=\dfrac{6q}{h^3}x^2y+\dfrac{12ql}{h^3}yx+\dfrac{4q}{h^3}y^3+\left(\dfrac{12Te}{h^3}-\dfrac{6T}{h^2}-\dfrac{3q}{5h}\right)y-\dfrac{T}{h}\\ \sigma_y=-\dfrac{2q}{h^3}y^3+\dfrac{3q}{2h}y-\dfrac{q}{2}\\ \tau_{xy}=\dfrac{6q}{h^3}xy^2-\dfrac{3q}{2h}x-\dfrac{6ql}{h^3}y^2+\dfrac{3ql}{2h}\end{cases} \tag{3.26}$$

坐标取在梁二次断裂截面中心，即二次破断面上 $x=0$，由函数的单调性可得拉断条件下的安全跨距满足关系式：

$$-\frac{q}{2}-\left(\frac{6Te}{h^2}-\frac{3ql}{h^2}-\frac{3T}{h}-\frac{3q}{10}\right)-\frac{T}{h}\leqslant[\sigma]\text{，即 }l\leqslant\sqrt{\frac{5h^2[\sigma]+qh^2+30Te-10Th}{15q}} \tag{3.27}$$

由于煤层开采时顶板破断岩块与采空区矸石一般不存在水平推力，即可令 $T=0$，此时基本顶极限周期破断步距为

$$l=\sqrt{\frac{5\times 10.6^2\times 3.131+0.289\times 10.6^2}{15\times 0.289}}\approx 20.3 \tag{3.28}$$

即基本顶周期来压步距为 20.3m。

根据义能煤矿砂岩顶板破断垮落理论分析可知，直接顶初次来压步距为 29.7m，基本顶初次来压步距为 63.0m、周期来压步距为 20.3m。如此长距离的初次来压将造成动力冲击灾害（王方田和屠世浩，2015）。

3. *充填开采厚砂岩顶板运移规律*

在充填开采情况下，充填体充入采空区后，迅速与弯曲下沉的顶板接触，并对顶板起到支撑作用，当充填率过小，直接顶弯曲下沉量大于其极限弯曲挠度时仍不能接触充填体，直接顶将发生断裂，断裂垮落后的直接顶与充填体形成共同支撑体，若基本顶弯曲下沉量达到基本顶极限弯曲挠度时，未接触到下方共同支撑体，则基本顶发生断裂（缪协兴等，2015），由此可建立固支梁模型，顶板发生断裂之前力学模型如图 3.3 所示。

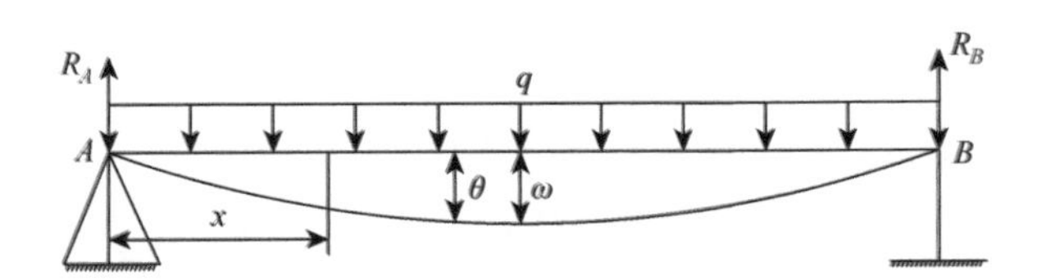

图 3.3　固支梁理论分析模型

R_A、R_B 为梁两端的反力，由梁的对称性可以得到：

$$R_A=R_B=\frac{ql}{2} \tag{3.29}$$

式中，q 为固支梁承受的单位载荷，MPa；l 为固支梁长度，m。

距梁左端 x 位置截面内的剪力为

$$Q_x=R_A-qx=\frac{ql}{2}-qx \tag{3.30}$$

该截面的弯矩为

$$M_x=R_Ax-qx\frac{x}{2}+M_A \tag{3.31}$$

$$M_A=-\frac{ql^2}{12} \tag{3.32}$$

将式（3.32）代入应力表达式（3.31）得

$$M_x=\frac{l}{12}(6lx-6x^2-l^2) \tag{3.33}$$

由此可以得出：

当 $x=0$ 或 $x=l$ 时，

$$M_{\max}=-\frac{ql^2}{12} \tag{3.34}$$

当 $x=\frac{l}{2}$ 时，可得

$$M_{\frac{l}{2}}=\frac{ql^2}{24} \tag{3.35}$$

根据梁的挠度曲线近似微分方程 $\omega''=-\frac{M(x)}{EI}$ 得

$$\begin{cases} EI\omega'=-\int M(x)\mathrm{d}x+C_1 \\ EI\omega=-\int\left[\int M(x)\mathrm{d}x\right]\mathrm{d}x+C_1x+C_2 \end{cases} \tag{3.36}$$

式中，E 为弹性模量，MPa；I 为截面惯矩，m^4；ω 为挠度，m；C_1、C_2 为常量参数。

$$I=\frac{bh^3}{12} \tag{3.37}$$

式中，b 为梁宽，m；h 为梁高，m。

将式（3.35）的推导计算结果代入式（3.36）得出：

$$EI\omega=-\frac{q}{12}\left(lx^3-\frac{x^4}{2}-\frac{l^2x^2}{2}\right)+C_1x+C_2 \tag{3.38}$$

式中，E 为弹性模量，MPa；I 为截面惯矩，m^4；l 为悬顶长度，m；x 为距梁端距离，m；q 为顶板承受的载荷，MPa。

由边界条件得

当 $x=0$，$x=l$ 时，$\omega=0$；求出 $C_1=0$，$C_2=0$。

所以固支梁的挠度计算公式：

$$\omega=-\frac{q}{24EI}(x^4+l^2x^2-2lx^3)\ (0<x<l) \tag{3.39}$$

挠度的最大值为 $x=\frac{l}{2}$ 时，可得

$$\omega_{\max}=\frac{ql^4}{384EI} \tag{3.40}$$

悬臂梁的最大挠度计算公式：

$$\omega_{\max}=\frac{ql^4}{8EI} \tag{3.41}$$

根据固支梁最大挠度理论，当直接顶初次发生断裂时，其竖向最大下沉量为0.26m，当基本顶初次发生断裂时，其竖向最大下沉量为0.48m，根据悬臂梁最大

挠度理论，当直接顶发生周期断裂时，其竖向最大下沉量为 0.13m，当基本顶发生周期断裂时，其竖向最大下沉量为 0.25m。

3.1.2　不同充填率厚砂岩顶板破断数值模拟

1. 数值模拟方案

本次模拟所采用的本构模型为莫尔-库仑模型，模拟参数见表 3.2，模型及监测方案结构如图 3.4 所示，模型长×宽为 240m×96m，煤层平均埋深为 821m，模型四周及底边固定位移约束，上部边界施加 20.5MPa 竖直应力模拟上覆岩重，侧压系数取 1。模型中共设置 8 条测线，分别记录煤及覆岩内部应力及位移变化情况：①设置于煤层基本底中；②设置于开采煤层中；③设置于直接顶中；④设置于基本顶岩层中；⑤设置于基本顶上方细砂岩顶板岩层中；⑥设置于第 9 层细砂岩顶板当中；⑦设置于第 13 层泥岩顶板当中；⑧设置于模型顶端细砂岩顶板当中。

表 3.2　煤岩物理力学参数

序号	岩性	密度/(kg/m³)	层厚/m	体积模量/GPa	抗拉强度/MPa	剪切模量/GPa	黏聚力/MPa	内摩擦角/(°)
1	细砂岩	2597	10.5	7.2	3.131	4.9	12.0	36
2	泥岩	2529	1.7	7.5	1.379	3.0	12.0	26
3	3 号煤	1540	3.0	5.8	1.253	1.2	3.0	33
4	细砂岩	2597	4.0	7.2	3.131	4.9	12.0	36
5	粉砂岩	2575	2.5	5.8	1.904	3.6	17.0	40
6	细砂岩	2597	10.6	8.1	3.131	5.2	12.0	36
7	细砂岩	2630	11.2	7.5	3.170	4.9	12.0	36
8	粉砂岩	2575	3.8	7.5	1.904	3.6	17.0	40
9	细砂岩	2630	5.0	7.5	3.170	4.9	12.0	36
10	泥岩	2529	4.9	4.0	1.515	3.0	1.2	26
11	砂质泥岩	2500	4.8	5.7	0.210	3.4	1.3	30
12	砂质泥岩	2500	2.8	5.7	0.210	3.4	1.3	30
13	泥岩	2529	8.8	7.5	1.515	3.0	1.2	26
14	泥岩	2529	2.4	7.5	1.515	3.0	1.2	26
15	泥岩	2529	9.2	7.5	1.515	3.0	1.2	26
16	中砂岩	2660	1.9	7.0	1.03	4.2	13.0	44
17	细砂岩	2597	8.1	7.2	3.170	4.9	12.0	36

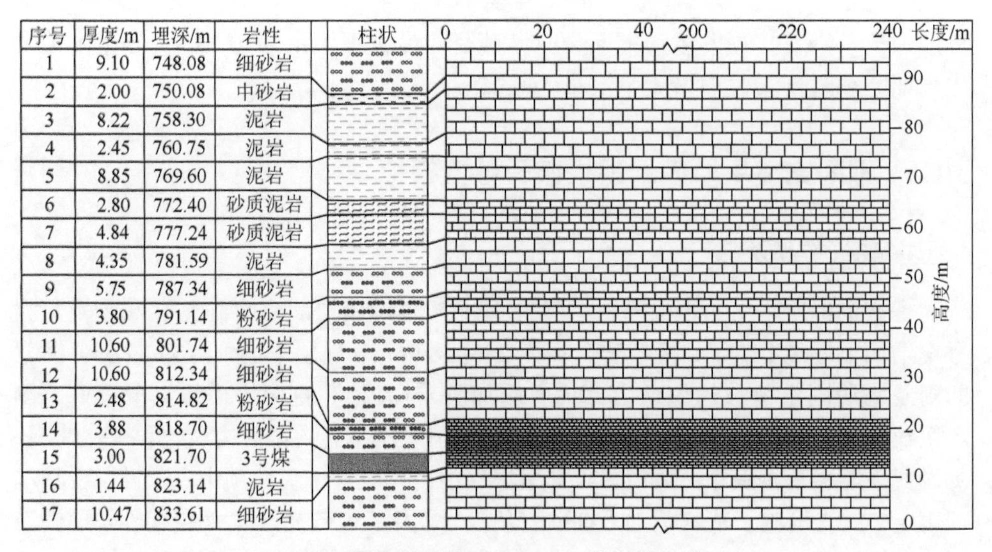

序号	厚度/m	埋深/m	岩性
1	9.10	748.08	细砂岩
2	2.00	750.08	中砂岩
3	8.22	758.30	泥岩
4	2.45	760.75	泥岩
5	8.85	769.60	泥岩
6	2.80	772.40	砂质泥岩
7	4.84	777.24	砂质泥岩
8	4.35	781.59	泥岩
9	5.75	787.34	细砂岩
10	3.80	791.14	粉砂岩
11	10.60	801.74	细砂岩
12	10.60	812.34	细砂岩
13	2.48	814.82	粉砂岩
14	3.88	818.70	细砂岩
15	3.00	821.70	3号煤
16	1.44	823.14	泥岩
17	10.47	833.61	细砂岩

图 3.4　厚砂岩顶板运动 UDEC 数值模拟模型

模拟过程研究厚砂岩顶板随工作面持续推进的塑性区发育特征、应力演化规律和破断垮落过程。模型沿工作面走向每 5m 开挖一次，自模型左侧 0～50m、190～240m 为预留边界煤柱，自模型左侧 50～190m 为开采区域，总计开采长度为 140m，开采过程中利用 UDEC 程序中的 support 单元进行顶板支护，支护长度为 4m，支护强度为 0.7MPa。

2. 数值模拟结果分析

推进过程中砂岩顶板的塑性区发育特征、竖向应力分布及破断垮落情况如图 3.5 和图 3.6 所示。

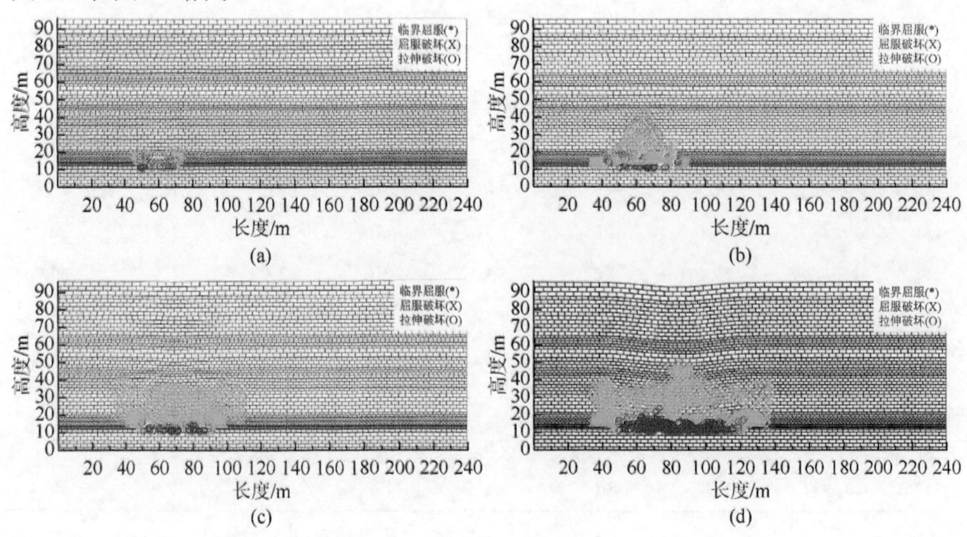

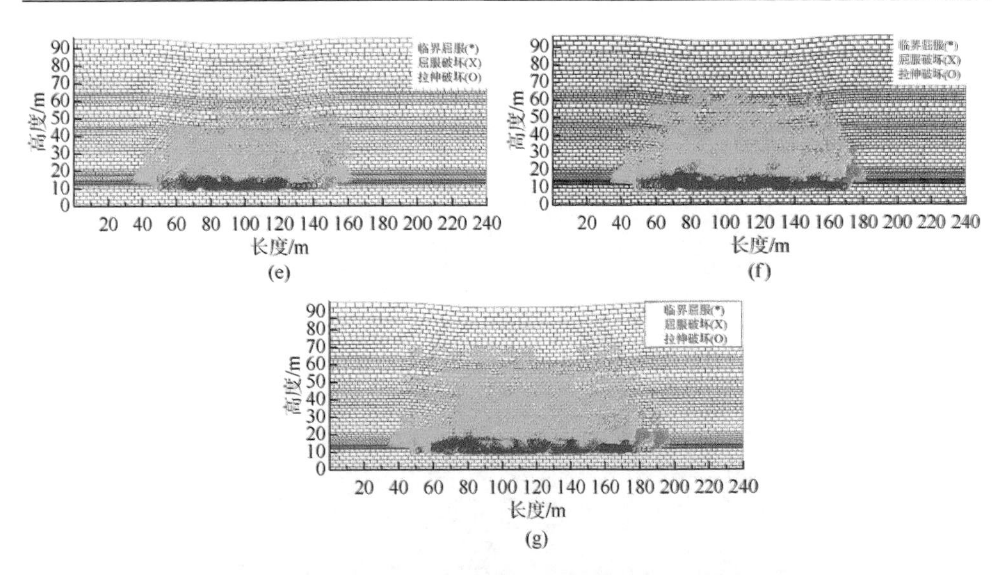

图 3.5　工作面推进过程中砂岩顶板塑性区发育特征图

（a）工作面推进 20m；（b）工作面推进 30m；（c）工作面推进 40m；（d）工作面推进 70m；（e）工作面推进 100m；（f）工作面推进 120m；（g）工作面推进 140m

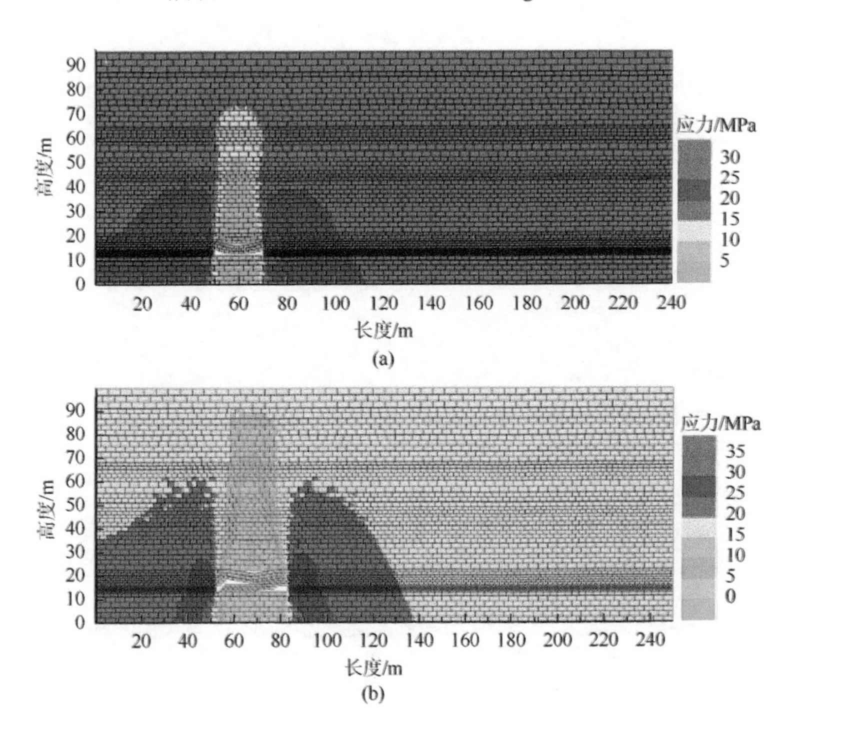

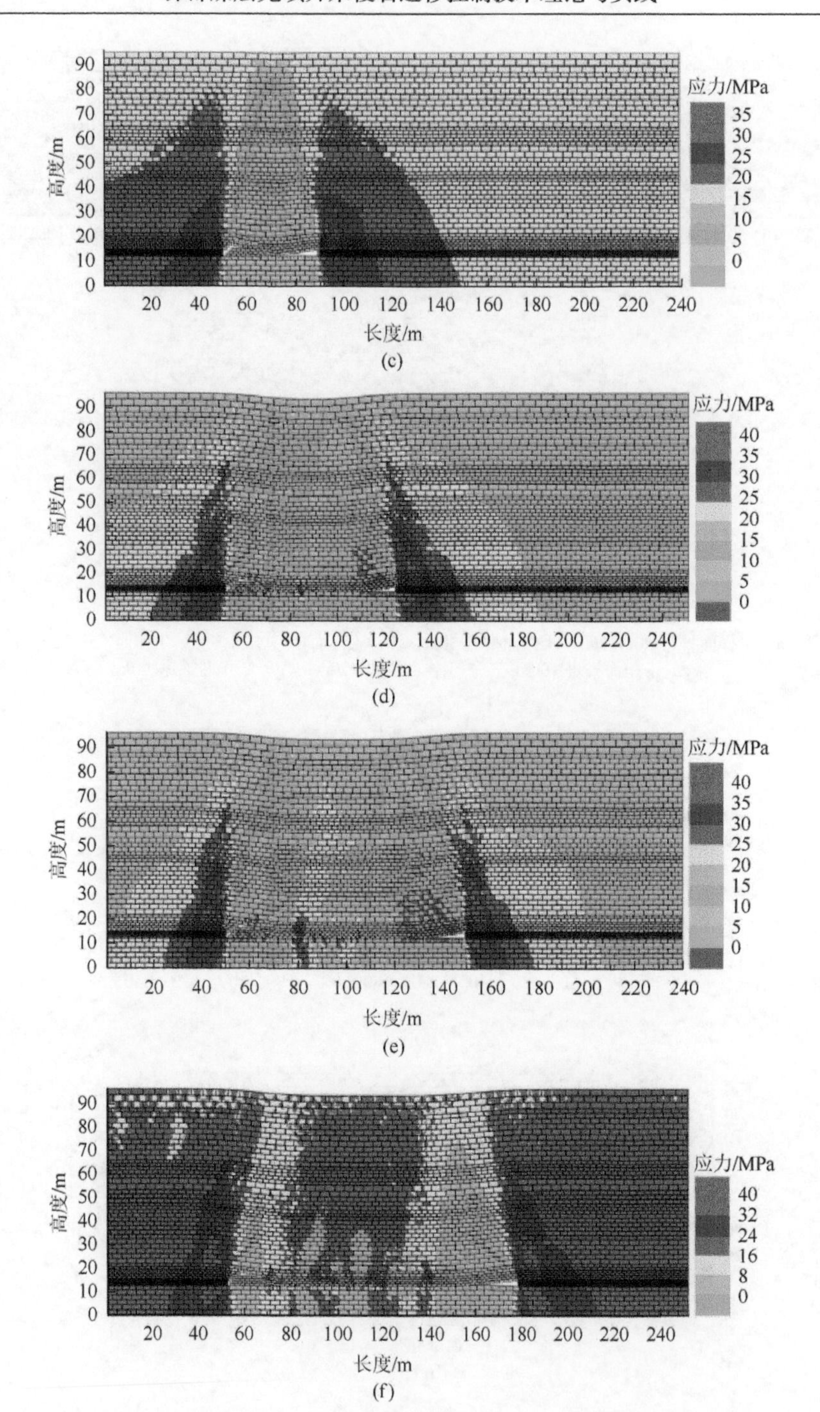

应力/MPa
35
30
25
20
15
10
5
0
高度/m
长度/m
(c)
应力/MPa
40
35
30
25
20
15
10
5
0
高度/m
长度/m
(d)
应力/MPa
40
35
30
25
20
15
10
5
0
高度/m
长度/m
(e)
应力/MPa
40
32
24
16
8
0
高度/m
长度/m
(f)

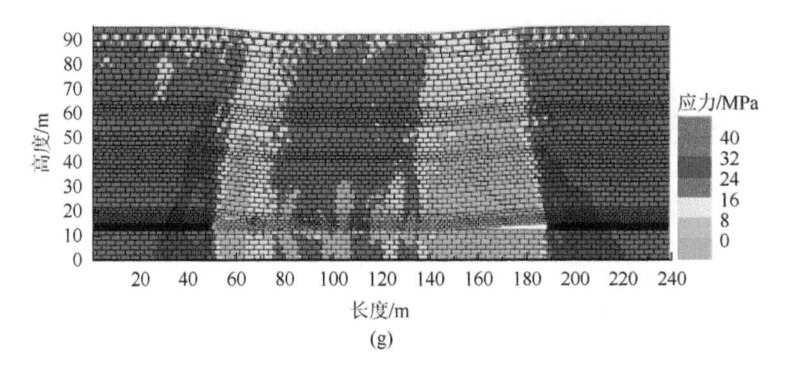

(g)

图3.6　工作面推进过程中砂岩顶板垮落情况及竖向应力分布图

(a)工作面推进20m；(b)工作面推进30m；(c)工作面推进40m；(d)工作面推进70m；
(e)工作面推进100m；(f)工作面推进120m；(g)工作面推进140m

(1)当模型工作面推进20m时，由于砂岩顶板厚度较大，模型中直接顶尚未发生断裂垮落，在自重及上方粉砂岩顶板的应力作用下，砂岩顶板弯曲下沉后发生轻微塑性破坏；采空区范围内原岩应力由于工程扰动而重新分布，采空区直接顶悬空，上方岩层应力得以释放，形成锥形应力释放区，应力释放区内应力约为0.5MPa，工作面煤壁前方3m处及切眼煤壁后方3m处发生应力积聚，最大应力约为30MPa，应力集中系数为1.46。

(2)当工作面推进30m时，切眼后侧上方及工作面煤壁前侧上方砂岩顶板发生回转下沉，此时直接顶发生断裂，与理论分析结果基本一致，由于直接顶的断裂，塑性破坏程度加重，塑性区发育范围增大；此时直接顶断裂垮落后未被完全压实，直接顶上方应力释放区应力再次降低，应力约为0.2MPa，工作面煤壁前方及切眼后方应力积聚量再次增大，应力约为36MPa，应力集中系数为1.75。

(3)当工作面推进40m时，直接顶发生第一次周期破断，切眼前方25m范围内直接顶完全垮落，工作面前侧上方基本顶发生回转下沉，处于塑性破坏发育阶段，采空区上方基本顶处于塑性破坏阶段；采空区垮落的直接顶接底后在覆岩应力作用下重新对基本顶起承载作用，该区域应力约为3MPa，工作面前方出现“蝶翼”形应力集中区，该区域应力约为38MPa，应力集中系数为1.85。

(4)当工作面推进70m时，厚基本顶发生断裂，考虑到液压支架支护顶板的长度为4m，模拟中基本顶初次来压步距为66m，与理论分析结果基本一致，由于直接顶、基本顶的断裂，采空区中间区域覆岩大部分裂隙被重新压实，厚砂岩顶板发生断裂后，模型顶端凹陷严重。垮落压实后的直接顶对基本顶再次起承载作用，在垮落直接顶的支撑作用下，采空区上方基本顶应力释放区内应力积聚量增大，应力约为5MPa，切眼后方及工作面煤壁前方3.5m处应力积聚达到峰值，应力约为40MPa，应力集中系数为1.95。

（5）当工作面推进至 100m 时，基本顶已经发生过第一次周期破断，工作面上方基本顶形成悬臂梁结构，工作面前侧上方基本顶发生回转下沉严重，该区域塑性破坏严重；采空区上方应力释放区内应力约为 4MPa，切眼后方及工作面煤壁前方 3.5m 处为应力积聚峰值位置，应力为 42MPa，应力集中系数为 2.04。

（6）当工作面推进 120m、140m 时，厚基本顶发生断裂后再次垮落，失去基本顶的承载，采空区中间区域直接顶内大量裂隙被压实，模型顶端凹陷区超前工作面 15m。采空区上方应力释放区应力稳定于 5MPa，切眼后方及工作面煤壁前方 3.5m 处应力约为 43MPa，应力集中系数为 2.06，工作面上方砂岩顶板塑性破坏严重；工作面推进距离超过 100m 以后，直接顶每隔 10m 左右发生断裂垮落，基本顶每隔 20m 左右发生断裂，塑性区发育范围随工作面推进不断前移，竖向不再向上发育。

根据模型中测线得出的数据绘出随工作面推进砂岩顶板竖向位移曲线，如图 3.7 所示。

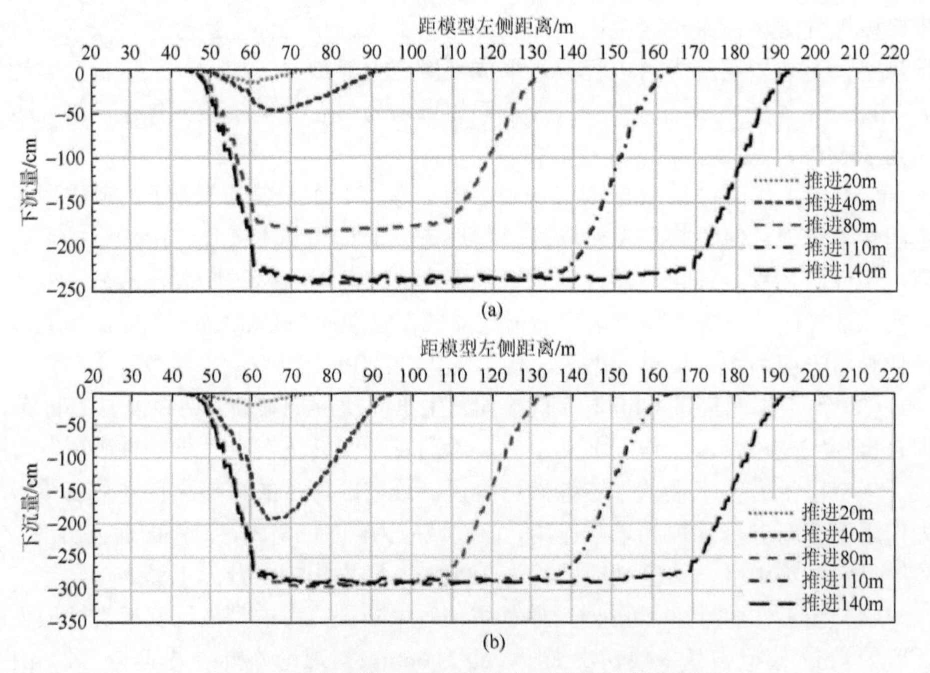

图 3.7 工作面推进过程中砂岩顶板竖向位移曲线

（a）基本顶；（b）直接顶

由图 3.7 可知，当模型工作面推进 20m 时，直接顶只发生弯曲下沉，最大弯曲下沉量为 0.2m，基本顶发生轻微弯曲下沉，最大下沉量约为 0.15m；当模型工作面推进 40m 时，直接顶发生断裂垮落，竖向最大位移量约为 1.9m，基本顶竖向平均位移量为 0.45m；当模型工作面推进 80m 时，切眼前 10m 至工作面煤壁后 20m 区域直接顶完全垮落，竖向位移量为 2.9m，断裂后的基本顶竖向位移量为 1.7m；当工作面推进 110m、140m 时，直接顶完全垮落，基本顶竖向最大下沉量为 2.4m。基本顶竖向最大下沉量未达 3m（煤层厚度）是因为垮落后的直接顶具有碎胀性，直接顶垮落被重新压实后的厚度大于原岩厚度。

模拟不同充填率充填工作面厚砂岩顶板运移，建模完成后执行以下步骤：

（1）初始平衡之后模拟开挖 CG1302 工作面，充填体选用水体积比 95%的超高水材料固结体（抗压强度为 1.4MPa）；

（2）从开切眼开始进行分步开挖工作面，每步开挖距离为 5m，开挖后对采空区进行充填以平均采煤高度为基准，模拟观察内容为在不同充填率下（充填率为 40%、60%、80%、90%、95%）模型开挖 140m 厚砂岩顶板塑性区发育、破断垮落、应力分布特征等。

在不同充填率下推进 140m 时厚砂岩顶板塑性区发育特征、应力分布及破断垮落情况模拟结果如图 3.8 和图 3.9 所示。

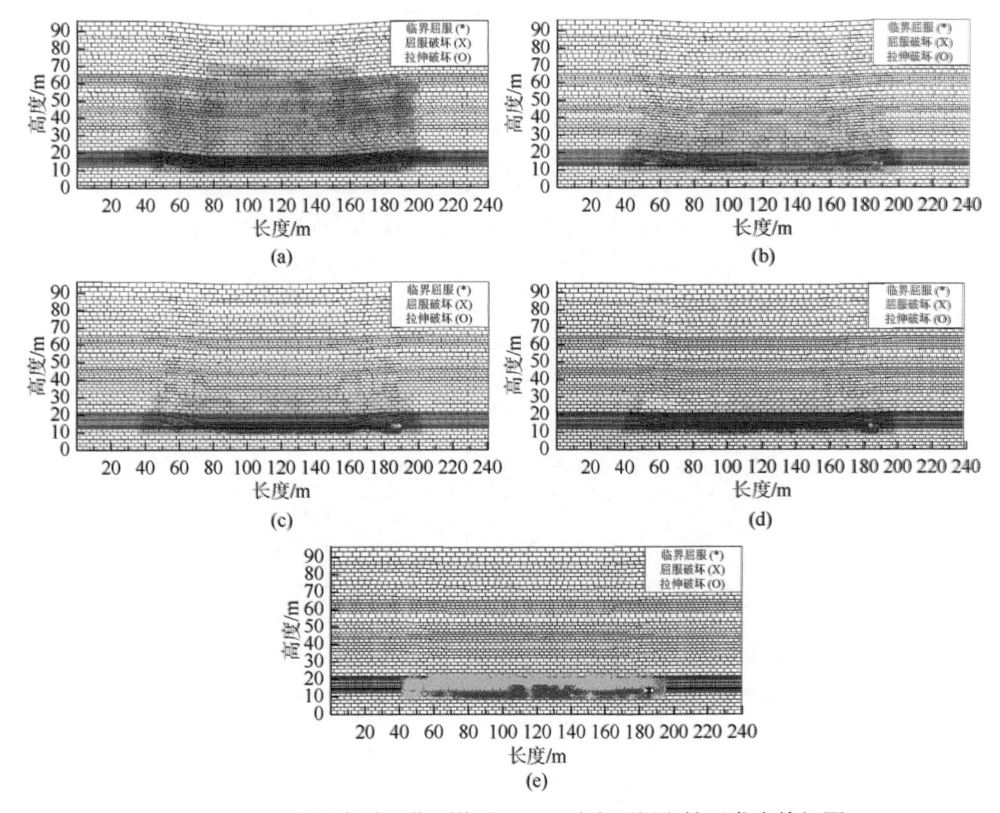

图 3.8　不同充填率时工作面推进 140m 砂岩顶板塑性区发育特征图

（a）充填率 40%；（b）充填率 60%；（c）充填率 80%；（d）充填率 90%；（e）充填率 95%

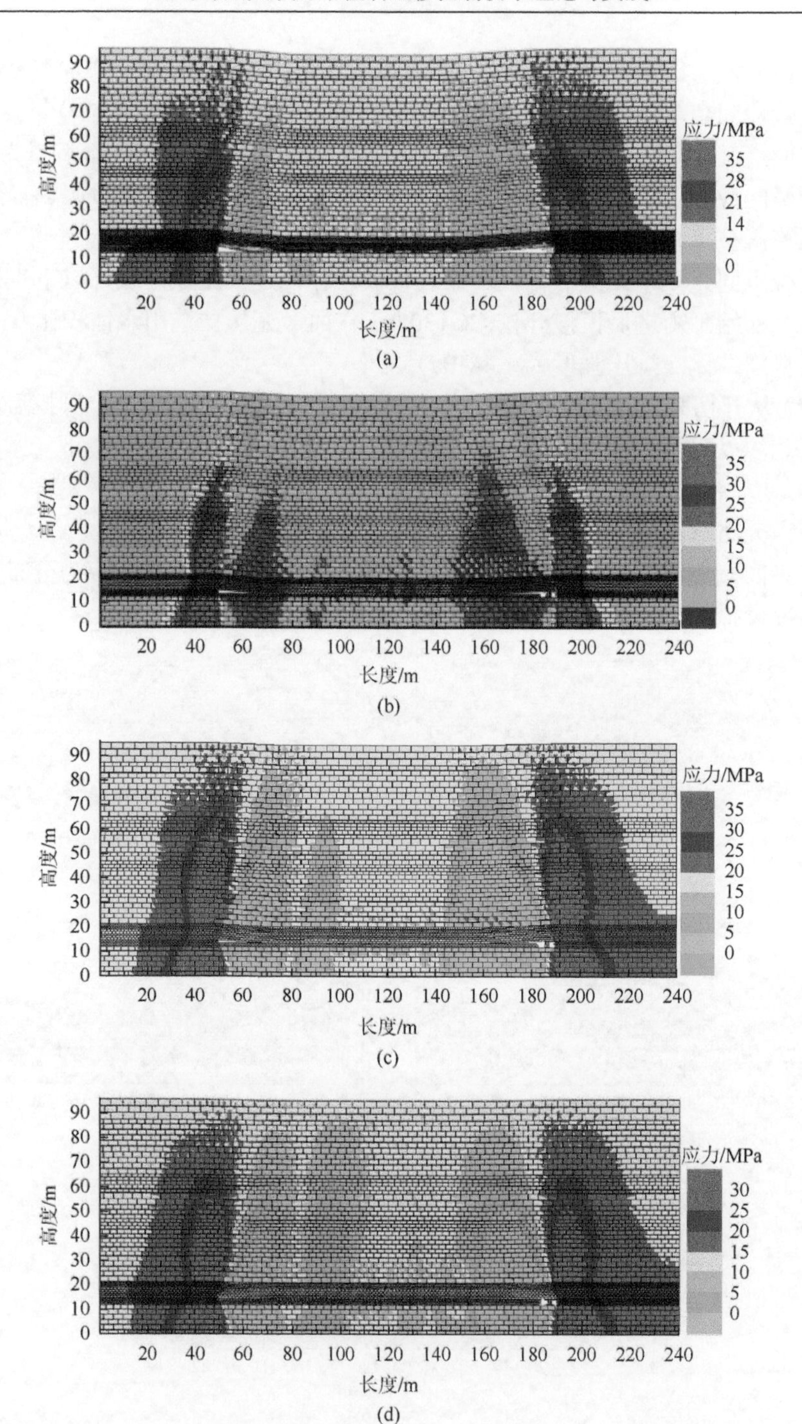

高度/m
长度/m
应力/MPa
(a)
(b)
(c)
(d)

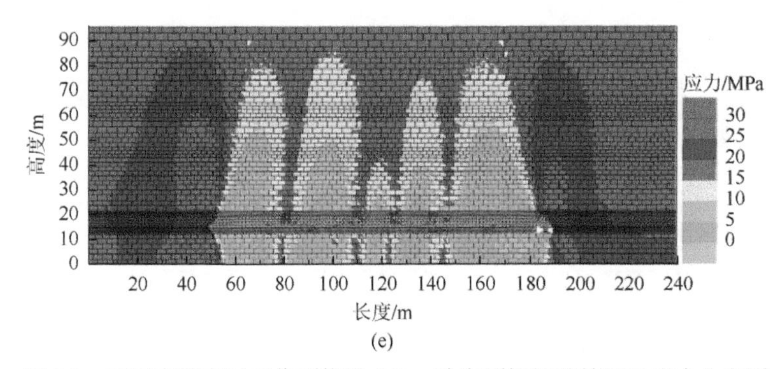

(e)

图 3.9　不同充填率时工作面推进 140m 砂岩顶板垮落情况及应力分布图

（a）充填率 40%；（b）充填率 60%；（c）充填率 80%；（d）充填率 90%；（e）充填率 95%

（1）当模型充填率为 40%时，直接顶发生断裂垮落，基本顶发生断裂，切眼后侧上方基本顶发生回转下沉，塑性区发育高度约为 40m，受煤壁的支撑作用，切眼前侧采空区内形成三角形的空区，垮落的直接顶未被压实，此区域上方应力得以释放，砂岩顶板中应力积聚大小约为 2MPa，切眼前方 20～60m 区域，垮落直接顶接触充填体被压实后对上覆岩层重新起承载作用，砂岩顶板内应力大小约为 17.2MPa，切眼前方 60～120m 区域垮落直接顶未被完全压实，对上覆砂岩顶板承载作用有限，该区域上方应力积聚大小为 14.5MPa，工作面煤壁前 20m 及切眼后 20m 为应力集中区，该区域应力积聚最大值为 38.4MPa。

（2）当模型充填率为 60%时，直接顶发生断裂垮落，基本顶发生断裂，直接顶断裂垮落后迅速接触充填体，接触充填体以后对基本顶板起承载作用。此时，塑性区发育高度约为 20m，采空区中间垮落的直接顶被压实区域增大，切眼前方 20～75m 区域砂岩顶板内应力积聚为 18.1MPa，切眼前 75～120m 区域砂岩顶板内应力积聚约为 15.2MPa，工作面煤壁前及切眼后应力集中区应力约为 37.6MPa。

（3）当模型充填率为 80%时，直接顶、基本顶发生断裂，塑性区发育高度为 16m，工作面煤壁前侧塑性破坏发育至基本顶顶端，塑性区发育超前工作面 15m，切眼前方 20～127m 区域内垮落直接顶被完全压实，该区域上方砂岩顶板内应力积聚恢复至 18.5MPa，接近原岩应力水平，工作面煤壁前及切眼后应力积聚区域再次减小，该区域内应力约为 35MPa。

（4）当模型充填率为 90%时，直接顶发生断裂后迅速接触充填体，接触充填体后的直接顶再次对基本顶起良好的承载作用，基本顶弯曲下沉量再次减小，塑性区竖向上发育高度为 10m，水平方向上超前工作面发育 6m；直接顶接触超高水充填体后对基本顶承载作用良好，采空区上方顶板内应力恢复至接近原岩应力水平，工作面前方应力积聚范围再次减小，该区域应力为 30.2MPa。

（5）当模型充填率为 95%时，直接顶发生弯曲下沉但不断裂，弯曲下沉后的直接顶迅速接触超高水充填体，塑性区仅发生在直接顶岩层中，基本顶及基本顶上覆岩层不发生破坏，随着工作面推进，工作面后方砂岩顶板内应力恢复至原岩应力水平，应力积聚区域内应力为 30MPa，相同的开采条件下，充填率越高，控制煤层覆岩运移的效果越好，塑性破坏的发育范围越小，采空区上方砂岩顶板内应力大小越接近原岩应力水平，工作面前方及切眼后方应力积聚越小。具体数值模拟结果统计见表 3.3。

表 3.3　不同充填率推进 140m 数值模拟结果统计表

模拟结果	充填率					
	0%	40%	60%	80%	90%	95%
塑性区高度/m	55	40	20	15	10	5
塑性区宽度/m	195	182	178	164	155	149
超前应力/MPa	44	38	46	36.4	32.7	25.6
超前应力范围/m	75	69	67	63	60	55
直接顶状态	破断垮落	破断垮落	破断垮落	破断垮落	破断垮落	弯曲下沉
基本顶状态	破断垮落	破断垮落	破断垮落	破断垮落	弯曲下沉	弯曲下沉

根据模型中测线得出的数据绘出不同充填率下工作面推进 140m 砂岩顶板竖向位移状态，如图 3.10 所示。

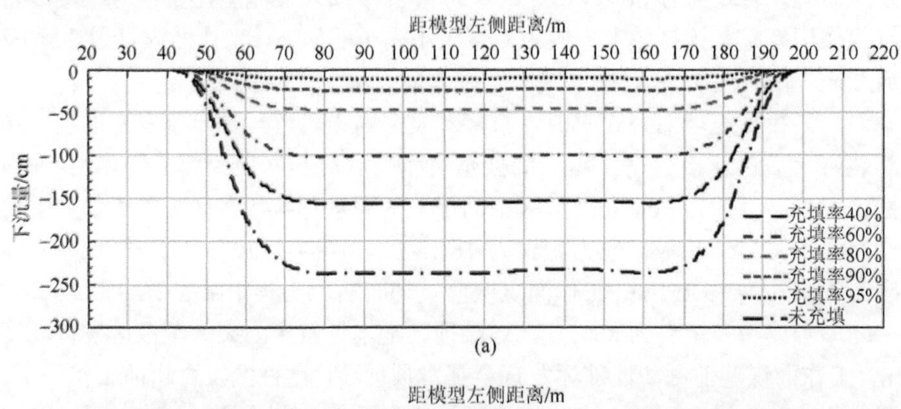

(a)

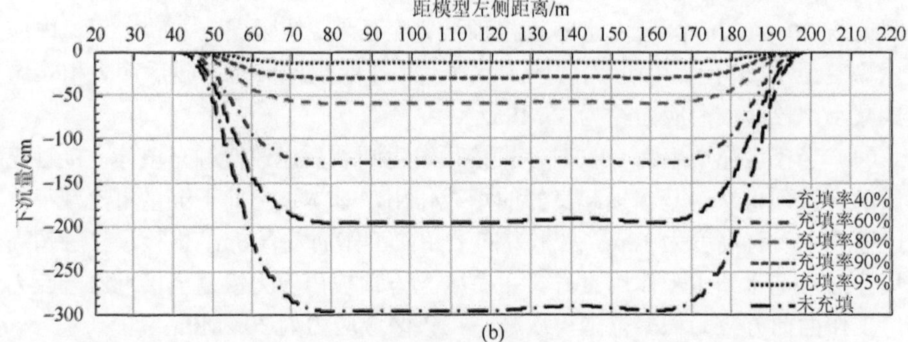

(b)

图 3.10　不同充填率下工作面推进 140m 砂岩顶板竖向位移曲线图

(a) 基本顶；(b) 直接顶

由图 3.10 可知，在未充填情况下，直接顶竖向的位移量为 2.9m，基本顶在竖向的位移量为 2.4m；当模型充填率为 40%时，直接顶与基本顶均发生断裂，直接顶在竖向上位移为 1.8m，基本顶在竖向上下沉量为 1.5m；当模型充填率为 80%和 60%时，直接顶均发生断裂，直接顶在竖向位移分别为 0.6m、1.2m，基本顶在竖向上的位移分别为 0.5m、1.0m；当模型充填率为 90%时，直接顶发生断裂，直接顶竖向最大位移量约为 0.3m（断裂后的直接顶堆积在超高水充填体上），基本顶竖向平均位移量为 0.2m；当模型充填率为 95%时，直接顶与基本顶只发生弯曲下沉，而不发生断裂，直接顶最大弯曲下沉量为 0.15m，基本顶下沉量为 0.1m。

3.1.3　不同充填体强度厚砂岩顶板运移数值模拟

不同水体积比的超高水材料充填体强度见表 3.4。

表 3.4　不同水体积比的超高水材料充填体强度对应表

参数	水体积比							
	90%	91%	92%	93%	94%	95%	96%	97%
强度/MPa	4.3	3.8	3.1	2.7	2.0	1.4	1.1	0.6

当采空区充填率为 90%时，在不同水体积比情况下工作面推进 140m 时，厚砂岩顶板破断，塑性区发育及竖向应力分布模拟结果如图 3.11 和图 3.12 所示。

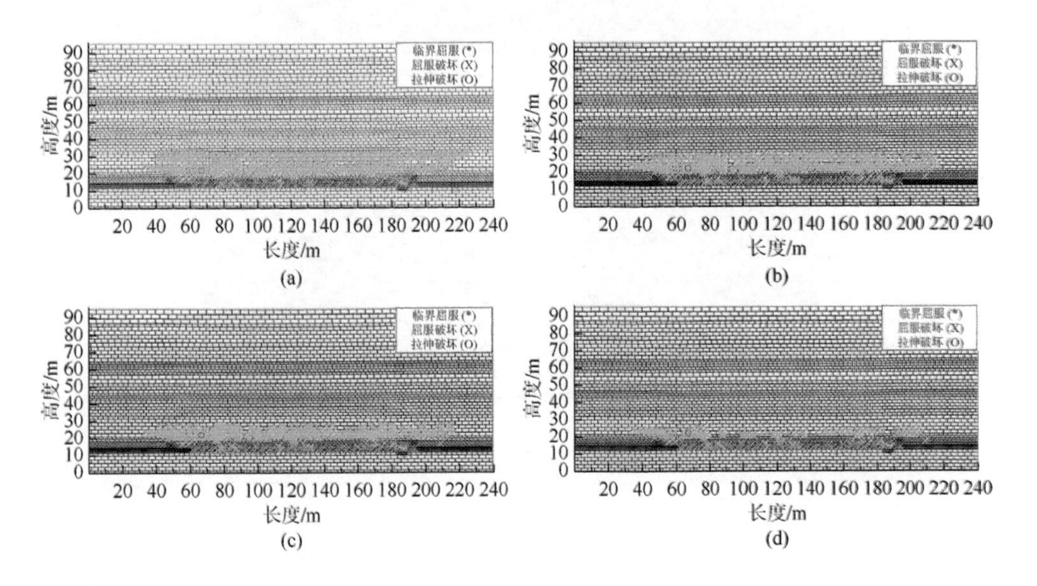

(a)　(b)　(c)　(d)

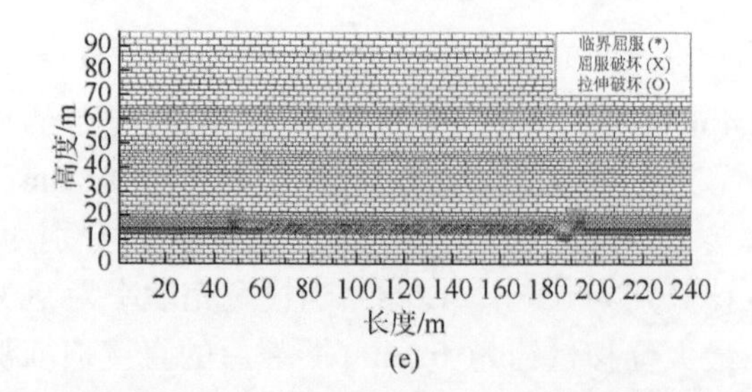

图 3.11 不同水体积比时工作面推进 140m 砂岩顶板内塑性区发育图

（a）水体积比 97%；（b）水体积比 95%；（c）水体积比 93%；（d）水体积比 91%；（e）水体积比 90%

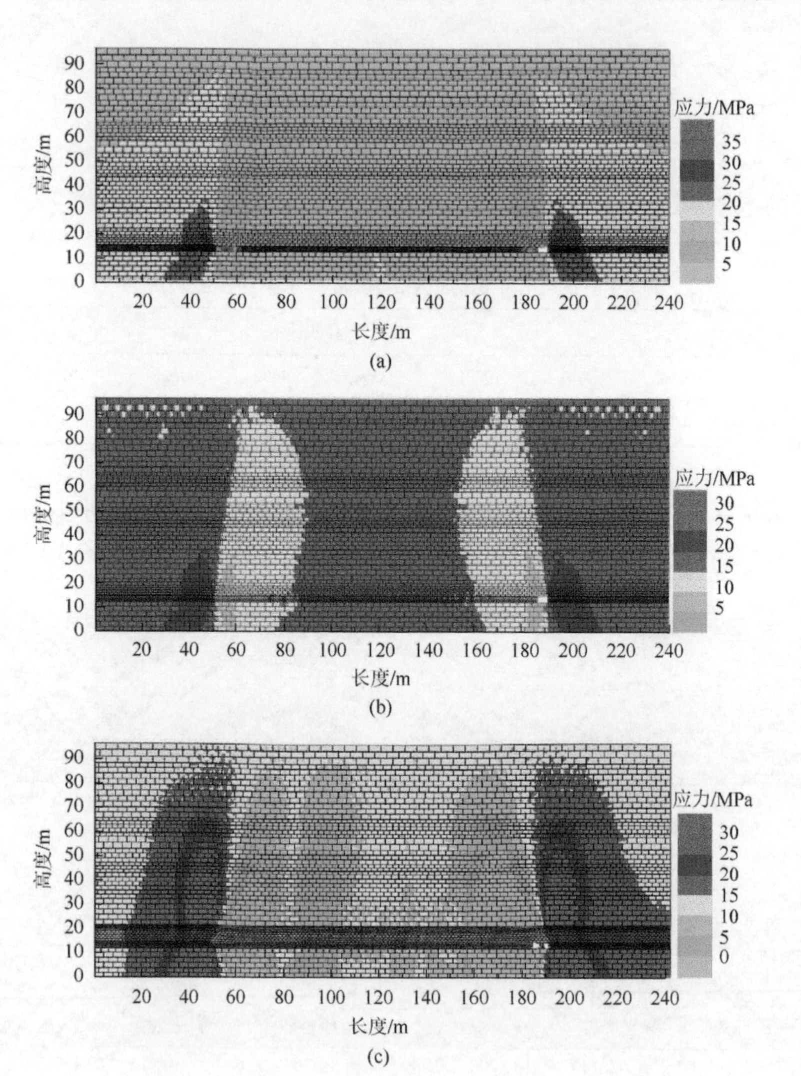

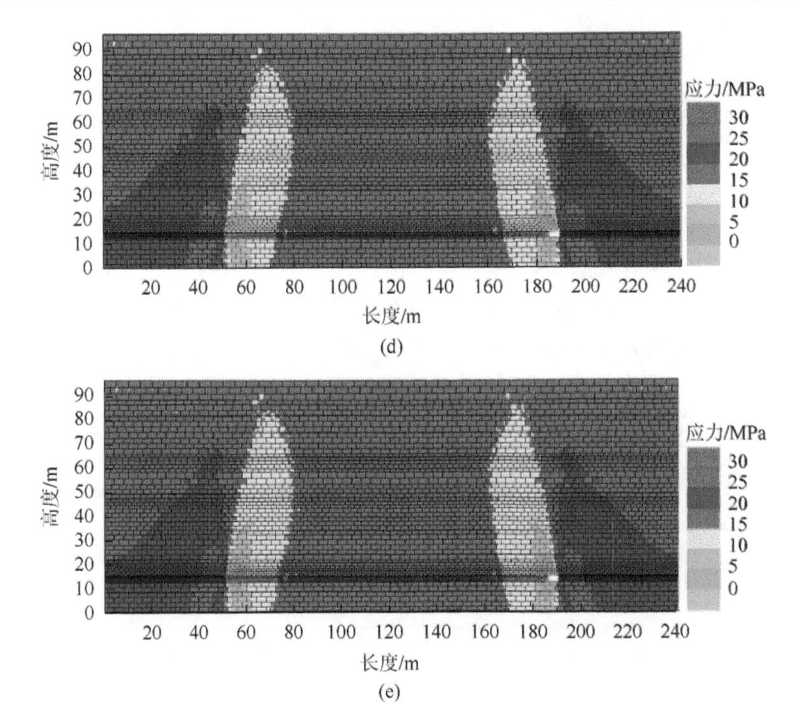

图 3.12　不同水体积比时工作面推进 140m 顶板竖向应力分布图

（a）水体积比 97%；（b）水体积比 95%；（c）水体积比 93%；（d）水体积比 91%；（e）水体积比 90%

（1）当采用水体积比为 97%超高水材料充填采空区时，工作面推进 140m，直接顶可发生断裂，砂岩顶板上方岩层跟随砂岩顶板发生同步弯曲下沉，塑性区发育宽度、高度分别为 174m、16m；采空区中部上方应力释放区内应力为 5MPa，切眼后方及工作面煤壁前方应力积聚量为 35.2MPa，应力集中系数为 1.71。

（2）当采用水体积比为 95%超高水材料充填采空区时，直接顶仍发生断裂，基本顶仅发生弯曲下沉，塑性区发育宽度减少至 168m，塑性区发育高度为 13m，基本顶岩层中塑性破坏程度相对较弱；应力释放区高度有所减小，采空区中部充填体上方应力释放区内应力为 9MPa，切眼后方及工作面煤壁前方应力积聚量为 33.7MPa，应力集中系数为 1.64。

（3）当采用水体积比为 93%超高水材料充填采空区时，直接顶与基本顶只发生弯曲下沉，不发生断裂垮落，超高水充填体能对上方岩层起良好的控制作用，塑性破坏区域发育高度减少至 11m，塑性破坏区域发育宽度为 164m；应力释放区高度再次减小，砂岩顶板不发生断裂，切眼及工作面上方应力释放区呈锥形分布，应力释放区内应力积聚量为 15MPa，切眼前方及工作面煤壁后方最大应力积聚量为 32.2MPa，应力集中系数为 1.57。

（4）当采用水体积比为 91%超高水材料充填采空区时，充填体抗压强度提高，对上覆岩层的承载能力随之增强，直接顶上覆岩层无塑性破坏情况，塑性破坏区域发育高度为 4.5m，水平方向上发育宽度为 156m；采空区中间区域开采后应力恢复至接近原岩应力水平，切眼前方及工作面煤壁后方应力减至 31.4MPa，应力集中系数为 1.53。

（5）当采用水体积比为 90%超高水材料充填采空区时，在充填体的支撑下直接顶、基本顶发生弯曲下沉，塑性破坏区域发育高度为 2.5m，水平方向上发育宽度为 148m，砂岩顶板内应力积聚为 17MPa，接近原岩应力水平，切眼后方及工作面煤壁前方 3m 范围内应力为 30.3MPa，应力集中系数为 1.47。随着充填体强度提高，砂岩顶板塑性破坏程度变弱，且塑性破坏发育高度与宽度明显减少。不同水体积比数值模拟分析结果见表 3.5。

表 3.5　不同水体积比模型推进 140m 数值模拟计算结果

模拟结果	水体积比				
	90%	91%	93%	95%	97%
裂隙带高度/m	5	7	17	21	28
裂隙发育宽度/m	110	110	115	116	120
超前应力/MPa	30.3	31.4	32.2	33.7	35.2
超前应力范围/m	49.3	54.2	58.9	62.4	67.5
直接顶状态	弯曲下沉	弯曲下沉	弯曲下沉	破断	破断
基本顶状态	弯曲下沉	弯曲下沉	弯曲下沉	弯曲下沉	弯曲下沉

根据模型中测线得出的数据绘出充填体不同水体积比时工作面推进 140m 砂岩顶板竖向位移状态，如图 3.13 所示。

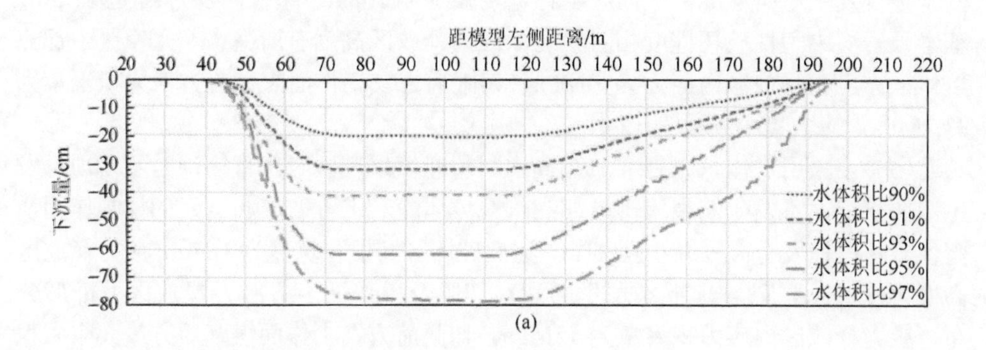

(a)

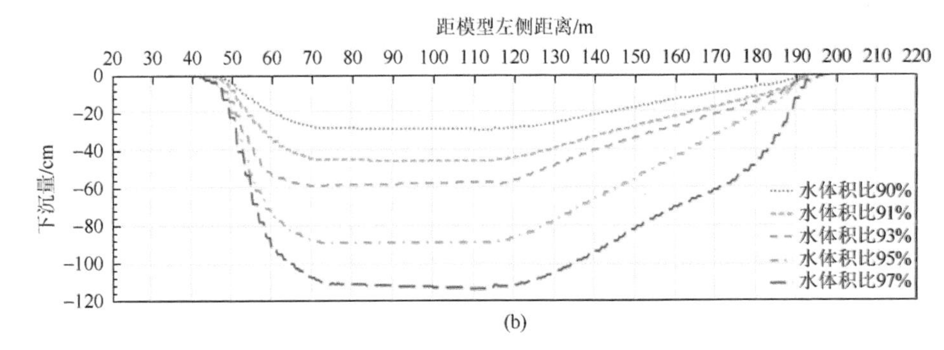

(b)

图3.13　不同水体积比下模型推进140m砂岩顶板竖向位移曲线

（a）基本顶；（b）直接顶

当充填体水体积比为95%时，直接顶发生断裂，基本顶在覆岩应力和自重情况下发生弯曲下沉，弯曲下沉量大；当充填体水体积比为93%时，砂岩顶板不发生破断，直接顶与基本顶弯曲下沉量明显减少；当充填体水体积比为91%、90%时，由于超高水材料充填体抗压强度的提高，对顶板承载作用更强，顶板仅发生弯曲下沉，且弯曲下沉量小。

3.2　深部煤层充填工作面覆岩运移规律

3.2.1　未充填工作面覆岩运动规律及主要影响因素

受采动影响采空区上覆岩层都会发生不同程度的弯曲下沉，裂隙带上部的岩层受到下部膨胀后的岩石的支撑作用，弯曲下沉时仅发生弹性变形，变形后可保持岩体的完整性，这部分岩层基本呈整体连续移动，称为弯曲下沉带。

结合义能煤矿CG1302工作面的煤层地质情况，煤层赋存条件简单，上覆岩层厚度大，且存在厚硬砂岩顶板，采用综合机械化走向长壁采煤法，超高水材料充填采空区，覆岩结构、采高、顶板管理方法等是影响工作面覆岩垮落带、裂隙带发育高度的主要因素（Wang et al.，2016，2018，2020）。

1. 覆岩岩性及结构

覆岩岩性的不同致使其变形破坏运动特征也不同，对于坚硬岩层，一般为脆性破坏；对于软弱岩层，一般为塑性破坏。挠度变形较大，不易产生裂缝但容易发生弯曲下沉。

2. 采高和工作面参数

采高和工作面参数是影响裂隙带发育高度的关键因素，在未充分采动之前，采高为影响裂隙带发育高度的主要因素，当达到充分采动之后，工作面参数是影响裂隙发育高度的主要因素。

3. 煤层的赋存状态

义能煤矿 CG1302 工作面，煤层赋存稳定，煤层平均倾角为6°，因此，在研究覆岩运移规律时将岩层近似为水平。

4. 采煤方法及顶板管理方法

工作面布置方式为走向长壁采煤法，采用超高水材料充填处理采空区管理顶板，在开采过程中，开采速度不变。

5. 时间及过程

时间及过程对裂隙带的高度有一定影响，裂隙带在达到最大高度之前，随着时间增大而增高；当达到最大高度之后，随着时间增加，裂隙带发育有所降低。

3.2.2 不同充填率工作面覆岩运移规律

煤炭资源采出后，覆岩将发生垮落、运移，但其运移程度随着时间与空间发生变化。充填体限制了围岩进一步发生移动变形，使围岩从单轴受力状态转为三轴受力状态，降低了覆岩沉降幅度。

1. 充填情况下覆岩垮落带与裂隙带高度计算

利用等价采高概念，通过表 3.6 和表 3.7 的公式计算垮落带和裂隙带高度。

表 3.6 垮落带高度计算公式

岩性特征	计算公式
坚硬覆岩（抗压强度 40～80MPa）	$H_k = \dfrac{100\sum M}{2.1\sum M + 16} \pm 2.5$
中硬覆岩（抗压强度 20～40MPa）	$H_k = \dfrac{100\sum M}{4.7\sum M + 19} \pm 2.2$
垮落碎胀支撑法	$H_k \geqslant \dfrac{\sum M}{K_p - 1}$

注：H_k为垮落带高度，m；$\sum M$ 为累计煤厚，m；K_p为岩石碎胀性系数，1.3

表 3.7　裂隙带高度计算公式

岩性特征	计算公式
坚硬覆岩（抗压强度 40～80MPa）	$H_{li}=\dfrac{100\sum M}{1.2\sum M+2.0}\pm 8.9$
中硬覆岩（抗压强度 20～40MPa）	$H_{li}=20\sqrt{\sum M}+10$

注：H_{li}为裂隙带高度，m；$\sum M$ 为累计煤厚，m

充填开采地表最大下沉值主要取决于充填体高度、垮落带、裂隙带残余碎胀系数。即

$$W_z = M_e - H_1'(k_1'-1) - H_2'(k_2'-1) - H_3'(k_3'-1) \tag{3.42}$$

式中，W_z为未充填时地表下沉量，m；M_e为等价采高，m；H_1'、H_2'、H_3'为垮落带高度、裂隙带高度、弯曲下沉带高度，m；k_1'、k_2'、k_3'为垮落带、裂隙带、弯曲下沉带残余碎胀系数。

根据义能煤矿 CG1302 工作面的煤层地质情况，煤层厚度为 2.1～4.0m，平均厚度为 3.0m，以上计算得出垮落带高度为 13.2m，裂隙带高度为 42.0m 左右，直接顶岩层属于中硬岩层，故垮落带残余碎胀系数取 1.025，裂隙带残余碎胀系数可取 1.025，弯曲下沉带残余碎胀系数近似为 1。

利用等价采高概念，取煤层厚度为 3.0m，计算垮落带高度、裂隙带高度、地表最大下沉值，结果统计见表 3.8。

表 3.8　垮落带高度、裂隙带高度、地表最大下沉值计算结果

充填率	40%	60%	80%	90%	95%
等价采高/m	1.8	1.2	0.6	0.3	0.15
垮落带高度/m	8.6	4.9	2.8	—	—
裂隙带高度/m	31	30	20	16	7
地表最大下沉值/m	0.69	0.33	0.1	0.05	—

2. 不同充填率工作面覆岩运移数值模拟

（1）初始平衡之后模拟开挖 CG1302 工作面，充填体选用水体积比为 95%时的超高水固结体（抗压强度为 1.4MPa）。

（2）从开切眼开始进行分步开挖工作面，每步开挖距离为 5m，充填滞后工作面煤壁 4m，模拟观察内容为不同充填率情况下（充填率为 40%、60%、80%、90%、95%）模型开挖 140m 时覆岩运移及覆岩裂隙发育情况。

3. 数值模拟结果及分析

不同充填率工作面推进 140m 裂隙演化特征、覆岩运移分布如图 3.14 和图 3.15 所示。

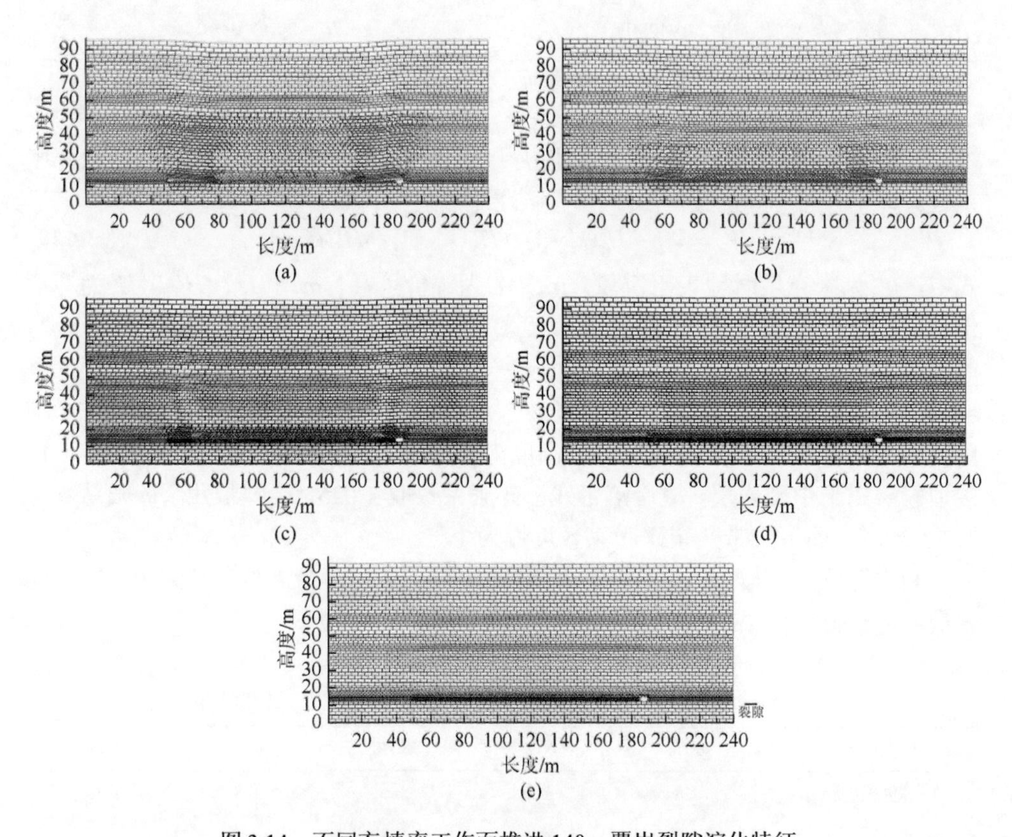

图 3.14　不同充填率工作面推进 140m 覆岩裂隙演化特征

（a）充填率 40%；（b）充填率 60%；（c）充填率 80%；（d）充填率 90%；（e）充填率 95%

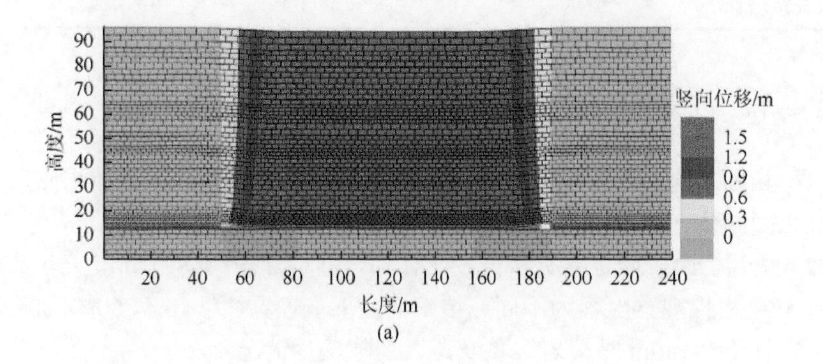

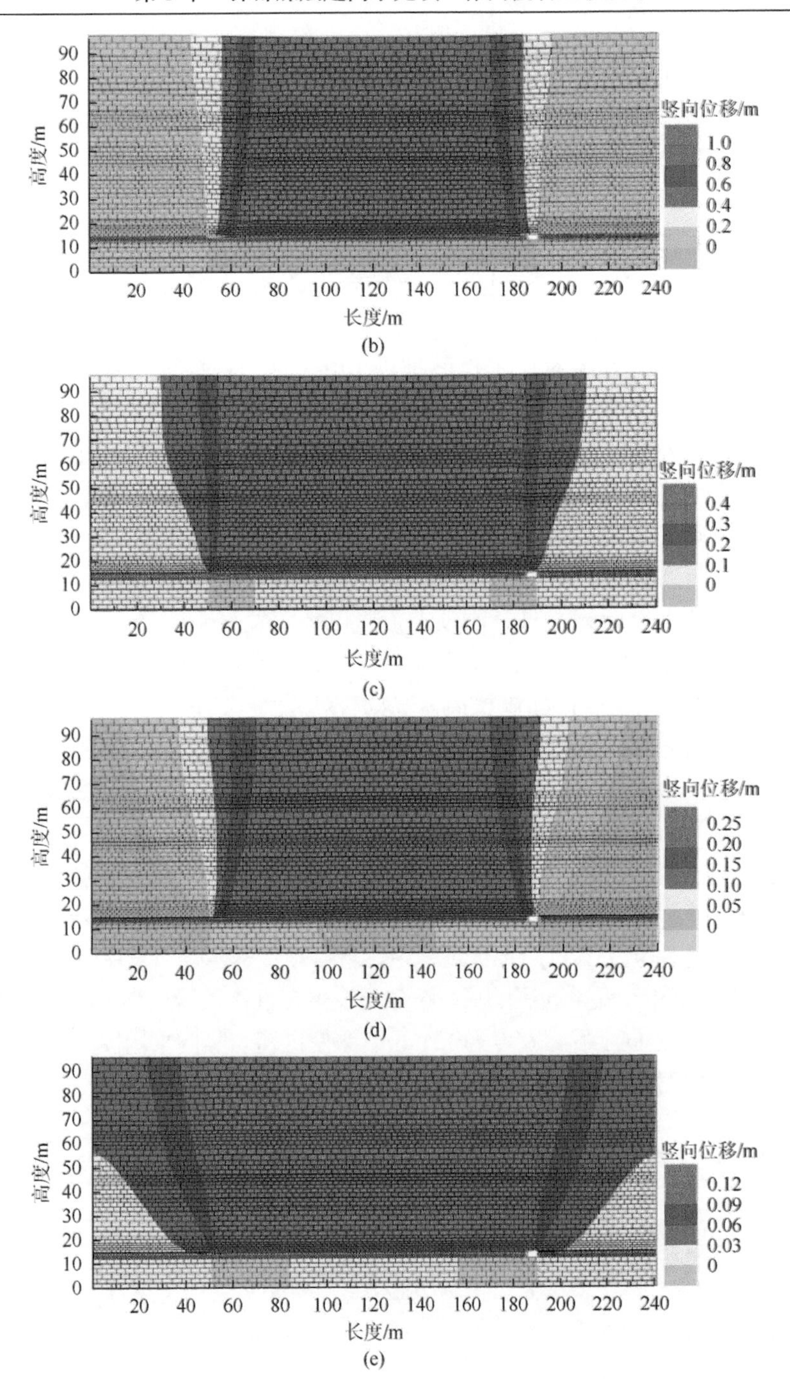

图 3.15　不同充填率情况下工作面推进 140m 覆岩运移情况

（a）充填率 40%；（b）充填率 60%；（c）充填率 80%；（d）充填率 90%；（e）充填率 95%

分析图 3.14 和图 3.15 可知：

（1）当充填率为 40%时，在工作面推进过程中，直接顶、基本顶发生周期性断裂，推进 140m 时，基本顶已经发生三次周期破断，对上覆岩层的承载作用急剧下降，垮落带高度为 7.9m，裂隙带高度为 35.0m，裂隙发育总高度为 53.0m，水平方向上裂隙发育宽度为 186.6m，采空区覆岩台阶下沉明显，采空区中间区域覆岩竖向位移量为 1.7m，从采空区中间区域向前竖向的位移量依次为 1.2m、0.8m、0.4m，工作面上方位移量为 0.2m。

（2）当充填率为 60%时，工作面推进 140m 时，直接顶、基本顶发生破断，垮落带高度为 5.0m，裂隙带高度为 25.0m，裂隙发育总高度为 36.2m，水平方向上裂隙发育宽度为 168.2m，裂隙发育高度与宽度较充填率为 40%时都有减小，采空区覆岩台阶下沉情况相对减弱，采空区中部约 70.0m 作用区域竖向的位移量为 1.1m，切眼后侧上方及工作面上方覆岩发生回转下沉，竖向的位移量为 0.2m。

（3）当充填率为 80%时，直接顶垮落后垮落带高度为 2.3m，基本顶发生破断，裂隙带高度为 15.0m，且基本顶上覆岩层裂隙发育不明显，裂隙发育总高度为 21.2m，裂隙水平方向的发育宽度为 155.9m；采空区中间区域覆岩竖向位移量为 0.45m，切眼后方及工作面煤壁前方竖向位移量为 0.1m。

（4）当充填率为 90%时，直接顶仍能发生断裂，断裂后迅速接触充填体，垮落后的直接顶与充填体接触压实后对基本顶具有良好的支撑作用，裂隙带高度为 11.4m，且基本顶岩层中裂隙发育量极少，水平方向上裂隙发育宽度为 152.8m；采空区中部覆岩竖向下沉量为 0.25m，受回转下沉作用，切眼后侧及工作面煤壁前方竖向位移量为 0.05m，工作面后方 15m 至工作面前方 10m，覆岩竖向位移量依次降低。

（5）当充填率为 95%时，推进过程中，直接顶、基本顶只发生弯曲下沉而不发生断裂，没有垮落带，受采动影响后，裂隙只发生在直接顶岩层当中，裂隙带高度为 7.0m，裂隙在水平方向上发育宽度为 151.4m，采空区覆岩竖向平均位移量为 0.1m，工作面上方与切眼后侧上方覆岩发生轻微回转下沉。具体数值模拟统计结果见表 3.9。

表 3.9　不同充填率充填采空区情况下工作面推进 140m 数值模拟统计结果

充填率	40%	60%	80%	90%	95%
裂隙带高度/m	35.0	25.0	15.0	11.4	7.0
裂隙发育宽度/m	186.6	168.2	155.9	152.8	151.4
超前应力/MPa	41.0	40.0	36.0	34.0	28.0
超前应力范围/m	62.0	59.0	56.0	54.0	52.0
直接顶状态	破断垮落	破断垮落	破断垮落	破断垮落	弯曲下沉
基本顶状态	破断垮落	破断垮落	破断垮落	弯曲下沉	弯曲下沉
垮落带高度/m	7.9	5.0	2.3	—	—

根据模型中测线导出的数据绘出不同充填率下工作面推进 140m 时各岩层竖向位移状态，如图 3.16 所示。

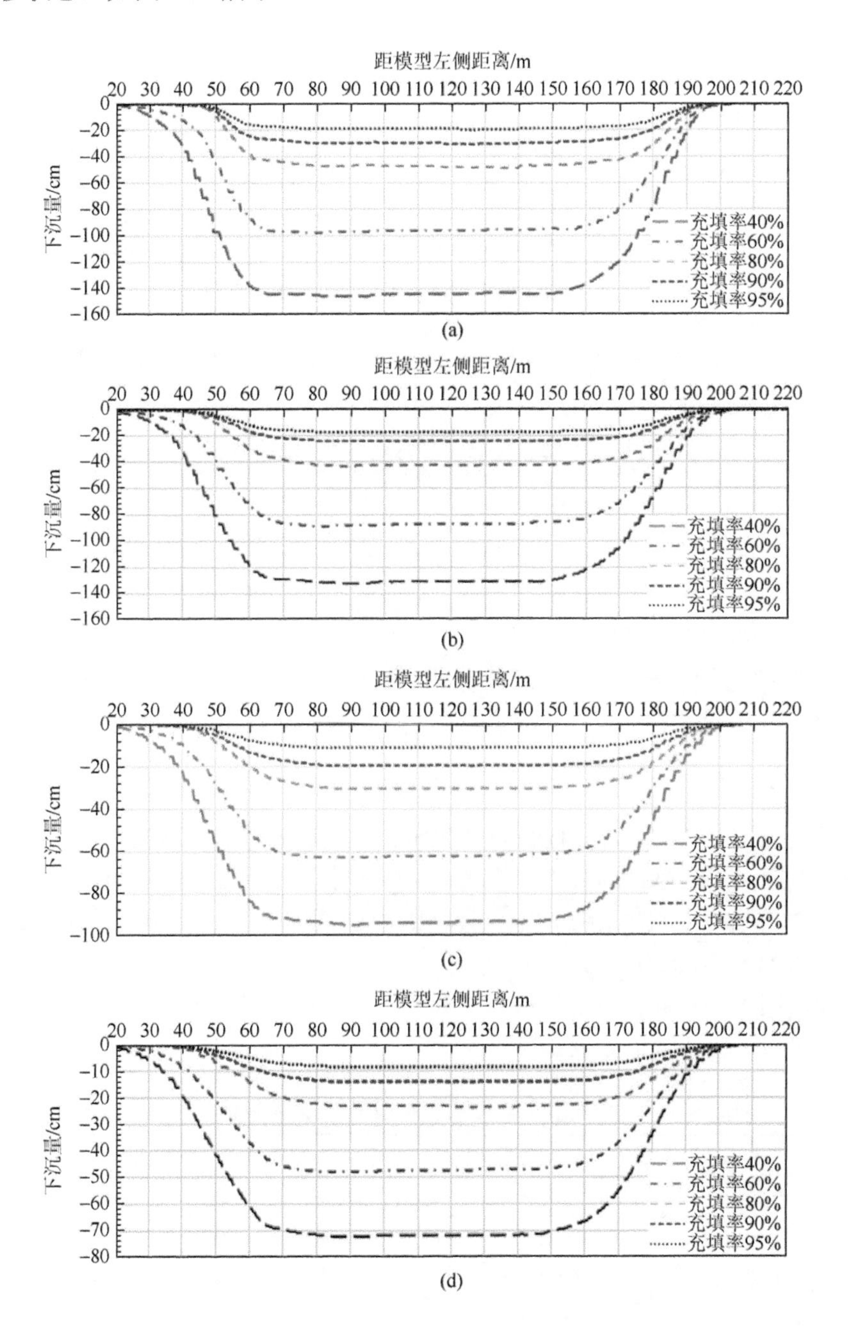

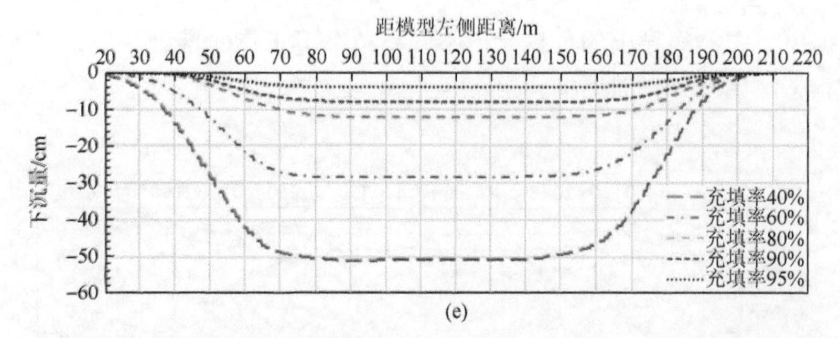

图 3.16 各测线在不同充填率工作面推进 140m 时竖向位移曲线图

（a）基本顶岩层；（b）基本顶上方细砂岩；（c）第 9 层细砂岩；（d）第 13 层泥岩；（e）模型顶端细砂岩

统计图 3.16 中的数据，可得出不同充填率充填采空区时各测线竖向位移量，具体数值见表 3.10。

表 3.10 不同充填率下各测线竖向位移统计表

参数	充填率				
	40%	60%	80%	90%	95%
基本顶岩层位移量/m	1.42	0.99	0.46	0.27	0.14
基本顶上方细砂岩位移量/m	1.31	0.91	0.42	0.24	0.13
第 9 层细砂岩位移量/m	0.94	0.62	0.31	0.20	0.12
第 13 层泥岩位移量/m	0.71	0.48	0.23	0.14	0.09
模型顶端细砂岩位移量/m	0.62	0.35	0.16	0.11	0.05

不同充填率时，岩层竖向位移变化明显，随着充填率的提高，覆岩竖向位移量减小，距离煤层越远的岩层。受采动影响越小，竖向位移量越小。当充填率为 40%、60%、80%、90%、95%时，模型顶端细砂岩位移量分别为 0.62m、0.35m、0.16m、0.11m、0.05m。

导出测线 8 不同位置的移动变形参数，通过计算可得出不同充填率时地表移动变形参数，具体数值见表 3.11。

表 3.11 不同充填率充填采空区地表移动变形参数模拟计算统计表

地表移动参数	充填率					
	0%	40%	60%	80%	90%	95%
下沉 W/m	−1.52	−0.51	−0.29	−0.12	−0.08	−0.04
下沉系数 q	0.51	0.17	0.10	0.04	0.03	0.01
倾斜 i/(mm/m)	28.4	7.1	5.6	3.2	2.1	1.4
曲率 K/(mm/m^2)	0.70	0.50	0.30	0.09	0.06	0.03

根据《建筑物、水体、铁路及主要井巷煤柱留设与压煤开采规范》(国家安全监管总局等，2017)，当曲率 $K≤0.2mm/m^2$，倾斜 $i≤3.0mm/m$ 时，地面砖混结构属于Ⅰ级破坏，建筑物结构处理方式为不修或简单维修；当曲率 $K≤0.4mm/m^2$，倾斜 $i≤6.0mm/m$ 时，地面砖混结构属于Ⅱ级破坏，建筑物结构处理方式为小修；当曲率 $K≤0.6mm/m^2$，倾斜 $i≤10.0mm/m$ 时，地面砖混结构属于Ⅲ级破坏，建筑物结构处理方式为中修或大修；当曲率 $K>0.6mm/m^2$，倾斜 $i>10.0mm/m$ 时，地面砖混结构属于Ⅳ级破坏，建筑物结构处理方式为搬迁。由表 3.11 可知，未充填情况下，地面建筑物破坏等级为Ⅳ级破坏，充填率为 40%时，地面建筑物可能遭受Ⅲ级破坏，当充填率为 60%、80%时，地面建筑物可能遭受Ⅱ级破坏，当充填率＞90%时，地面砖混结构属于Ⅰ级破坏，因此，当充填开采工作面充填率＞90%时，可对地表建筑物起良好的保护作用。

3.2.3　不同充填体强度工作面覆岩运移规律

在不同水体积比下工作面推进 140m 时覆岩裂隙演化特征及覆岩运移如图 3.17 和图 3.18 所示。

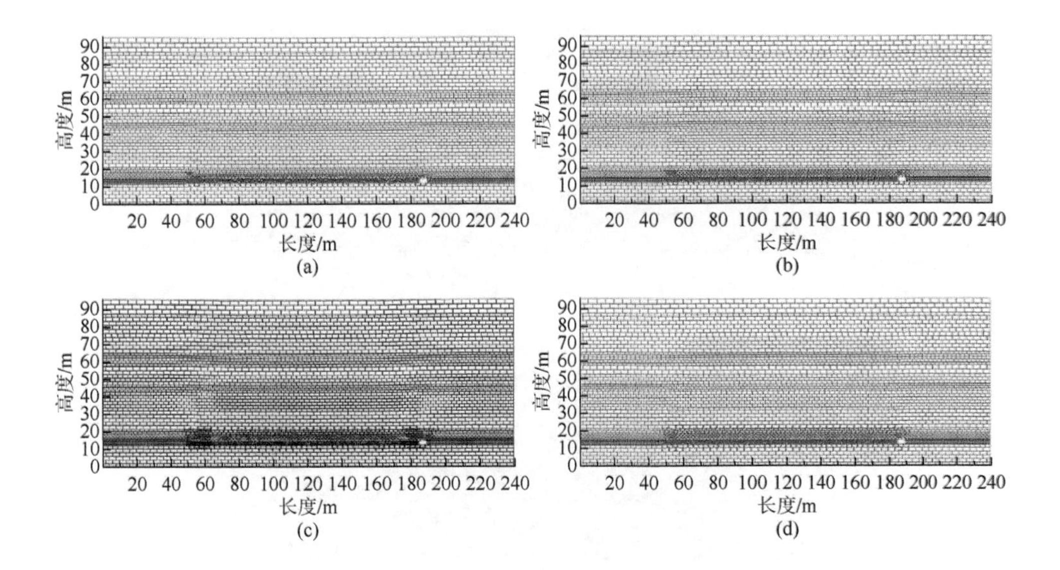

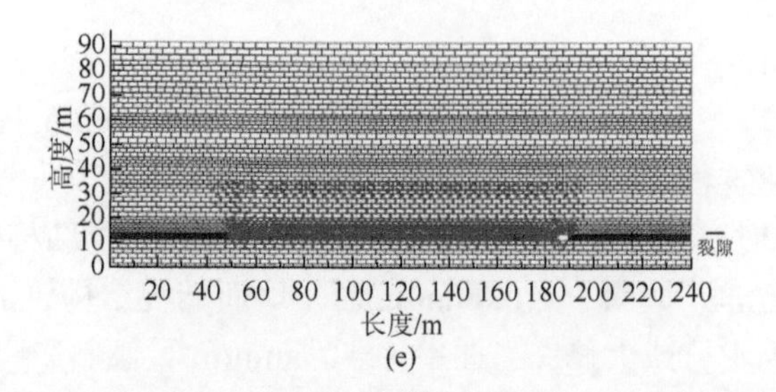

(e)

图 3.17　不同水体积比工作面推进 140m 覆岩裂隙演化特征

（a）水体积比 90%；（b）水体积比 91%；（c）水体积比 93%；（d）水体积比 95%；（e）水体积比 97%

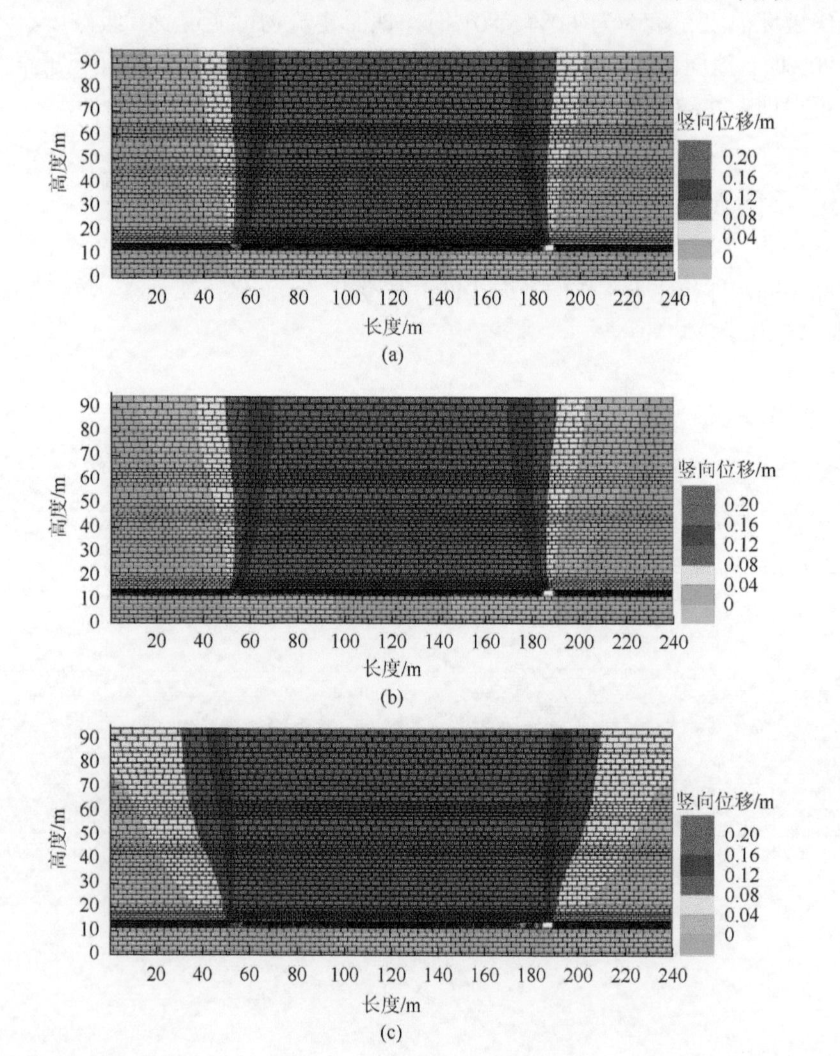

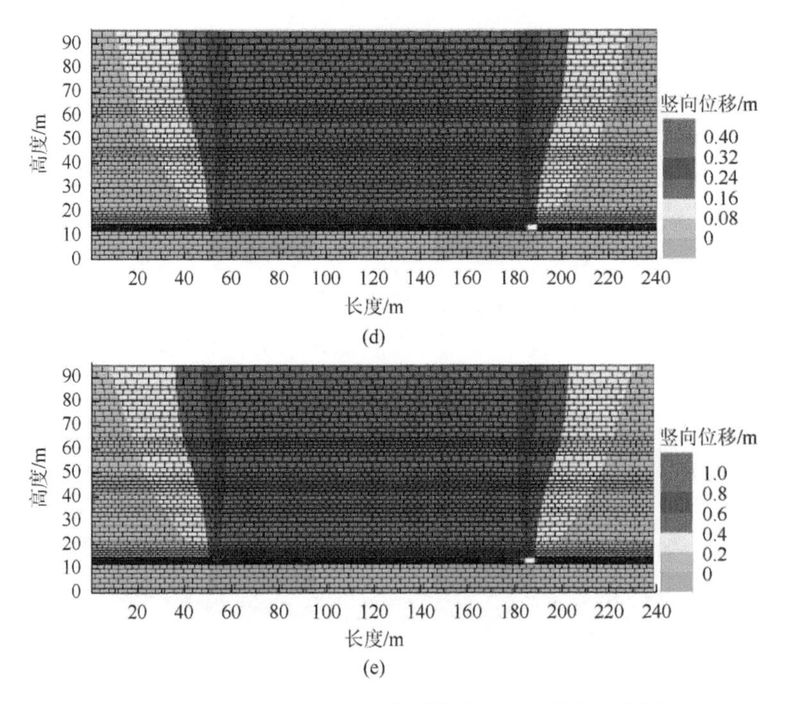

图 3.18　不同水体积比工作面推进 140m 覆岩运移图

（a）水体积比 90%；（b）水体积比 91%；（c）水体积比 93%；（d）水体积比 95%；（e）水体积比 97%

（1）当采用水体积比为 90%的超高水材料充填采空区，工作面推进为 140m 时，直接顶、基本顶只发生弯曲下沉，裂隙带发育高度为 6.50m，靠近切眼侧采空区覆岩竖向位移量为 0.15m，靠近工作面侧采空区覆岩竖向位移量为 0.08m，超高水充填体对上覆岩层承载作用良好，煤炭资源回采过程中，覆岩不发生回转下沉。

（2）当采用水体积比为 91%的超高水材料充填采空区，工作面推进为 140m 时，直接顶发生弯曲，下沉量稍微增大，切眼及工作面附近裂隙发育量较多，裂隙发育总高度为 6.80m，裂隙带高度为 7.00m，裂隙发育总宽度 153.70m，切眼附近覆岩竖向位移量为 0.18m，向靠近工作面侧覆岩竖向下沉量依次为 0.12m、0.08m、0.03m。

（3）当采用水体积比为 93%的超高水材料充填采空区，工作面推进 140m 时，直接顶、基本顶弯曲下沉量再次增大，裂隙带发育高度为 7.20m，水平方向上裂隙带发育宽度为 154.30m，采空区中间区域上覆岩层竖向平均位移量为 0.20m，工作面后方 20m 至工作面区域上覆岩层呈台阶形下沉，竖向位移量依次为 0.22m、0.18m、0.15m、0.05m。

（4）当采用水体积比为 95%的超高水材料充填采空区，工作面推进为 140m

时，此情况下，超高水充填体强度较小，直接顶、基本顶弯曲程度再次增大，裂隙带高度为 11.00m，水平方向裂隙发育宽度为 156.70m。采空区中间区域竖向位移量为 0.44m，切眼及工作面上方覆岩竖直回转下沉较为严重，竖向位移量为 0.20m。

（5）当采用水体积比为 97%的超高水材料充填采空区，工作面推进为 140m 时，超高水充填体强度较低，直接顶弯曲量达到极限发生断裂，基本顶弯曲下沉量大，裂隙带发育高度为 35.00m，水平方向上发育宽度为 178.00m，采空区覆岩最大下沉量为 1.00m，切眼及工作面覆岩的弯曲下沉量 0.30m，切眼后及工作面前方覆岩发生回转下沉后竖向下沉量为 0.25m。

图 3.19 为不同水体积比超高水材料充填采空区时各测线竖向位移曲线图，具体位移统计见表 3.12。

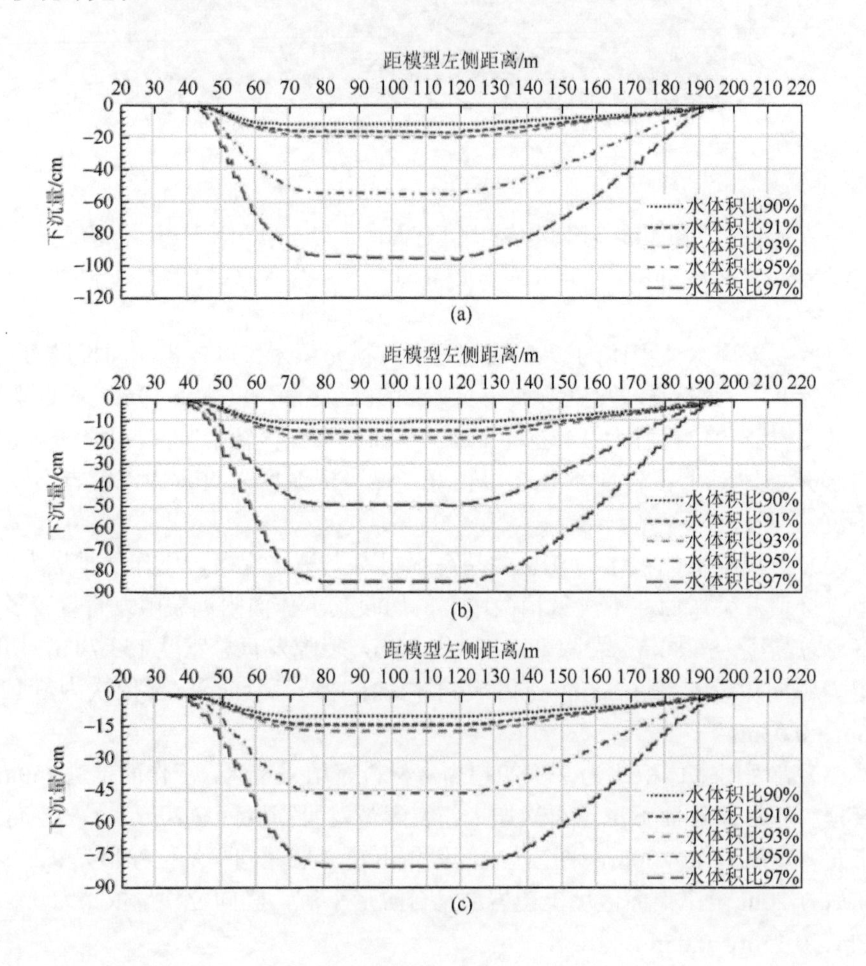

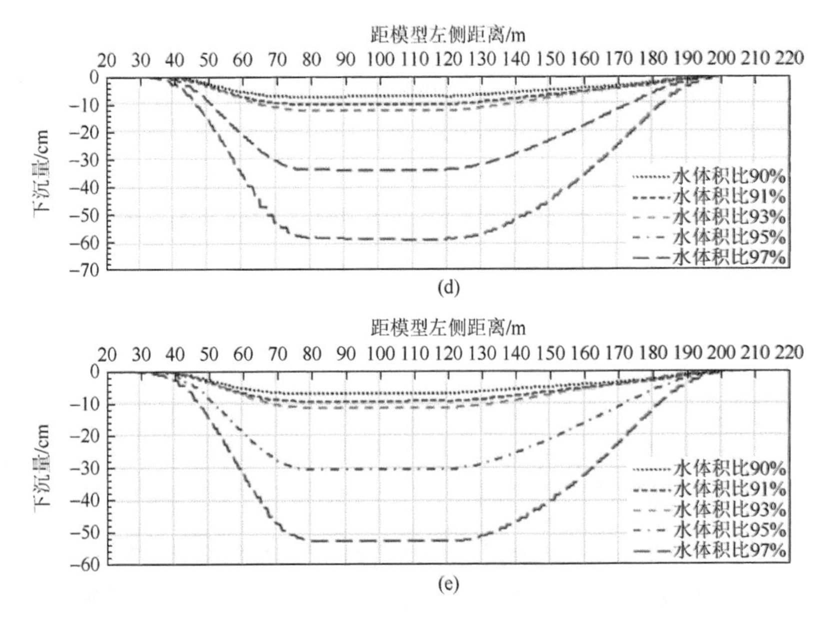

图 3.19　不同水体积比工作面推进 140m 各测线竖向位移曲线图

（a）基本顶岩层；（b）基本顶上方细砂岩；（c）第 9 层细砂岩；（d）第 13 层泥岩；（e）模型顶端细砂岩

表 3.12　不同水体积比下各测线竖向位移统计表

参数	水体积比				
	90%	91%	93%	95%	97%
基本顶岩层位移量/m	0.17	0.19	0.21	0.54	0.92
基本顶上方细砂岩位移量/m	0.15	0.17	0.20	0.50	0.84
第 9 层细砂岩位移量/m	0.14	0.16	0.19	0.45	0.79
第 13 层泥岩位移量/m	0.08	0.10	0.12	0.34	0.58
模型顶端细砂岩位移量/m	0.06	0.09	0.11	0.30	0.51

当使用水体积比为 90%超高水材料充填采空区时，覆岩基本顶竖向位移量为 0.17m，模型顶端岩层竖向位移量为 0.06m。当使用水体积比为 91%超高水材料充填采空区时，覆岩基本顶竖向位移量为 0.19m，模型顶端岩层竖向位移量为 0.09m。当使用水体积比为 93%、95%、97%充填采空区，基本顶岩层竖向位移量分别为 0.21m、0.54m、0.92m，模型顶端岩层竖向位移量分别为 0.11m、0.30m、0.51m。这表明五种不同强度超高水材料充填采空区后，覆岩运移都得到了控制，在同样充填开采条件下，充填体强度越大覆岩破坏程度越小，随着充填体强度降低，充填开采后采空区覆岩竖向位移增大，说明充填体强度越低，对覆岩的承载能力越小，采空覆岩向下运动趋势越明显，活动越剧烈，覆岩变形及位移增大。模拟结果表明当

超高水材料水体积比大于 95%时，覆岩位移变化显著，而当超高水材料水体积比小于 95%时，覆岩变形差异较小。导出测线 8 不同位置的移动变形参数，通过计算可得出不同强度超高水材料充填采空区时地表移动变形参数，具体数值见表 3.13。

表 3.13　不同强度超高水材料充填采空区地表移动变形参数模拟计算结果统计表

地表移动参数	水体积比				
	90%	91%	93%	95%	97%
下沉 W/m	0.07	0.10	0.11	0.30	0.52
下沉系数 q	0.02	0.03	0.04	0.1	0.17
倾斜 i/(mm/m)	1.3	1.9	2.6	5.8	12.5
曲率 K/(mm/m^2)	0.06	0.065	0.075	0.090	0.240

由表 3.13 可知，当采用水体积为 97%超高水材料充填采空区时，地面建筑物属于Ⅲ级破坏；当采用水体积为 95%超高水材料充填采空区时，地面建筑物属于Ⅱ级破坏；当超高水材料的水体积比小于 95%时，地面建筑物属于Ⅰ级破坏。在采用超高水材料充填采空区开采煤炭资源时，不同水体积比的超高水材料充填采空区，都能对地表建筑物起保护作用，充填体的水体积比越低，对地表建筑物的保护效果越好。

3.3　充填开采工作面矿压显现规律

3.3.1　支架工作阻力变化特征

为研究及验证超高水充填工作面厚砂岩顶板的破断特征及上覆岩层的运移规律，采集 CG1302 工作面 3#、13#、23#、33#、43#、53#、63#、73#液压支架（其中 3#支架位于工作面轨道运输平巷附近，73#支架位于工作面皮带运输平巷附近）自 2017 年 6 月 22 日至 2017 年 9 月 15 日工作面从 60m 推进至 210m 过程的支护阻力监测数据，结合 CG1302 工作面的推进日报表、采掘工程平面图，综合得出工作面推进过程中顶板来压情况。图 3.20 为工作面自 60m 推进至 210m 过程中顶板来压强度及步距曲线图，表 3.14 为工作面自 60m 推进至 210m 过程中矿压规律统计情况表。

由图 3.20 可知，轨道运输平巷附近 3#液压支架支柱最大工作阻力与平均工作阻力分别为 30.0MPa、19.7MPa；皮带运输平巷附近 73#液压支架最大工作阻力与平均工作阻力分别为 34.0MPa、23.4MPa；中间区域 23#、33#、43#、53#液压支架最大工作阻力与平均工作阻力分别为 36.0MPa、19.9MPa。

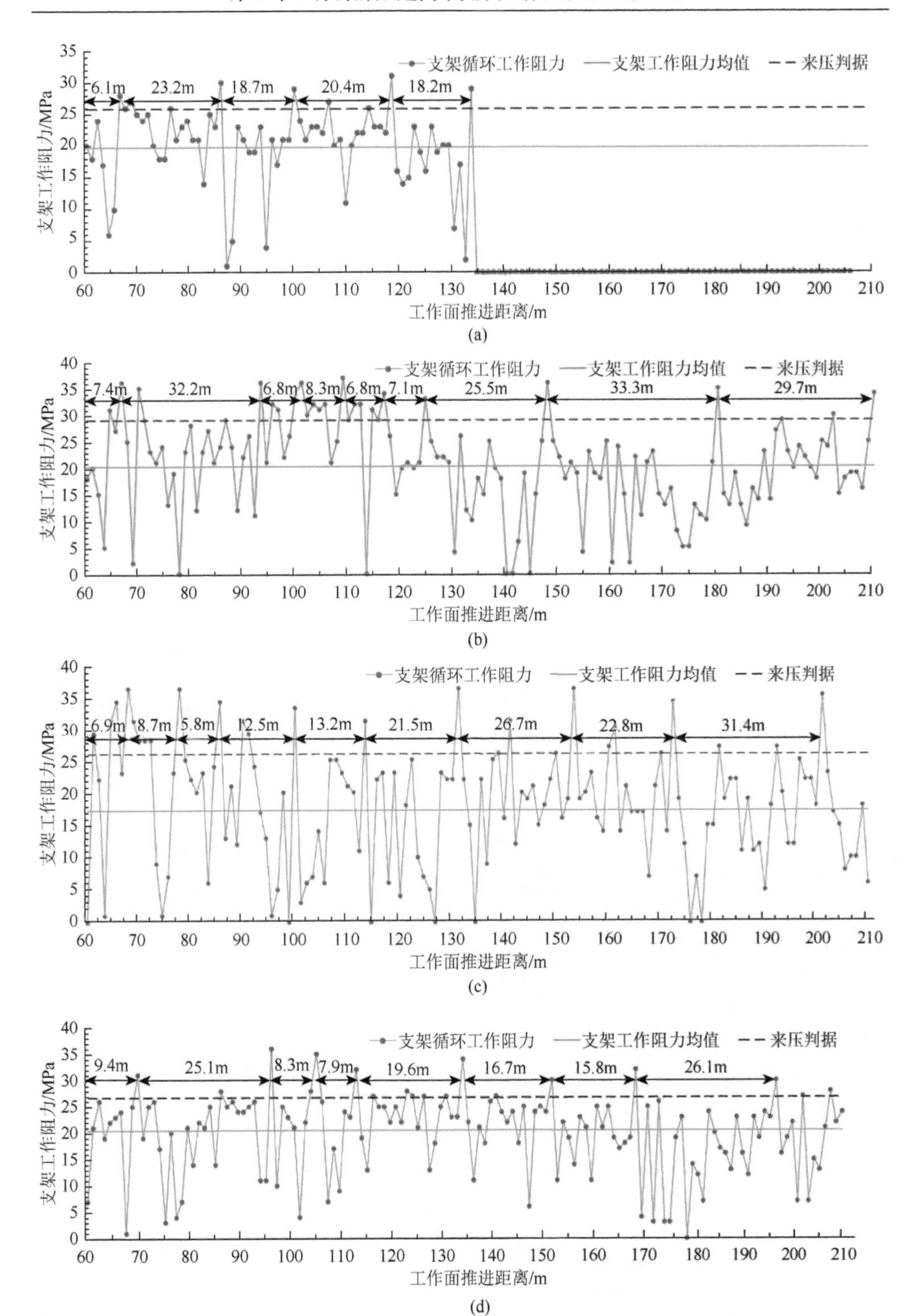
支架循环工作阻力
支架工作阻力均值
来压判据
支架工作阻力/MPa
工作面推进距离/m
6.1m
23.2m
18.7m
20.4m
18.2m
7.4m
32.2m
6.8m
8.3m
6.8m
7.1m
25.5m
33.3m
29.7m
6.9m
8.7m
5.8m
12.5m
13.2m
21.5m
26.7m
22.8m
31.4m
9.4m
25.1m
8.3m
7.9m
19.6m
16.7m
15.8m
26.1m

(a)

(b)

(c)

(d)

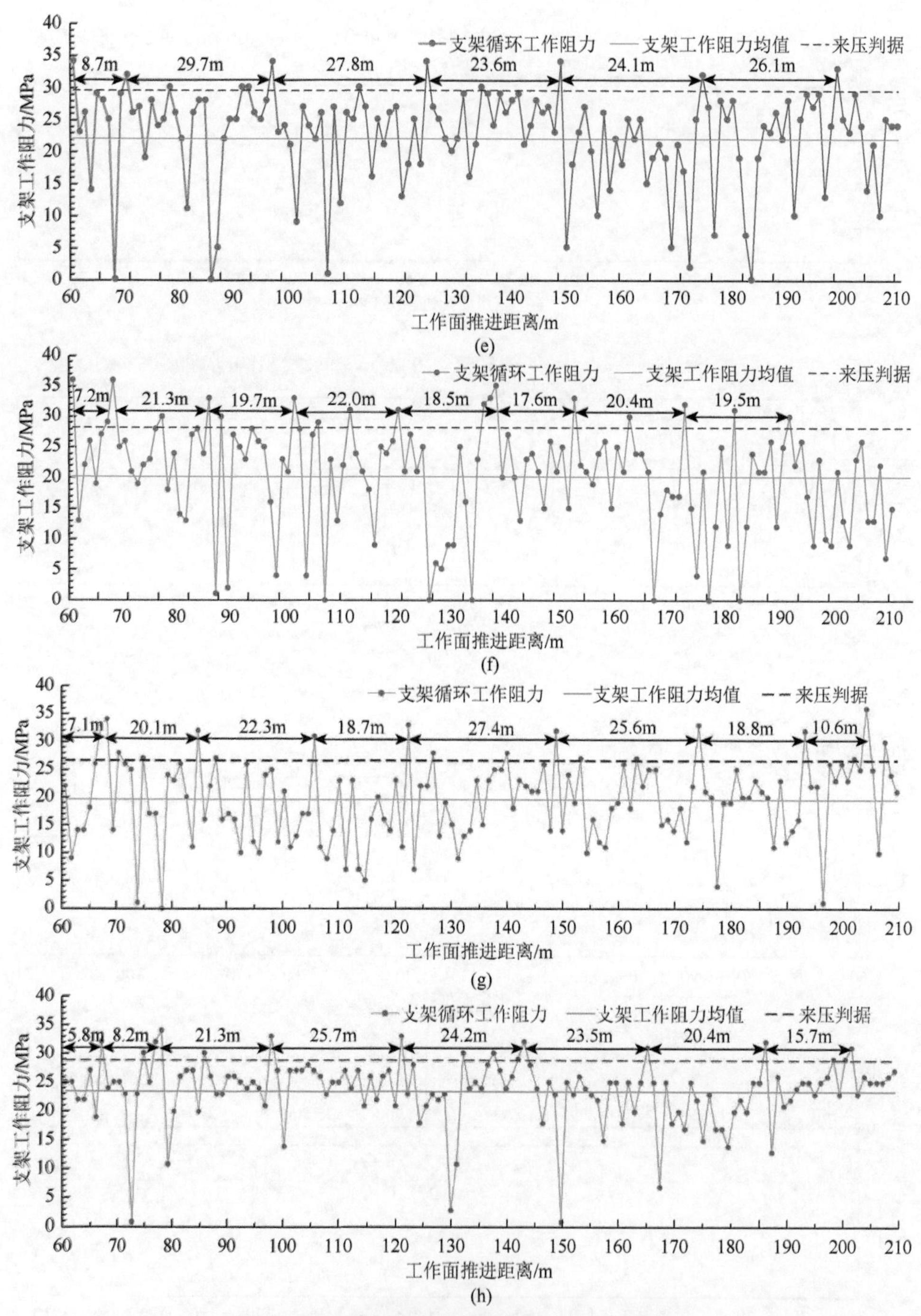

图 3.20　工作面顶板来压强度及步距曲线图

（a）3#支架工作阻力变化；（b）13#支架工作阻力变化；（c）23#支架工作阻力变化；（d）33#支架工作阻力变化；（e）43#支架工作阻力变图；（f）53#支架工作阻力变化；（g）63#支架工作阻力变化；（h）73#支架工作阻力变化

表 3.14　超高水材料充填工作面矿压规律统计表

参数		支架编号							
		3#	13#	23#	33#	43#	53#	63#	73#
周期来压步距/m	Ⅰ	23.2	32.2	8.7	25.1	8.7	7.2	20.1	8.2
	Ⅱ	18.7	6.8	5.8	8.3	29.7	21.3	22.3	21.3
	Ⅲ	20.4	8.3	12.5	7.9	27.8	19.7	18.7	25.7
	Ⅳ	18.2	7.1	13.2	19.6	23.6	22.0	27.4	24.2
	Ⅴ	—	25.5	21.5	16.7	24.1	18.5	25.6	23.5
	Ⅵ	—	33.3	26.7	15.8	26.1	17.6	18.8	20.4
	Ⅶ	—	29.7	22.8	26.1	—	20.4	10.6	15.7
	Ⅷ	—	—	31.4	—	—	19.5	—	—
平均周期来压步距/m		20.1	20.4	17.8	17.1	23.3	18.3	20.5	19.9
工作面周期来压步距/m		19.7							
各支柱平均阻力/MPa		19.7	20.2	17.2	20.6	22.0	19.7	19.5	23.4
支柱平均阻力/MPa		20.3							
来压期支柱阻力/MPa		30.0	36.0	35.0	37.0	34.0	35.0	32	34.0
动载系数		1.52	1.78	2.03	1.80	1.55	1.79	1.64	1.45
动载系数均值		1.70							

由图 3.20 及表 3.14 可知，第一次来压时工作面推进距离在 65m 左右，3.1 节中理论分析部分计算出基本顶初次来压步距为 63.0m，当工作面推进 65.0m 左右时，结合工作面支架工作阻力变化情况，考虑到液压支架长度，监测数据第一次来压应为基本顶初次来压，得知基本顶的初次来压步距在 62.0m 左右，与理论分析基本一致。在使用充填开采后，顶板矿压显现剧烈程度大幅降低，预防了冲击地压等动力灾害的发生。

第 3#、13#架位于 CG1302 工作面轨道运输平巷附近，第 63#、73#架位于 CG1302 工作面皮带运输平巷附近，受煤柱的承载作用，顶板周期来压步距较中间区域大，两端头平均周期来压步距为 20.2m，第 23#、33#、43#、53#位于工作面中间位置，受工作面两端煤柱承载作用较小，顶板周期来压步距相对较小，为 19.1m，现场实测中直接顶来压不明显，基本顶周期来压步距为 19.7m，而理论分析计算基本顶周期来压步距为 20.3m，现场实测与理论分析结果基本一致。工作面推进过程中，不同位置的液压支架动载系数有一定差异，靠近两端头的液压支架受两端头煤柱的影响，动载系数相对较小，工作面中间区域动载系数相对较大，整个工作面液压支架支柱的平均循环工作阻力为 20.3MPa，工作面来压时液压支架支柱的工作阻力为 35.0MPa 左右，动载系数均值为 1.70。

CG1302 工作面采用超高水充填开采技术后，顶板矿压显现剧烈程度降低，动载系数小，极大地减少了深部煤层开采时发生动力灾害的概率，保证了矿井的安全开采，提高了矿井生产效率及经济效益。

3.3.2 巷道顶板离层变化特征

在回采巷道设置顶板离层监测点，对巷道顶板进行监测，根据所测数据，判断在监测范围内巷道顶板是否出现离层、离层量及离层发生位置。通过对 CG1302 工作面的皮带平巷和轨道平巷顶板的现场观测，得到 2017 年 4 月 30 日至 2018 年 1 月 7 日的顶板离层数据。

由图 3.21 可知，观测期间轨道平巷顶板离层量最大为 10.1mm，之后顶板离层仪处于一种稳定状态。现场观测该巷道无底鼓及冒顶现象，通过对锚杆的监测和观察发现仅有少量锚杆破损断裂，多数锚杆支护状态良好。

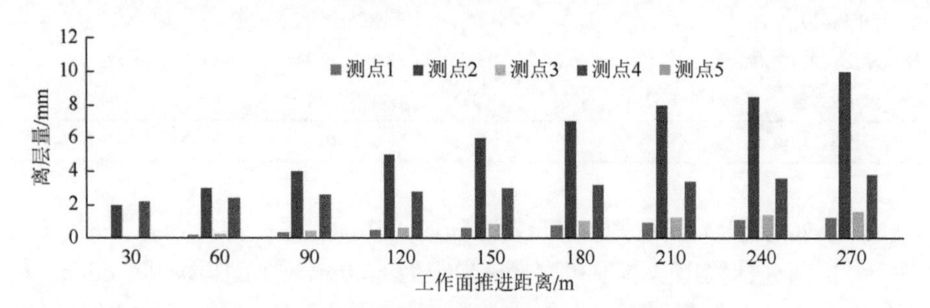

图 3.21 CG1302 轨道平巷顶板离层量数据统计图

由图 3.22 分析可得，CG1302 工作面皮带平巷顶板最大离层量达到了 24.5mm，当下沉量达到最大后，顶板离层处于一种稳定状态，该巷道无明显底鼓和冒顶现象。表明超高水充填开采技术能够很好地控制上覆岩层，使巷道围岩扰动减小，离层量降低，保证了巷道围岩稳定性。

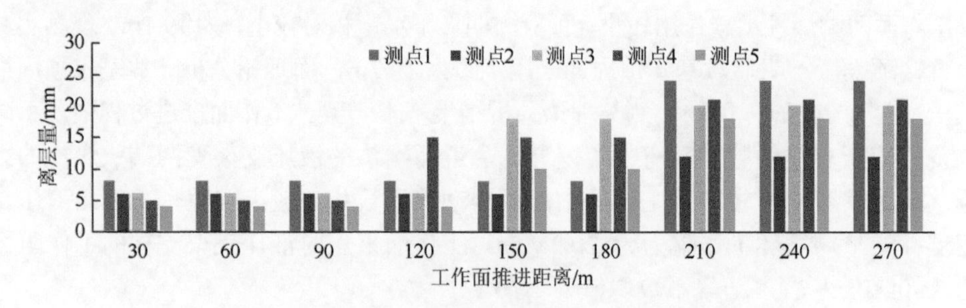

图 3.22 CG1302 皮带平巷顶板离层量数据统计图

3.4　地表移动变形规律

根据井上下位置关系与地面建筑物的分布情况，对义能煤矿进行了地表移动观测。前后共布设了 8 条观测线，其中 B 测线共 38 个测点（包括 4 个控制点和 34 个观测点），沿村庄主要街道布设，总体呈南北走向与 CG1301 工作面、CG1302 工作面和 CG1303 工作面斜交，观测线全长约为 1320m，各测点之间的平均距离约为 36m（图 3.23）。

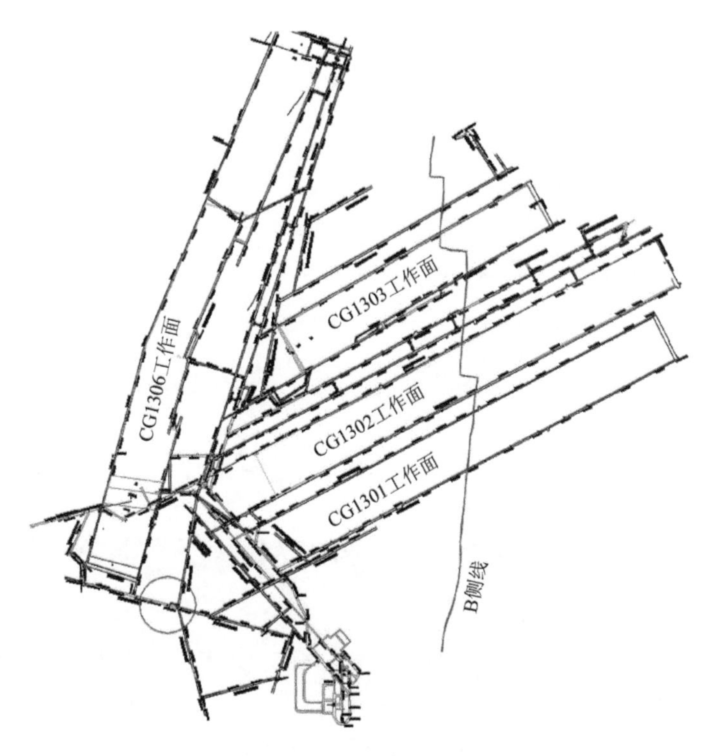

图 3.23　B 测线布置图

垂直位移、平面位移分别采用徕卡 NA720 水准仪、中海达 V30GPS-RTK 观测。对观测结果进行检查和计算，确保结果的正确性。

本节选用测点 B01～B38，主要包括：测点的下沉、测点间的倾斜、水平变形，相邻三点的曲率。由各种移动与变形值，绘制 B 观测线的下沉、倾斜、曲率变形如图 3.24 和图 3.25 所示，可见地表沿测线方向在不同时期动态下沉速度与动态下沉累积量（刘辉等，2013）。

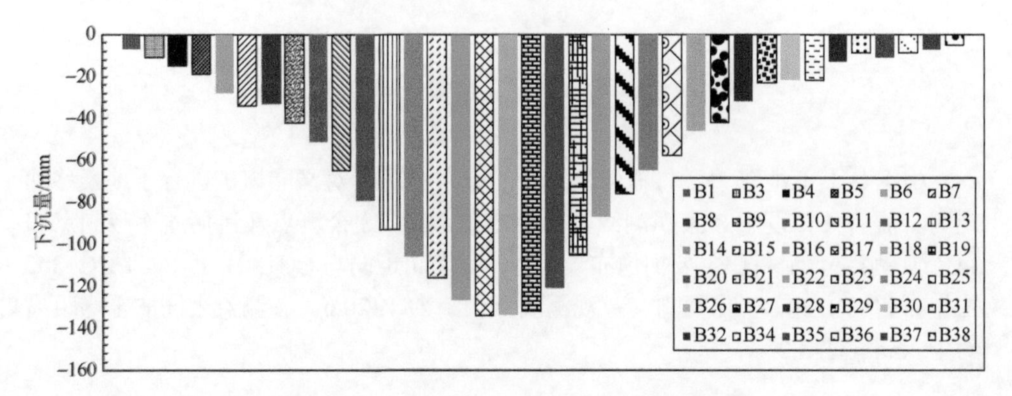

图 3.24 B 测线各测点地表下沉统计柱状图

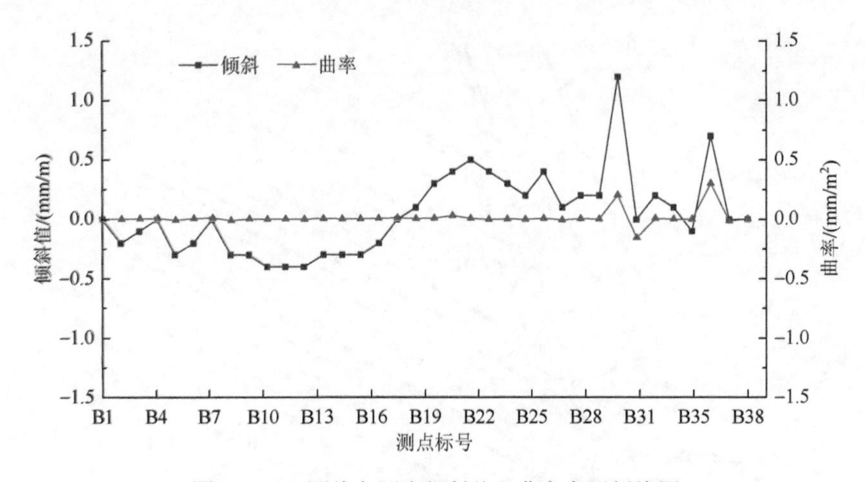

图 3.25 B 测线各测点倾斜值及曲率变形折线图

由图 3.24 和图 3.25 可知：

（1）开采过程中地表最大下沉量为 0.134m，其中 B14～B21 8 个测点位置附近下沉量均超过 0.1m，从测点 B1 到测点 B14，地表呈台阶形下降，自测点 B18 到测点 B38 地表呈台阶形上升。下沉盆地最中心位置位于测点 B18 所在位置。

（2）测点 B1～B29 中，地表倾斜值为–0.4～0.7，大部分测点倾斜值变化范围在–0.2～0.2，测点 B30～B38，地表倾斜值为–0.2～1.2，测点倾斜值变化范围在–1.2～1。B31 附近下沉量较小，但倾斜值及曲率变化较大，为下沉盆地边缘位置。测点 B1～B29，地表下沉曲率接近于 0，测点 B30 到测点 B38 期间，地表下沉曲率为–0.2～1.2，由曲率变化再次验证 B31 为下沉盆地边缘。

数值模拟中，当充填率为 90%时，模型顶端竖向最大下沉量为 0.11m，模型顶端岩层之上为软弱岩层及第四系松散层，基本随煤层上覆岩层沉陷而同步沉陷，故预测地表最大下沉量为 0.1m，现场实测表明，竖向最大下沉量为 0.13m，仅有

3 个测点位置下沉量达到 0.13m，预计随工作面继续推进，CG1302 工作面上方大部分测点下沉量可达到最大值 0.13m，数值模拟下沉量与现场实测最大下沉量基本保持一致。数值模拟中，CG1302 工作面最大倾斜值为 2.1mm/m，最大下沉曲率为 0.06mm/m^2，而现场实测中，最大倾斜值为 1.2mm/m，平均曲率为 0.03mm/m^2，表明超高水充填开采能够较好地控制地表下沉，保护地面建筑物、耕地及生态环境，实现绿色开采。图 3.26 为义能煤矿地表村庄实拍照片，可见采后未出现村庄房屋建筑破坏、公路沉陷破裂等问题，表明超高水充填开采能够较好地控制地表下沉，保护生态环境，实现绿色开采。

图 3.26　义能煤矿地表变形情况

3.5　本章小结

（1）理论分析确定直接顶、基本顶初次断裂步距分别为 29.7m、63.0m，垮落法管理顶板时存在厚砂岩顶板大面积来压动力冲击灾害隐患。为防止厚砂岩顶板破断造成动力灾害，应采用充填开采技术减缓上覆岩层运移程度、减小厚砂岩下沉挠度及悬顶长度。

（2）提出了超高水充填开采顶板破断判据：当充填率为 90%，充填体水体积比大于 95%时，直接顶发生破断；充填体水体积比在 90%～95%时，直接顶、基本顶都不发生破断。随着充填体水体积比降低，砂岩顶板下沉量减少，工作面前方应力集中系数及超前应力发育范围减小。

（3）根据回采期间工作面液压支架及巷道围岩变形监测统计可知：工作面平均来压判据为 28.0MPa，液压支架平均循环工作阻力为 20.3MPa，来压时支架平均工作阻力为 35.0MPa，动载系数均值为 1.70，巷道最大离层量为 24.5mm，无明显底鼓和冒顶现象，监测结果表明超高水充填开采能有效控制覆岩运移，降低来压强度，减小巷道扰动，保证工作面安全开采。

（4）当采用垮落法处理采空区时，煤层上方 70m 处岩层最大竖向位移为 1.5m；

当充填率为90%、水体积比为95%时，竖向最大下沉量为0.11m；现场实测地表最大下沉量为0.13m，最大倾斜值为1.2mm/m，平均曲率为0.03mm/m^2，结果表明超高水充填开采能够较好地控制地表下沉，保护生态环境，实现绿色开采。

参 考 文 献

国家安全监管总局，国家煤矿安监局，国家能源局，等. 2017. 《建筑物、水体、铁路及主要井巷煤柱留设与压煤开采规范》. 北京：煤炭工业出版社.

何满潮，谢和平，彭苏萍，等. 2005. 深部开采岩体力学研究. 岩石力学与工程学报，24（16）：2803-2813.

刘辉，邓喀中，何春桂，等. 2013. 超高水材料跳采充填采煤法地表沉陷规律. 煤炭学报，38（S2）：272-276.

缪协兴，巨峰，黄艳利，等. 2015. 充填采煤理论与技术的新进展及展望. 中国矿业大学学报，44（3）：391-399.

钱鸣高，缪协兴，许家林. 1996. 岩层控制中的关键层理论研究. 煤炭学报，21（3）：2-7.

钱鸣高，石平五，许家林. 2010. 矿山压力与岩层控制. 徐州：中国矿业大学出版社.

王方田，屠世浩. 2015. 浅埋房式采空区下近距离煤层长壁开采致灾机制及防控技术. 徐州：中国矿业大学出版社.

王方田，李岗，班建光，等. 2020. 深部开采充填体与煤柱协同承载效应研究. 采矿与安全工程学报，37(2)：311-318.

王新丰，高明中，李隆钦. 2016. 深部采场采动应力、覆岩运移以及裂隙场分布的时空耦合规律. 采矿与安全工程学报，33（4）：604-610.

Wang F T，Tu S H，Zhang C，et al. 2016. Evolution mechanism of water-flowing zones and control technology for longwall mining in shallow coal seams beneath gully topography. Environment Earth Science，75（19）：1-16.

Wang F T，Ma Q，Li G，et al. 2018. Overlying strata movement laws induced by longwall mining of deep buried coal seam with superhigh-water material backfilling technology. Advances in Civil Engineering，4306239：1-10.

Wang F T，Ma Q，Zhang C，et al. 2020. Overlying strata movement and stress evolution laws triggered by fault structures in backfilling longwall face with deep depth. Geomatics，Natural Hazards and Risk，11（1）：949-966.

第4章 充填工作面充填体与煤柱协同承载机理

充填开采工作面采空区主要依靠充填体与留设煤柱支撑上覆岩层，而顶板是否发生破断垮落主要受充填率（充填高度）、充填体水体积比和留设煤柱宽度等因素影响。本章结合充填工作面布置特征建立充填体与煤柱承载结构力学模型，理论分析充填体与煤柱相互作用关系；模拟计算充填体与煤柱在协同承载过程中的应力变化、覆岩位移和塑性破坏特征，揭示充填体与煤柱协同承载机理。

4.1 煤柱稳定性影响因素

当煤层被开采后，由于出现采空区煤柱无侧向应力，煤柱垂直应力增加并发生应力集中，煤柱发生形变。当煤柱承受载荷大于煤体强度时，煤柱发生失稳破坏，煤柱产生剥蚀及颈缩现象、斜切压剪及横向劈裂等破坏形式（戴华阳等，2014；王方田和屠世浩，2015）。

煤柱的稳定性是影响覆岩移动及地表下沉变形的关键因素。通过分析煤柱稳定性主要影响因素，充填开采条件下煤柱的稳定性以及破坏失稳的机理，以此设计合理的煤柱宽度，这对于提高煤炭资源采出率和控制地表变形都具有至关重要的作用。一般来说，影响煤柱稳定性的主要因素有地质因素、煤体力学性质、采矿因素（王方田等，2012）。

1. 地质因素

（1）地质构造。如覆岩裂隙、断层及其破碎带、节理等特殊地质构造改变了煤柱应力环境及煤体的完整性，影响了煤柱的稳定性。CG1302 工作面断层构造多、断层落差大，过断层时来压强度大，煤柱易受压失稳破坏。

（2）覆岩容重。采深和上覆岩层的容重决定煤柱所承受的载荷，从而影响煤柱的应力状态。一般采深越大、覆岩密度越高，煤柱受到的垂直应力越大，稳定性越低。已知 CG1302 工作面平均埋深为 821m，属于深部煤层，开采期间易受高地温、高地应力和高岩溶水压等影响。开采扰动强烈时，煤柱易呈塑性状态，随强度降低而发生失稳。

（3）煤层倾角。煤层倾角决定了煤柱受力状态，当煤层倾角增大，采空区充填密实程度提高，导致煤柱下部三角区处于三向受力状态，而上部三角区处于单向受力状态，影响煤柱稳定性。已知工作面煤层平均倾角为6°，属于近水平煤层，煤层倾角对煤柱稳定性的影响较小。

2. 煤体力学性质

煤体力学性质主要包括单轴抗压强度、弹性模量、内摩擦角等，同时还有煤柱构造，包括煤柱内部构造、煤柱与顶底板界面的黏聚力等。前者是影响煤柱自身强度的主要因素，后者由于煤柱内存在弱面，煤柱内容易产生剪切破坏，降低煤柱的稳定性（左建平等，2018）。

CG1302 工作面皮带大巷附近 3 号煤层抗压强度为 7.81MPa、抗拉强度为 0.63MPa、黏聚力为 3.2MPa、内摩擦角为 30°，煤体力学参数较低，易导致留设煤柱失稳破坏。

3. 采矿因素

采矿因素主要指开采宽度、留设煤柱宽度、煤柱的高度、采空区处理方法（采空区垮落法、充填开采）等。当采出率相同时，增大留设煤柱宽度会提高其稳定性，煤柱的整体强度随其宽度的增加而增加，随宽高比的增加而增加（仇培涛等，2016）。

除上述采矿因素外，煤柱稳定性还主要受到超高水材料充填率、水体积比的影响。本章通过模拟计算不同充填率、不同留设宽度下煤柱和充填体的受力变形特征，研究充填体＋煤柱协同承载作用，为确定合理充填率和留设煤柱宽度提供依据。

4.2 充填工作面煤柱稳定性规律

4.2.1 充填前煤柱破坏机制

1. 煤柱的弹性核区与塑性区

当充填率足够高时煤柱边界不发生破坏，仅出现塑性区。假设煤柱宽度为 L，煤柱一侧支承压力影响范围长度为 L_t，塑性区宽度为 L_p，当 $L>2L_t$ 时，煤柱宽度特大，应力集中主要发生在煤柱两侧，煤柱中部处于原岩应力状态，煤柱上方应力为双峰状态，如图 4.1（a）所示；当 $L_t<L<2L_t$ 时，煤柱宽度较大，煤柱中部处于弹性核区，应力高于原岩应力，呈马鞍形分布，如图 4.1（b）所示；煤柱宽度较小，煤柱两侧的应力叠加，煤柱中部发生应力集中，煤柱上方应力呈拱形分布，如图 4.1（c）所示。

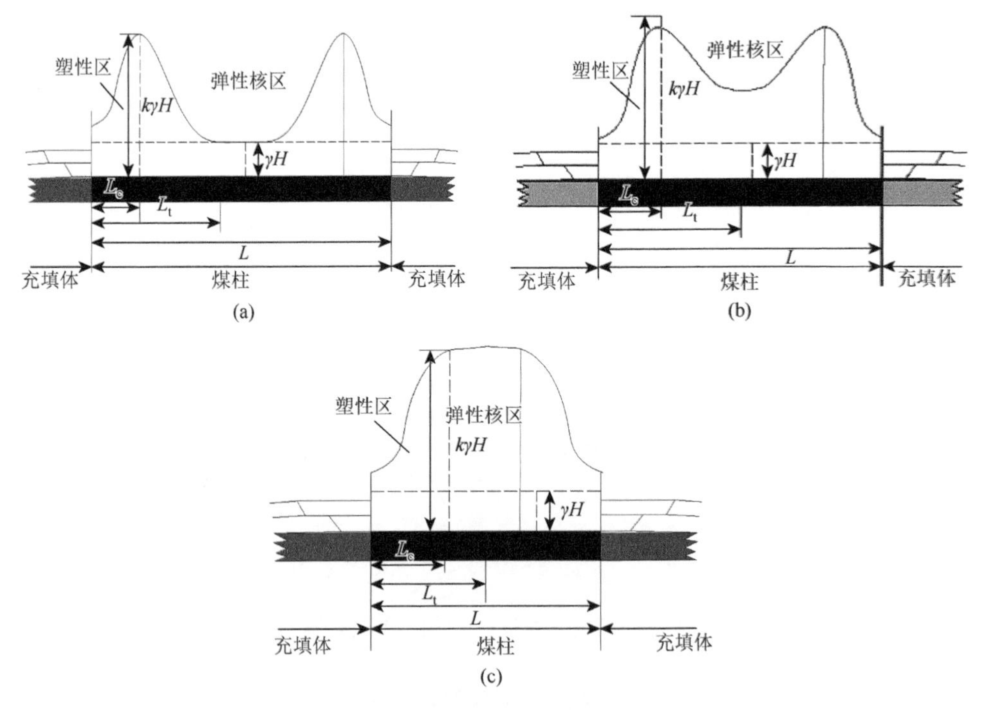

图 4.1　煤柱垂直应力分布及塑性区分布

（a）宽度特大；（b）宽度较大；（c）宽度较小

煤柱宽度大小的变化改变了煤柱内塑性区和弹性核区的分布情况，可通过设计合理的煤柱宽度控制塑性区发育程度，同时，煤柱塑性区也受工作面采动和巷道开挖的影响，当产生的应力超过煤柱三轴抗压强度时，煤柱发生破坏失稳。因此，应进一步研究煤柱应力大小和受力状态。

2. 受约束条件下煤岩的强度

根据库仑准则方程：

$$\tau = c + \sigma \tan\varphi \tag{4.1}$$

在三向应力状态下应有

$$\frac{\sigma_1 - \sigma_3}{2} = \left(\frac{\sigma_1 + \sigma_3}{2} + c\cot\varphi\right)\sin\varphi \tag{4.2}$$

进一步推出：

$$\sigma_1 = \frac{2c\cos\varphi}{1-\sin\varphi} + \frac{1+\sin\varphi}{1-\sin\varphi}\sigma_3 \tag{4.3}$$

式中，τ 为切应力，MPa；σ 为正应力，MPa；φ 为煤体的内摩擦角，(°)；c 为煤体的黏聚力，MPa；σ_1 为最大主应力，MPa；σ_3 为最小主应力，MPa。

当煤柱两侧边缘应力 $\sigma_3 = 0$ 时，煤柱处于单向受力状态；从煤柱边缘向里为屈服区，煤柱受力由单向受力变为双向受力；当达到弹性核区时，煤柱处于三向受力状态，恢复到原岩应力状态（图 4.2）。将 σ_3 代入式（4.3）得

$$\sigma_1 = \frac{2c\cos\varphi}{1-\sin\varphi} + \frac{1+\sin\varphi}{1-\sin\varphi} rH \tag{4.4}$$

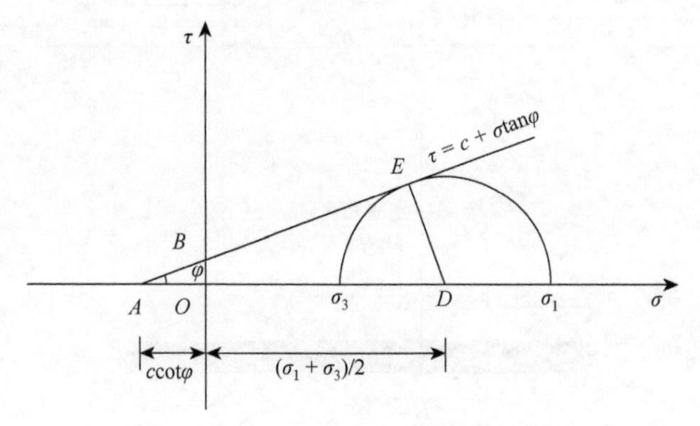

图 4.2　三向应力条件下的极限平衡条件

则受约束条件下煤岩的强度为 12.42MPa。其中 3 号煤层黏聚力（c）为 0.78MPa，内摩擦角（φ）为 31.38°，体积力（r）为 25kN/m^3，埋深（H）为 821m。

4.2.2　充填后煤柱破坏机制

针对充填体不接顶的情况，建立力学模型如图 4.3 所示。

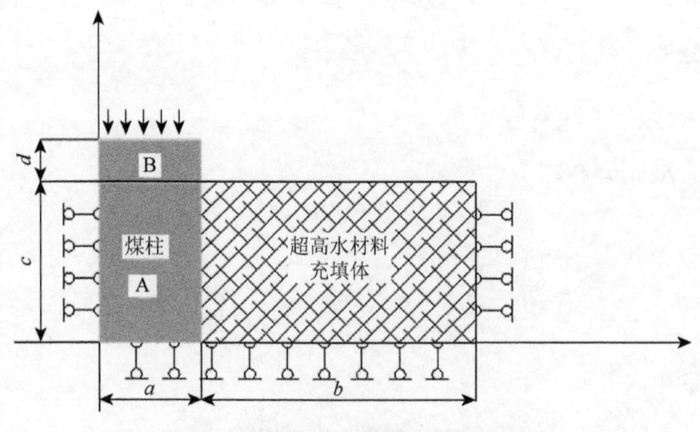

图 4.3　充填体不接顶时力学模型图

如图 4.3 所示，沿充填体顶部将模型分为 A、B 两部分。A 部分如图 4.4 所示，在模型顶端施加均布载荷 q_1，则充填体对煤柱的作用力分为两组：分布在充填体

两侧的水平侧向力 q_2 与充填体对煤柱的垂直摩擦力（τ）。q_2 随煤柱应变而变化，τ 随 q_2 变化。设模型顶端的初始位移为 0，在左侧边界与底部边界施加约束。

B 部分如图 4.5 所示，在模型顶端施加均布载荷 q_1，设模型底边界的初始位移为 v_0，左侧边界与底部边界施加约束。

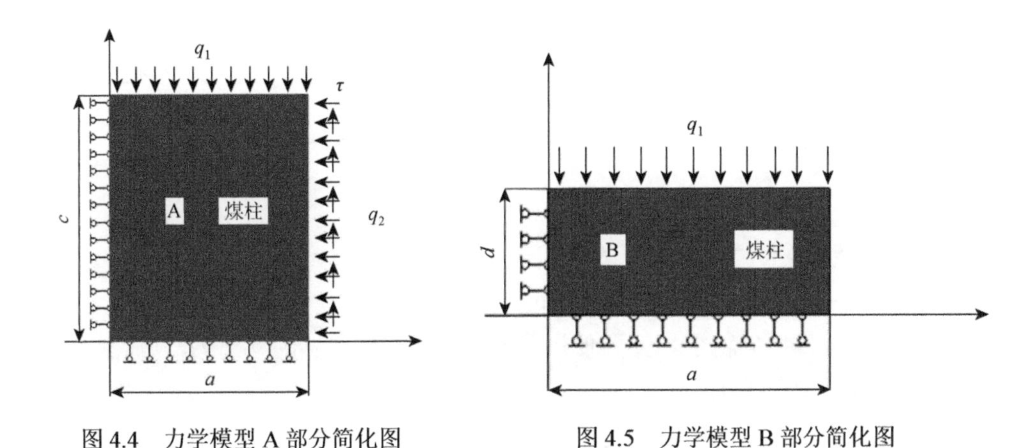

图 4.4　力学模型 A 部分简化图　　　　图 4.5　力学模型 B 部分简化图

设上覆岩层重量为均布载荷 q，采空区上部载荷转移至两侧的煤柱，此时煤柱承受的垂直应力为

$$q_1 = (a + b)q / a \tag{4.5}$$

式中，a 为煤柱宽度，40m；b 为充填体宽度，110m；q 为覆岩载荷，取 20.5MPa。

计算得出煤柱所承受的上覆岩层的应力为 76.875MPa。

4.2.3　充填条件下煤柱稳定条件分析

理论上当煤柱两侧采空区被充填体充满后，煤柱将会恢复到稳定的三向受力状态。但是在实际的采矿工程中，由于各种因素，如煤层埋深大、煤体自身强度低、充填间隔时间大等，还未进行煤柱充填已经因为覆岩压力发生部分破坏，充填体对煤柱侧向支撑力变小甚至无法提供侧向支撑力，此时煤柱仍处于双向受力状态，只能依靠自身强度支撑上覆岩层，随着采动影响，煤柱将发生破坏失稳。因此，提出充填体对煤柱的侧向支撑力需要达到一定值，保证煤柱稳定性（孙希奎和王苇，2011；郭惟嘉等，2016）。

为求出此侧向支撑力，根据莫尔-库仑破坏准则可得到煤柱在三轴应力状态下的极限抗压强度。

$$\sigma_{\mathrm{ct}} = \frac{2c_{\mathrm{c}}\cos\varphi_{\mathrm{c}}}{1-\sin\varphi_{\mathrm{c}}} + \frac{1+\sin\varphi_{\mathrm{c}}}{1-\sin\varphi_{\mathrm{c}}}\sigma_{\mathrm{c3}} \tag{4.6}$$

式中，c_c为煤柱的黏聚力，MPa；φ_c为煤柱的内摩擦角，(°)；σ_{c3}为煤柱受到充填体的侧向应力，MPa；σ_{ct}为煤柱的极限抗压强度，MPa。

根据式（4.6）可以得出，当煤柱受到的侧向应力（σ_{c3}）越小，其抗压能力也越小。当$\sigma_{c3}=0$时，即σ_{c3}为单轴抗压强度，此时煤柱的支撑能力最差。另外，设σ_{c1}为煤柱受到的上覆岩层压应力，并假设煤柱在上覆岩层压应力作用下正好处于极限状态（$\sigma_{c1}=\sigma_{ct}$）时，可得

$$\sigma_{c3}=\left(\sigma_{c1}-\frac{2c_c\cos\varphi_c}{1-\sin\varphi_c}\right)\frac{1+\sin\varphi_c}{1-\sin\varphi_c} \tag{4.7}$$

其中，

$$\sigma_{c1}=\sum_{i=1}^{n}\gamma_i h_i$$

式中，i为第i层岩层从下到上，直接顶$i=1$，往上依次类推；h_i为第i层岩层的厚度，m；γ_i为第i层岩层的容重，MN/m^3。

既要保证煤柱的稳定，又要使煤柱能对覆岩产生足够的支撑力，则充填体对煤柱的侧向应力应满足：

$$\sigma_{c3}\geqslant\left(\sum_{i=1}^{n}\gamma_i h_i-\frac{2c_c\cos\varphi_c}{1-\sin\varphi_c}\right)\frac{1+\sin\varphi_c}{1-\sin\varphi_c} \tag{4.8}$$

式（4.8）即为煤柱能充分发挥自身强度而支撑上覆岩层的稳定条件。理想条件下，为保证煤柱的稳定性，则充填体对煤柱的侧向应力至少为2.5MPa。

4.3　充填体+煤柱协同承载效应

根据超高水材料充填开采特点，重点考虑充填体与煤柱的共同协调作用，提出了充填体+煤柱协同承载模型（王方田等，2020），两者共同支撑上覆岩层压力，协同控制岩层移动及地表下沉。本章主要运用岩石力学、矿山压力原理及其相关理论分析煤柱、充填体的支护作用机制，探讨协同承载系统的力学作用。

煤层开采后煤柱强度不足以支撑覆岩而发生压剪破坏，导致工作面顶板垮落、覆岩运移及地表下沉；充填体填入采空区，对煤柱形成侧向应力，提升煤柱强度的同时与煤柱形成协同承载系统共同控制上覆岩层运移。当充填体未能完全充满采空区时，上覆岩层荷载仍然由采空区两侧的煤柱来承担，充填体对煤柱主要产生侧向约束，限制煤柱屈服区的扩散，防止煤柱两帮的垮落，提高了煤柱的稳定性和完整性。当充填体充满采空区时，充填体逐渐与上覆岩层接触，直接对顶板支撑，进而煤柱与充填体共同决定着整个承重岩层的运移，如图4.6所示。因此，超高水材料充填体的强度、采空区的充填率（充填高度）、留设煤柱宽度对煤柱的稳定性及上覆岩层的控制起着至关重要的作用。

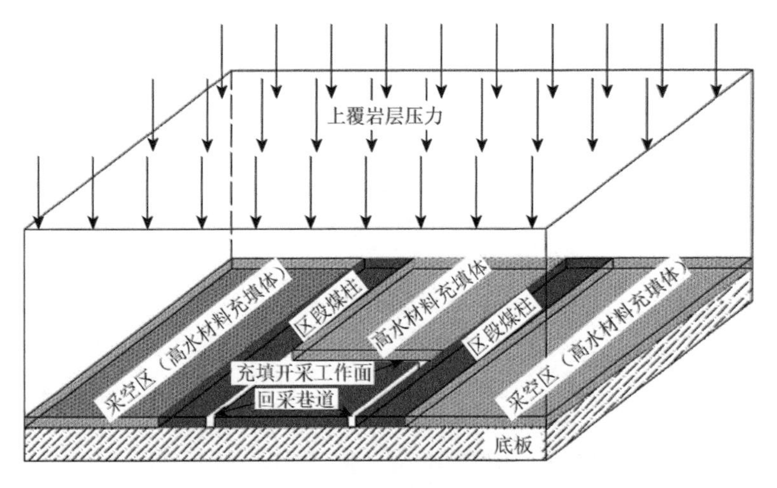

图 4.6　充填体与煤柱协同承载系统示意图

4.3.1　充填前煤柱支撑作用

煤层开采后，煤柱由三向应力状态转变为两向应力状态，煤体中应力重新分布。采空区上覆岩层断裂，地表出现沉降，下沉量为 ω，如图 4.7（a）所示，此时煤柱没有发生失稳。当开采时间增加，煤柱两侧边缘开始屈服、煤壁片落，有效承载面积逐渐减小，应力集中程度相应增加，而应力的增加会进一步扩大煤柱屈服区的宽度，煤柱两侧边缘进入塑性区并发生屈服，煤柱由外到里开始发生破坏。当煤柱强度不足、无法有效承载上覆岩层时，加之深部煤层覆岩压力增加、煤层倾角较小，作用在煤柱的顶板压力竖向分力增大，导致煤柱发生整体失稳，地表发生大面积沉陷，此时下沉量为 ω'，如图 4.7（b）所示。

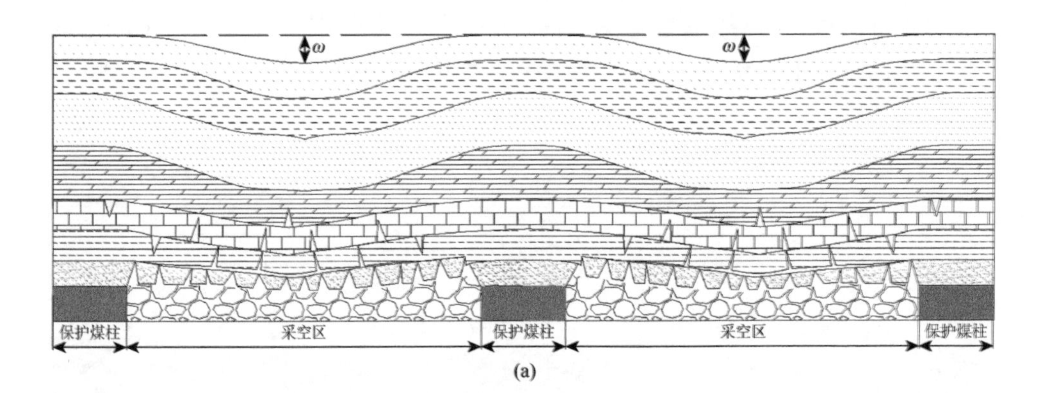

(a)

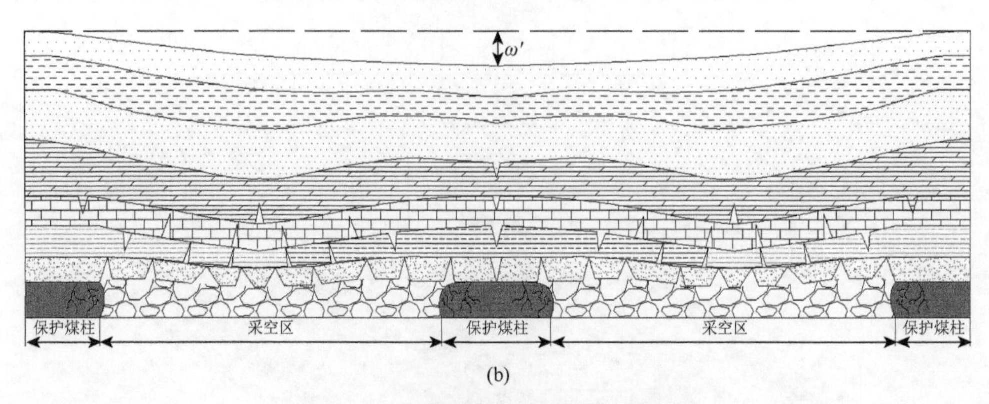

图 4.7 未充填煤柱承载作用示意图

（a）未失稳时；（b）失稳时

4.3.2 充填后充填体＋煤柱共同支撑作用

1. 充填体支护机制

1）充填体对煤柱的侧向支撑作用

在充填体没有对煤柱产生侧向应力时，煤柱为双向受力状态，此时煤柱两侧由于受压向两边发生膨胀形变。当充填体随时间积累强度变大且与煤柱发生紧密接触之后，充填体对煤柱产生侧向支撑力 F_c，煤柱恢复到三向受力状态，横向形变与体积膨胀得到了抑制。充填体对煤柱起到了加固作用，使煤柱处于更稳定的三向受力状态，提高了煤柱稳定性及承载能力。

2）充填体对上覆顶板的竖向支护作用

随着覆岩下沉，充填体接触顶板，充填体对顶板产生与覆岩压力 F' 相反方向的支撑作用力，此时充填体有效地分担了一大部分覆岩对煤柱的竖向应力 F，降低了对煤柱的压力，避免煤柱应力过高发生失稳。其作用机制可概括为：在上覆岩层下沉的过程中，充填体强度逐渐提高，充填体与煤柱共同支撑顶板，维护上覆岩层的稳定。

充填体支护机制如图 4.8 所示。

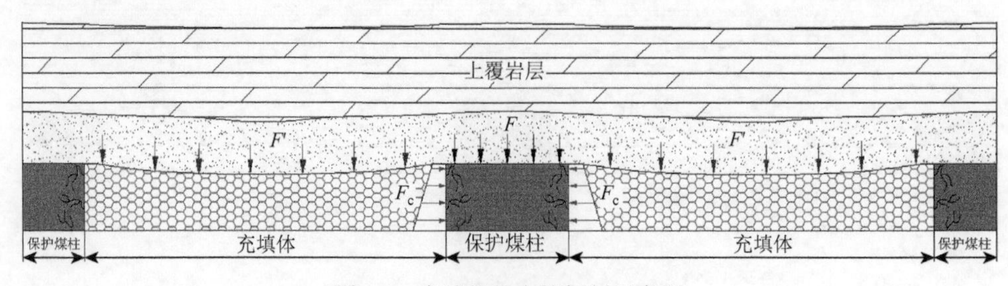

图 4.8 充填体的支护机制示意图

2. 充填体＋煤柱的协同承载机制

当对煤柱两侧采空区进行充填后，充填体的初始强度较低无法有效起到支撑作用，导致上覆岩层出现小范围下沉。煤柱受到上覆岩层竖向压力，随着煤柱发生弹塑性变形，煤柱两侧逐步受到充填体的挤压作用，且由于充填工艺限制，充填率难以达到 100%，顶板出现下沉并产生裂隙，此过程表示为以下四个阶段。

第一阶段（t_1）：顶板开始下沉但未接顶，充填体不对煤柱起侧向约束作用，煤柱两侧发生塑性破坏，如图 4.9 所示。

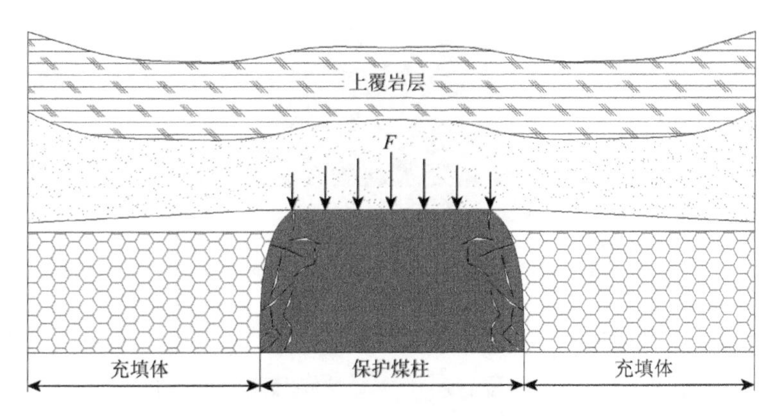

图 4.9　第一阶段（t_1）：充填体未起支护作用

第二阶段（t_2）：顶板继续下沉但没有完全接顶，煤柱仍然受到覆岩竖向压力 F，此时充填体已对煤柱产生了侧向支撑力 F_c，对煤柱产生侧向约束作用。煤柱破坏减缓，煤柱强度不再降低，上覆岩层下沉速度较第一阶段的下沉速度减小，两向受力状态逐渐恢复为三向受力状态，如图 4.10 所示。

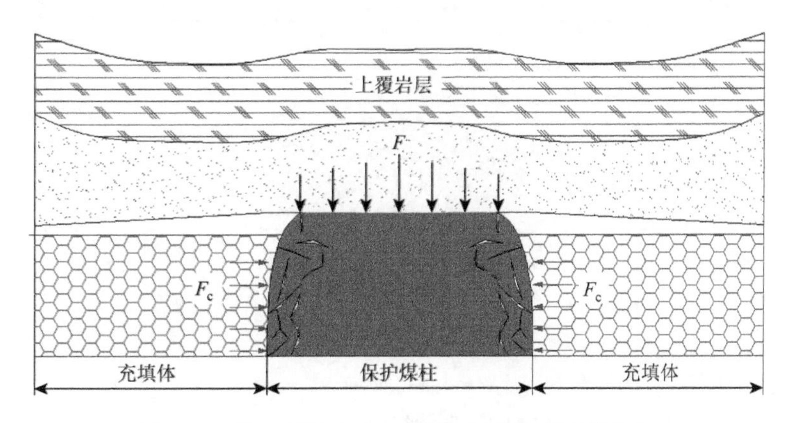

图 4.10　第二阶段（t_2）：充填体对煤柱起支护作用

第三阶段（t_3）：顶板继续下沉并与部分充填体接顶，同时充填体强度增高，充填体已经产生了较大的竖向支撑力，并继续对煤柱两侧产生侧向支撑力 F_c。顶板岩层的下沉速度大大减缓，煤柱所受应力减少，煤柱得到进一步保护，煤柱仍然承担主要的上覆岩层压力 F，如图 4.11 所示。

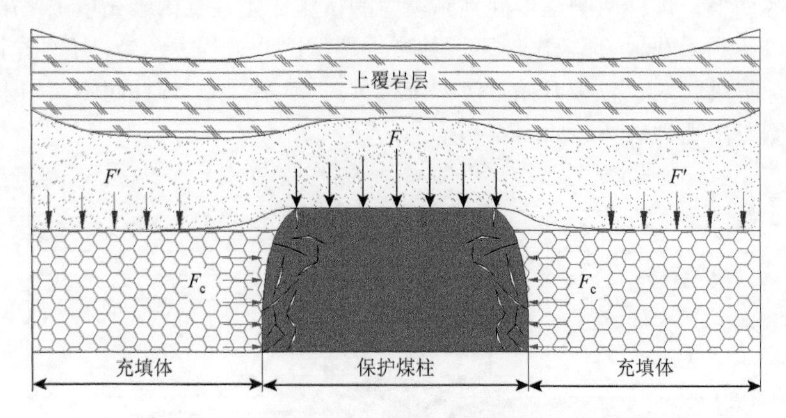

图 4.11　第三阶段（t_3）：充填体对顶板起支撑作用

第四阶段（t_4）：当顶板岩层下沉到一定程度后，充填体与顶板完全接触，充填体也达到其最大强度，对上覆岩层产生较大的支撑作用力，充填体承担起主要的上覆岩层压力 F'，同时对煤柱产生侧向支撑力 F_c，这时煤柱与充填体共同支撑顶板岩层，维护着上覆岩层的稳定。此时煤柱、充填体、顶板岩层达到稳定状态，如图 4.12 所示。

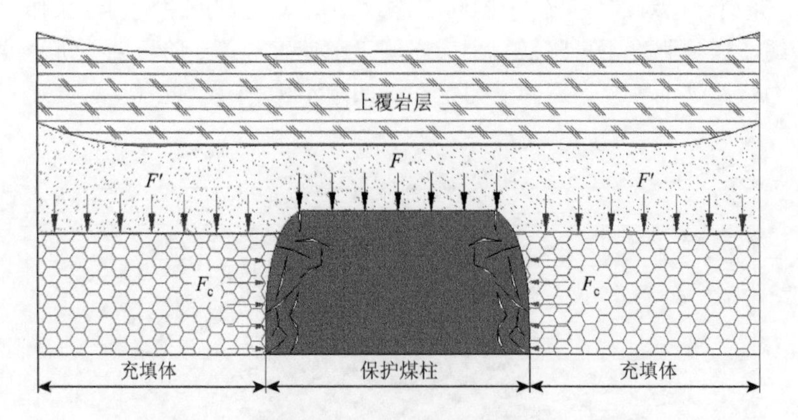

图 4.12　第四阶段（t_4）：充填体与煤柱共同支撑

因此，上覆岩层应力在充填体未与顶板完全接触之前主要作用在煤柱上，充填体主要对煤柱起侧向约束作用，抑制其屈服扩散及变形破坏；当充填体完全接顶后，充填体主要承载上覆岩层应力，与煤柱形成协同承载系统共同保证覆岩稳定性。

4.3.3　充填体 + 煤柱协同承载数值模拟

1. PFC 颗粒流计算原理

颗粒流程序（particle flow code，PFC）是基于通用离散元模型（DEM）框架的细观分析软件，主要用于模拟有限尺寸颗粒的运动与相互作用，能够各种转动连接。颗粒间相互作用是通过各个球体内部的惯性力、力矩以接触力的形式产生，在数值计算过程中，颗粒之间的作用力遵循牛顿第二定律与第一定律，如图 4.13 所示。

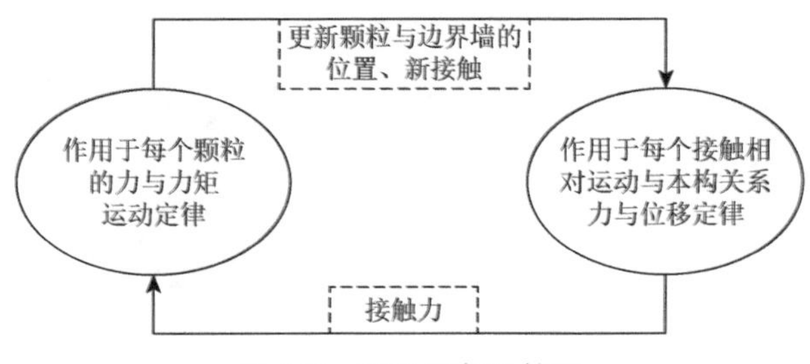

图 4.13　PFC 迭代计算图

PFC 中颗粒有 3 种接触模型。根据岩土材料离散且胶结的特性，黏结模型较适合作为岩土材料的本构模型，其黏结模型分为接触黏结模型和平行黏结模型，如图 4.14 所示。

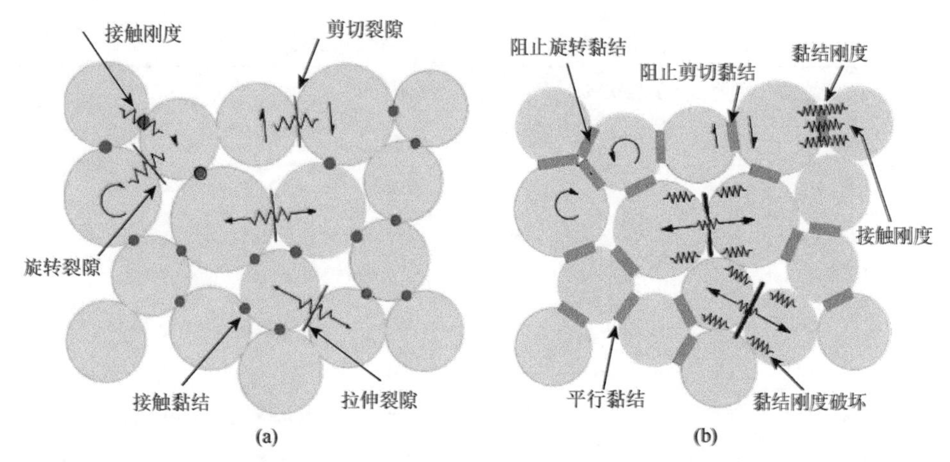

图 4.14　颗粒流黏结模型示意图（Cho et al.，2007）

（a）接触黏结模型；（b）平行黏结模型

接触黏结模型只要颗粒保持接触，颗粒间的接触刚度就有效；平行黏结模型中有接触刚度和黏结刚度，当颗粒间所受拉力大于所设的黏结刚度，则黏结断裂，整体刚度降低，变为线性黏结本构模型。相对而言，前者不符合岩石破裂特性，后者则能够更加逼真地模拟岩土材料，因此选用平行黏结模型，如图 4.15 所示。

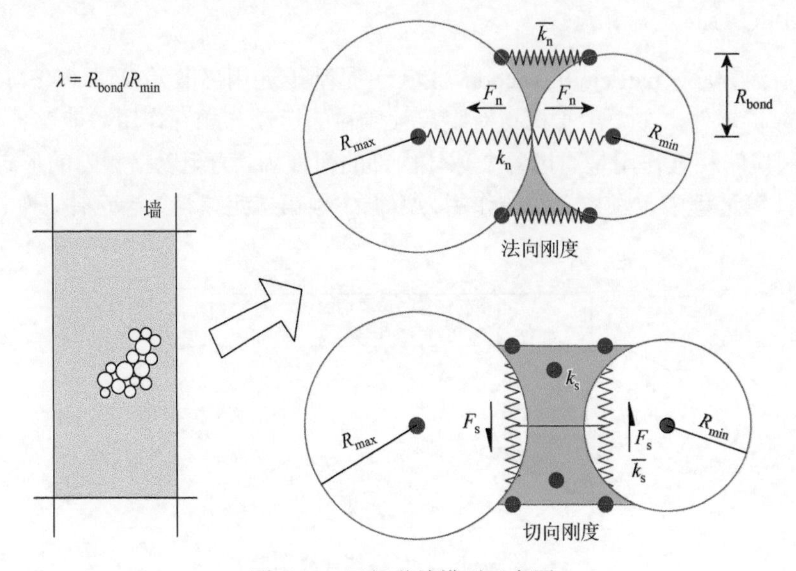

图 4.15　平行黏结模型示意图

为得到 PFC 中煤岩细观参数，优化了煤岩细观参数标定过程，与实验室煤岩物理力学测试参数比对获得校准后的参数，见表 4.1。

表 4.1　校准后岩层与充填体细观参数

岩性	摩擦因数	颗粒接触弹模/GPa	颗粒法向刚度/切向刚度	平行黏结弹模/GPa	平行黏结法向刚度/切向刚度	平行黏结法向强度/MPa	平行黏结切向强度/MPa	平行黏结半径系数
煤体	0.58	1.0	2.38	1.80	2.38	3.20	4.00	0.58
泥岩	0.49	3.0	2.62	2.70	2.62	10.00	8.50	0.49
粉砂岩	0.40	8.3	2.20	10.60	2.20	8.50	6.70	0.40
细砂岩	0.78	10.0	2.50	13.00	2.50	20.00	15.00	0.78
水灰比 94%	0.54	0.9	2.10	0.86	2.10	0.90	0.88	0.54
水灰比 95%	0.52	0.7	2.40	0.71	2.40	0.48	0.42	0.52
水灰比 96%	0.52	0.5	2.70	0.53	2.70	0.18	0.17	0.52
水灰比 97%	0.46	0.4	2.90	0.39	2.90	0.14	0.12	0.46

2. 建立数值模型

建立 PFC 数值模型，模型长 360m、宽 36m，分别设置 CG1301、CG1302 两个工作面，工作面长度为 110m，两侧留设隔离煤柱 40m，如图 4.16 所示。

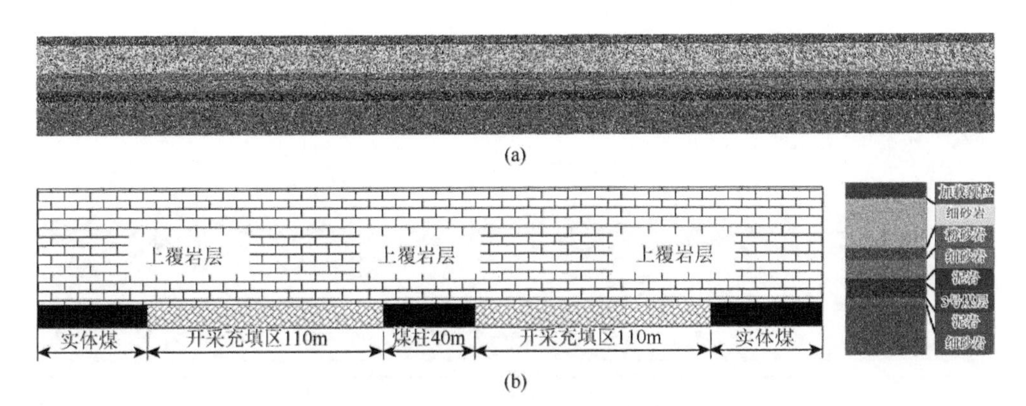

图 4.16　充填体 + 煤柱协同承载数值模型

（a）二维 PFC 数值模型图；（b）充填体 + 煤柱协同承载图

充填体 + 煤柱协同承载数值模拟流程如图 4.17 所示。

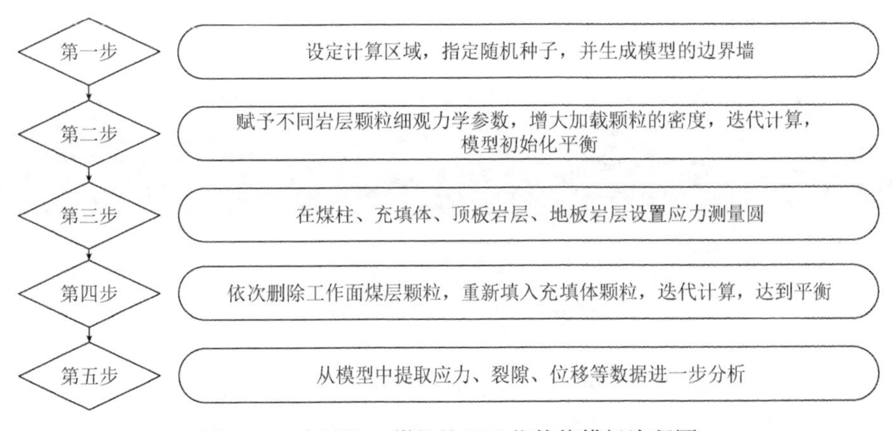

图 4.17　充填体 + 煤柱协同承载数值模拟流程图

3. 数值模拟方案

（1）探究在水体积比固定情况下，不同充填率对充填体 + 煤柱协同承载的影响。采用 95%水体积比的超高水充填料充填采空区，分别模拟采用垮落法开采与充填开采情况下应力分布规律、塑性区发育特征，采用充填开采时充填率分别设置为 70%、80%、90%、95%。

（2）探究充填率确定的情况下，使用不同水体积比充填体时充填体 + 煤柱协同承载效果，选择水体积比分别为 94%、95%、96%、97%，模型与方案一保持一致，分别从应力分布及裂纹扩展角度确定合理水体积比。

4. 数值模拟实验结果分析

PFC 模拟中的力的传递方式是力链，力链是颗粒之间通过力产生相互作用形成力链结构，力链大小与力的大小成正比，用力链分析充填体 + 煤柱协同承载时应力场分布，如图 4.18 所示。

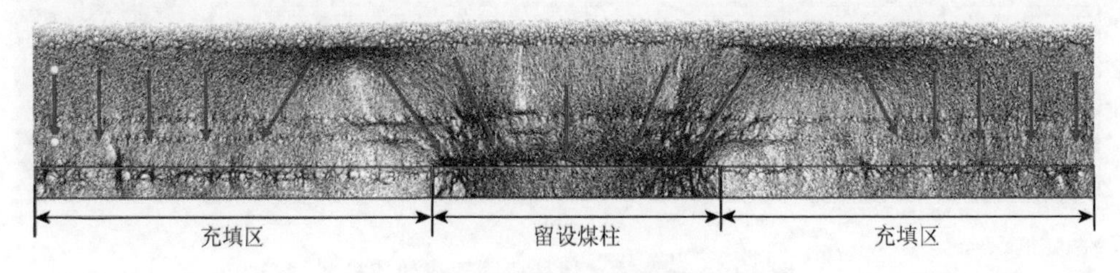

图 4.18 PFC 力链示意图

通过布置测量圆进行应力监测。分别在煤柱、充填体中每隔 2m 布置一个半径为 1m 应力测量圆，用于定量分析在不同充填率、充填强度下的充填体-煤柱协同承载结构稳定性，如图 4.19 所示。

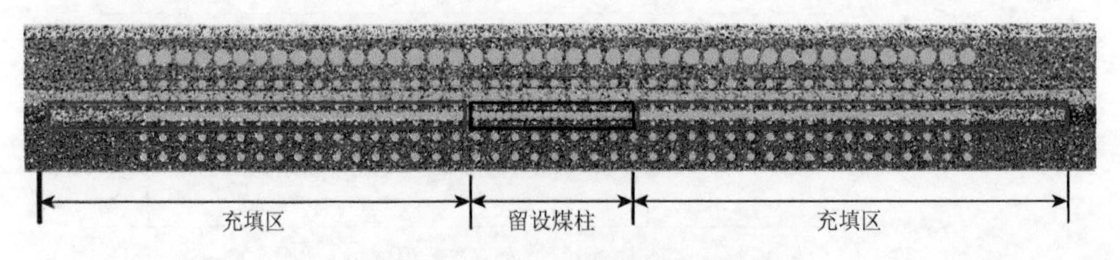

图 4.19 应力监测量圆布置图

1）不同充填率下充填体 + 煤柱力链结构应力分布特征

工作面不同充填率下充填体 + 煤柱力链结构如图 4.20 所示。

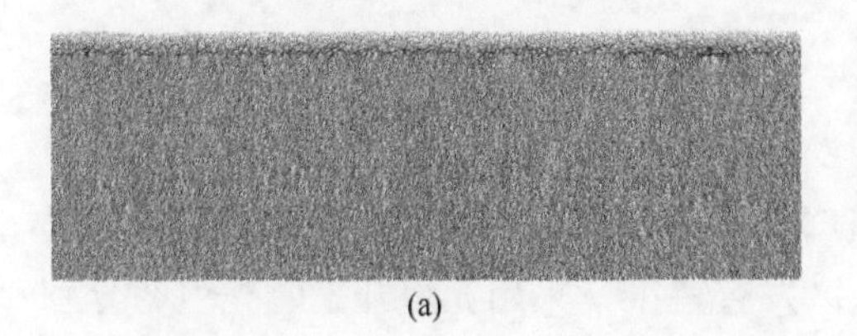

(a)

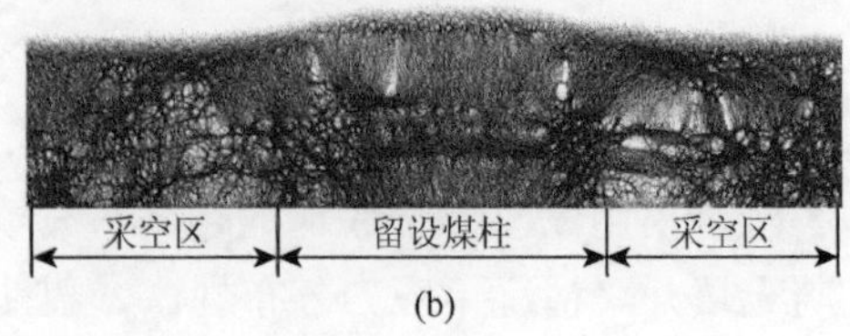

(b)

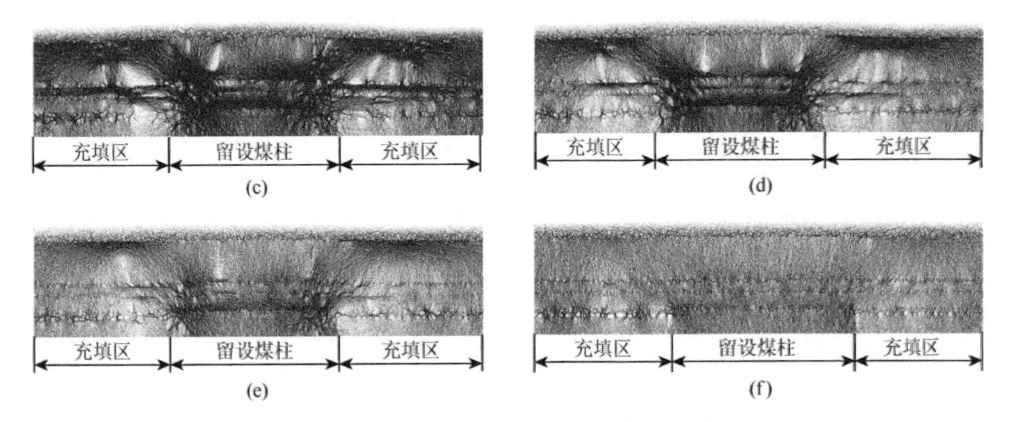

图 4.20　不同充填率下充填体 + 煤柱力链结构

（a）未开采时原岩应力；（b）垮落法开采；（c）充填率为 70%；（d）充填率为 80%；（e）充填率为 90%；（f）充填率为 95%

充填体 + 煤柱竖向的应力变化如图 4.21 所示。

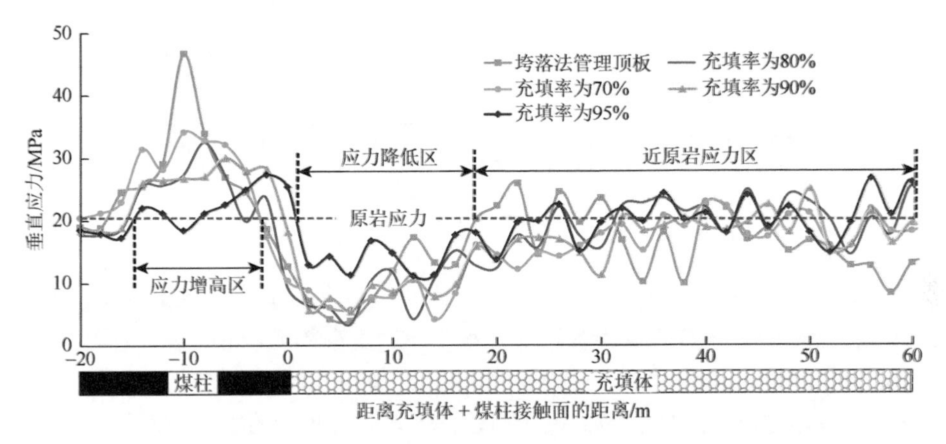

图 4.21　垂直方向上充填体 + 煤柱内部应力分布

当垮落法管理顶板时，煤柱上方应力集中程度最大，集中系数为 2.3，应力峰值为 48.5MPa，煤柱由外向内 9m 范围内，垂直应力低于原岩应力，最低达到 4.5MPa；采空区中部应力接近原岩应力，为 18.7MPa。

当充填率为 70%时，煤柱应力峰值为 34.5MPa，煤柱靠近充填体一侧由外向内 14m 垂直应力平均为 6.4MPa，低于原岩应力，此范围内顶板发生破断。

当充填率为 80%时，煤柱应力峰值为 32.5MPa，应力值小幅度降低，煤柱在靠近采空区一侧由外向内 7.5m、靠近充填体一侧由外向内 22m 范围内平均垂直应力为 7.8MPa，低于原岩应力。

当充填率为 90%时，煤柱应力峰值降低到 30MPa，煤柱在边缘由外向内 5.8m 处，应力集中系数为 1.46，煤柱边缘至充填区域 24m 范围内，平均应力为 10MPa，属于应力降低区，之后应力逐渐升高，接近原岩应力。

当充填率为 95%时，煤柱应力峰值降低到 27.5MPa，在距煤柱边缘 3m 处、充填体边缘由外向内 18m 范围内，平均应力为 12MPa，此范围内顶板不发生破断，充填体接顶早，应力集中程度较小。

综上分析，随着充填率的增加，煤柱应力峰值降低，应力集中系数减小，峰值位置越靠近煤柱两侧，煤柱内弹性核区范围增大。相邻充填体，应力降低区域范围先增大后减小，应力逐渐增大并趋于原岩应力区，上覆岩层的下沉量减少，由煤柱主要起支撑作用转向充填体，煤柱应力减小，充填体应力增加。

煤柱与充填体接触处水平应力分布如图 4.22 所示。

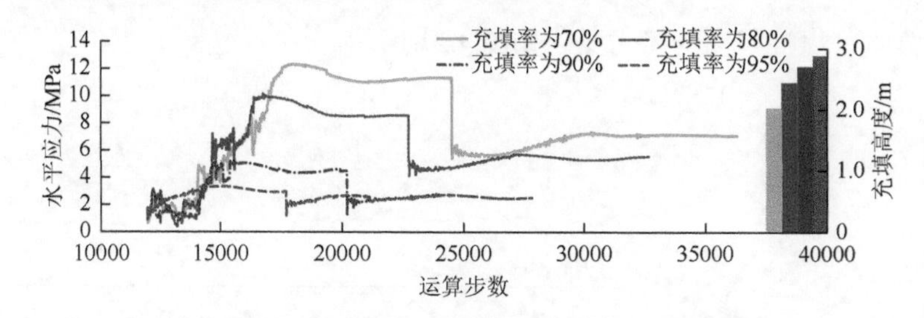

图 4.22 煤柱与充填体接触处水平应力分布图

当充填率为 70%、80%、90%、95%时，水平应力峰值分别为 12.0MPa、9.8MPa、5.4MPa、3.6MPa，随着运算步数增加，水平应力逐渐趋于稳定。水平平均应力大小分别为 7.2MPa、5.9MPa、2.9MPa、2.9MPa。随充填率的增高，水平应力整体降低，充填体对煤柱产生侧向约束作用，提升煤柱强度，提高煤柱稳定性。

2）不同充填率下充填体 + 煤柱变形及破坏特征

颗粒流模拟监测岩层破裂变形的方式与其他数值模拟不同，一般数值模拟采用强度准则判定其弹塑性范围，进而判定岩层的完整性及稳定性，颗粒流模拟通过黏结接触破坏后，在宏观上表现为颗粒间产生裂纹，分别判定裂纹及扩展数量，进而判定弹塑性范围。在模型中截取充填体 + 煤柱承载结构，其中充填体宽度为 55m，煤柱宽度为 20m，如图 4.23 所示。

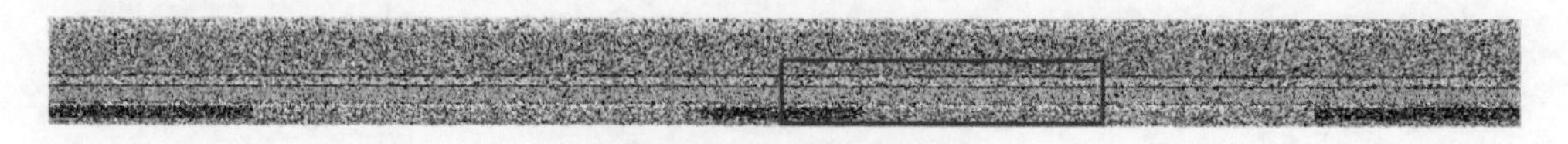

图 4.23 裂纹分布观察范围

不同充填率下充填体 + 煤柱承载结构裂纹分布结果如图 4.24 所示。

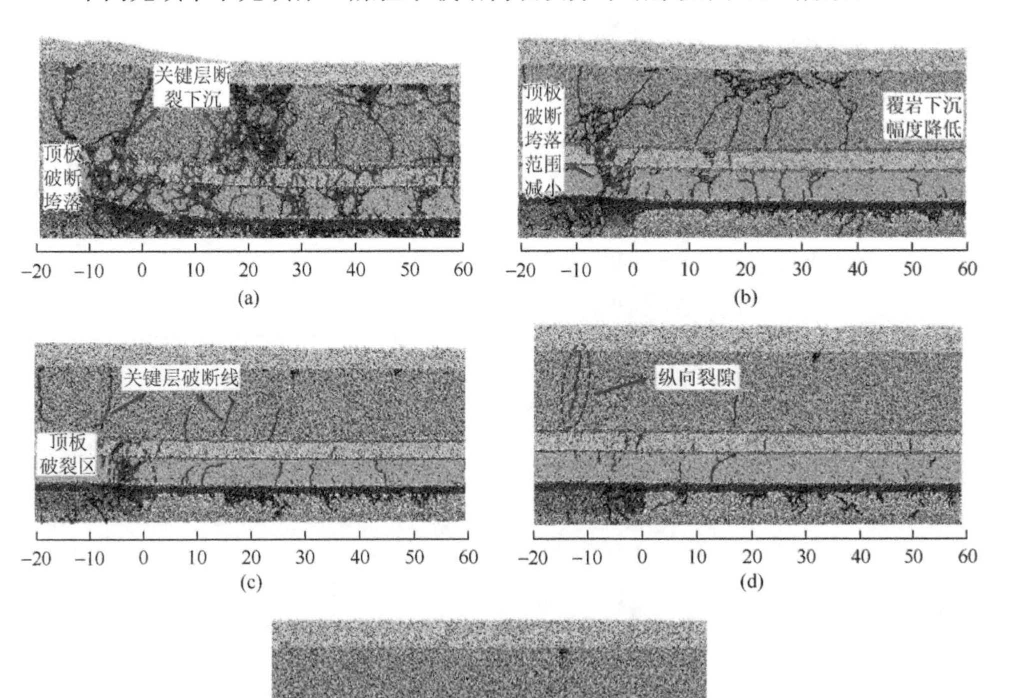

图 4.24　不同充填率下充填体 + 煤柱承载结构裂纹分布图

（a）垮落法管理顶板；（b）充填率为 70%；（c）充填率为 80%；（d）充填率为 90%；（e）充填率为 95%

当垮落法管理顶板时，直接顶完全破碎，关键层发生破断，煤柱两侧破裂范围较大，上覆岩层下沉位移量大；当充填率为 70%时，煤柱边缘上部未充填部分发生破裂，下部充填部分出现塑性区，直接顶发生大量块状破断，关键层发生破断，上覆岩层下沉幅度减小；当充填率为 80%时，煤柱边缘上部未充填部分破裂范围减小，下部充填部分出现塑性区，直接顶发生块状破断位置减少，关键层发生破裂；当充填率为 90%时，煤柱边缘出现塑性区，无破裂现象，直接顶产生破裂，关键层出现少量裂隙，无破断现象产生；当充填率为 95%时，煤柱边缘出现塑性区，此时直接顶出现少量破裂，关键层较为完整。

统计得到不同开采方法情况下充填体 + 煤柱的裂纹数量，定量研究充填体 + 煤柱承载结构的稳定性，统计结果如图 4.25 所示。

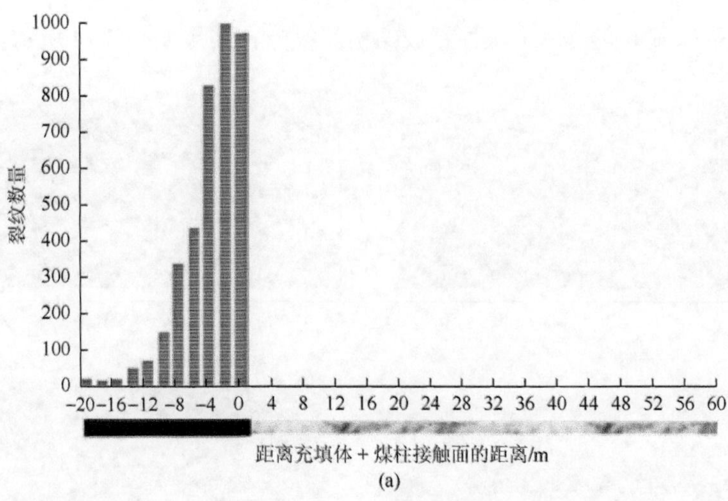
裂纹数量
0
100
200
300
400
500
600
700
800
900
1000
−20 −16 −12 −8 −4 0 4 8 12 16 20 24 28 32 36 40 44 48 52 56 60
距离充填体＋煤柱接触面的距离/m

(a)

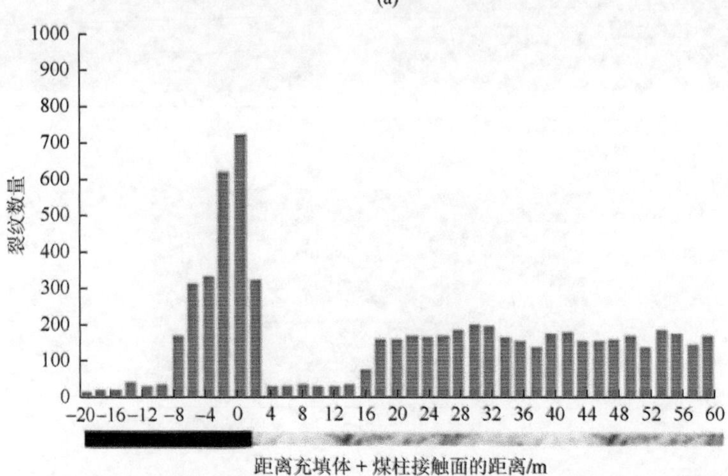
裂纹数量
0
100
200
300
400
500
600
700
800
900
1000
−20 −16 −12 −8 −4 0 4 8 12 16 20 24 28 32 36 40 44 48 52 56 60
距离充填体＋煤柱接触面的距离/m

(b)

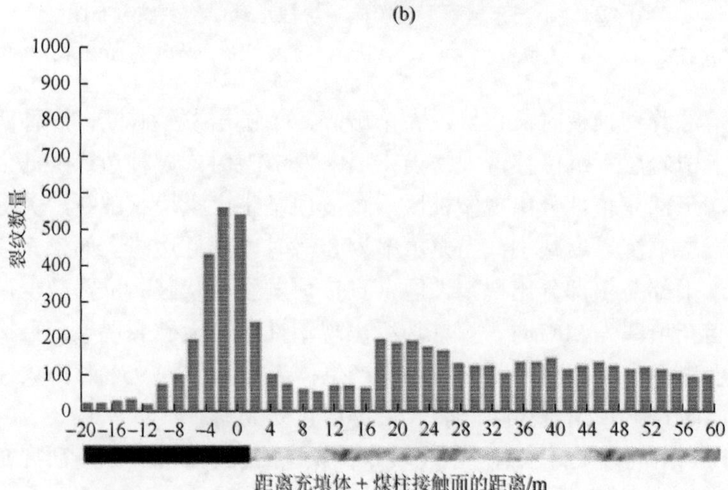
裂纹数量
0
100
200
300
400
500
600
700
800
900
1000
−20 −16 −12 −8 −4 0 4 8 12 16 20 24 28 32 36 40 44 48 52 56 60
距离充填体＋煤柱接触面的距离/m

(c)

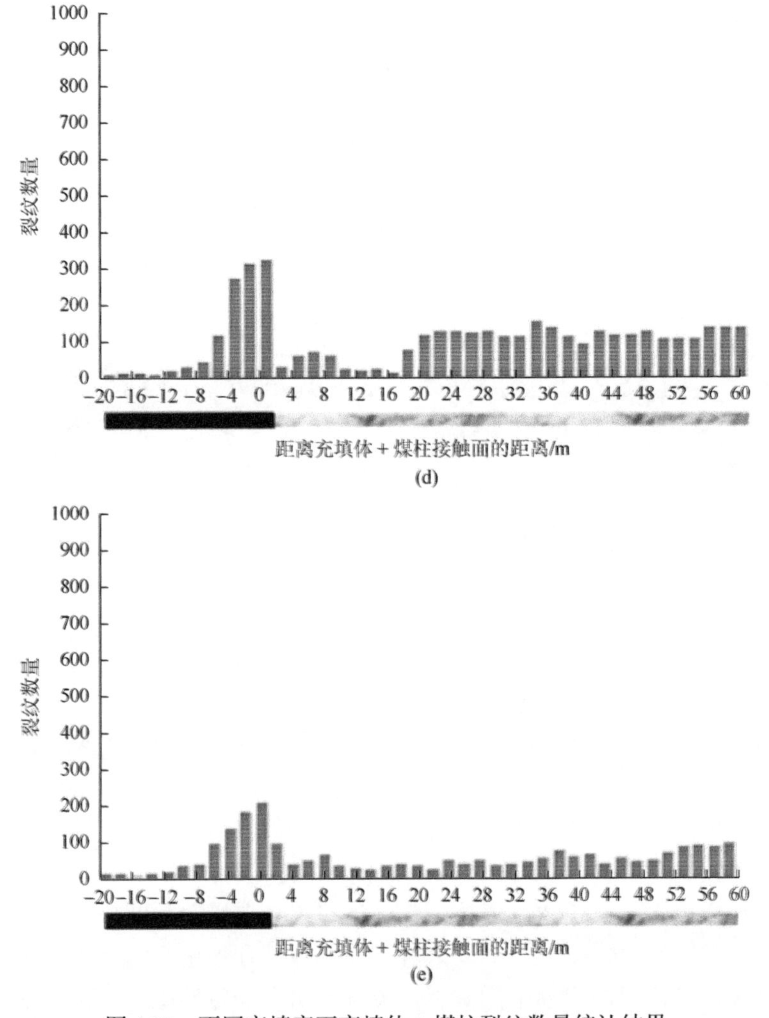

图4.25　不同充填率下充填体+煤柱裂纹数量统计结果

（a）垮落法管理顶板；（b）充填率为70%；（c）充填率为80%；（d）充填率为80%；（e）充填率为95%

当充填率低于90%时，煤柱与充填体交界处裂隙较多，此处煤柱内颗粒间的接触完全破坏；当充填率超过90%时，裂隙数量明显减少，煤柱与充填体的交界处仅产生塑性区。

综合应力分布和裂纹统计可知，当充填率超过90%时，充填体对煤柱两侧的水平应力为2.9MPa，煤柱应力集中系数为1.46，集中程度较低，煤柱内只有塑性区，没有发生破碎。可知，当水体积比一定时，充填率为90%及以上采空区，煤柱稳定性能够得到有效保护，覆岩运移得到有效控制，地表下沉量较少。

3）不同水体积比下的充填体＋煤柱承载应力分布特征

不同水体积比下充填体＋煤柱力链结构如图 4.26 所示。

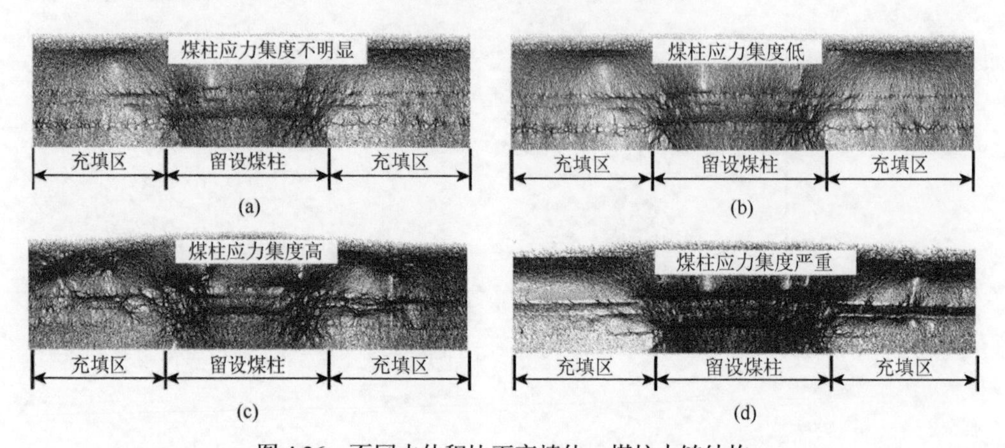

图 4.26 不同水体积比下充填体＋煤柱力链结构

（a）水体积比为 94%；（b）水体积比为 95%；（c）水体积比为 96%；（d）水体积比为 97%

由图 4.26 可知，随着超高水材料水体积比的增加，充填体强度会逐渐减弱，对覆岩承载能力下降，载荷逐渐向煤柱聚集。当水体积比低于 95%时，随着水体积比增加，煤柱分担上覆岩层压力增加较少；但水体积比超过 95%后，随着水体积比增加，煤柱载荷增加，充填体承载作用减弱。由力链分布情况可得，超高水充填料水体积比为 95%及以下时，煤柱能够较好地保持自身稳定性并支撑覆岩。

4）不同水体积比下充填体＋煤柱变形破坏特征

不同水体积比下充填体＋煤柱承载结构裂纹分布情况如图 4.27 所示。

当水体积比为 94%、95%时，煤柱、充填体及顶板破坏范围小，煤柱边缘仅出现塑性区，直接顶产生小范围破裂，关键层出现少量裂隙，无破断现象产生；当水体积比大于 96%时，基本顶发生大面积破断，关键层发生破断；当水体积比为 97%时，基本顶、关键层都发生破断。

统计得到不同水体积比充填体＋煤柱的裂纹数量，定量研究充填体＋煤柱承载结构的稳定性，统计结果如图 4.28 所示。

由统计结果可知，不同水体积比煤柱边缘至煤柱内部不同位置裂纹数量差距较小，均对煤柱起到了侧向约束作用；充填体受到上覆岩层压力，内部游离水溢出，体积减小，充填体内部裂隙增加不明显。

综上可知，当超高水充填料水体积比为 95%及以下时，煤柱边缘出现塑性区，无破裂现象，基本顶仅产生小范围的破裂，煤柱上方关键层边缘出现裂隙，无破断现象产生，满足覆岩控制要求；当水体积比超过 95%时，充填体仍能对煤柱起到较好的保护作用，但上覆岩层破断严重、运移剧烈，将造成较明显的地表下沉。

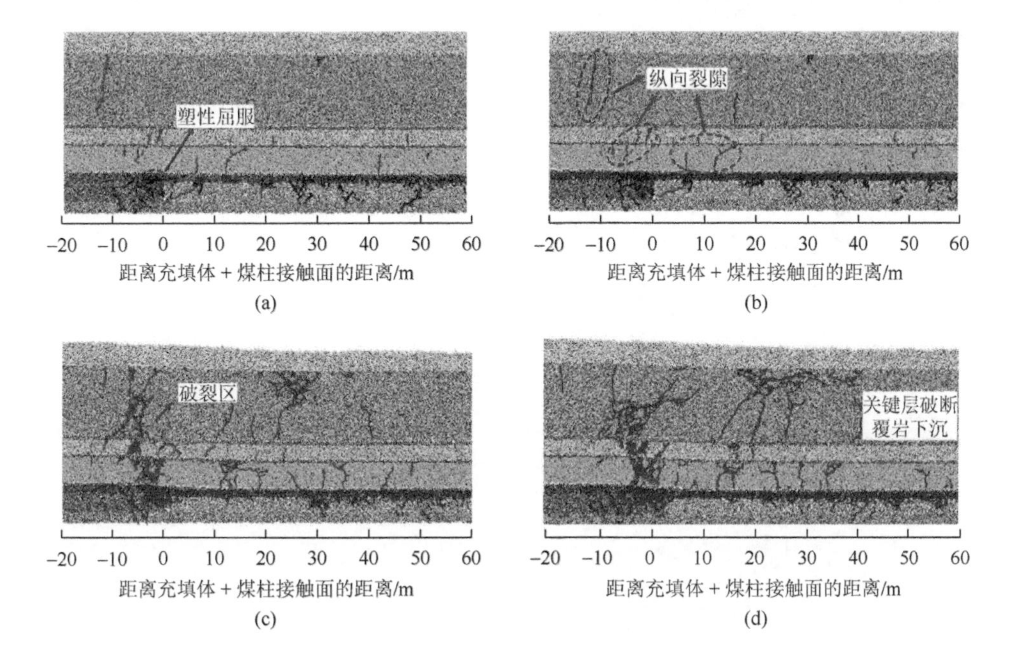

图 4.27　不同水体积比的充填体 + 煤柱承载结构裂纹分布

（a）水体积比为 94%；（b）水体积比为 95%；（c）水体积比为 96%；（d）水体积比为 97%

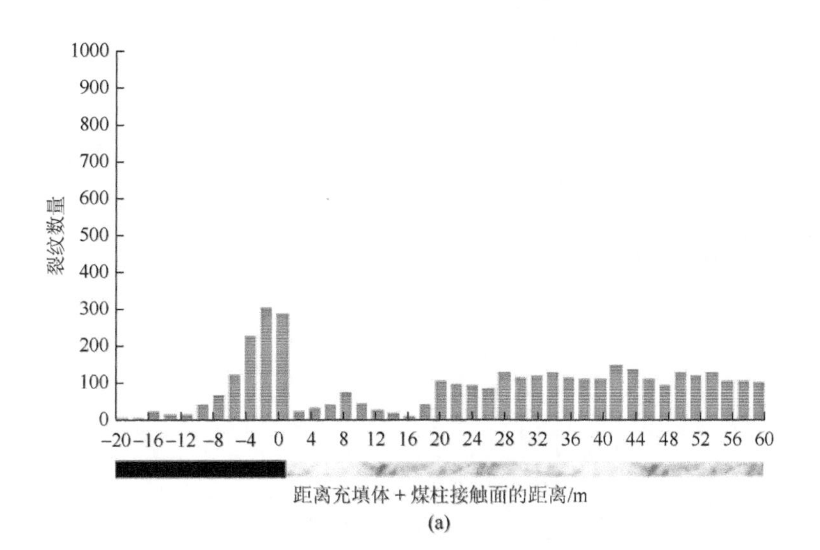

(a)

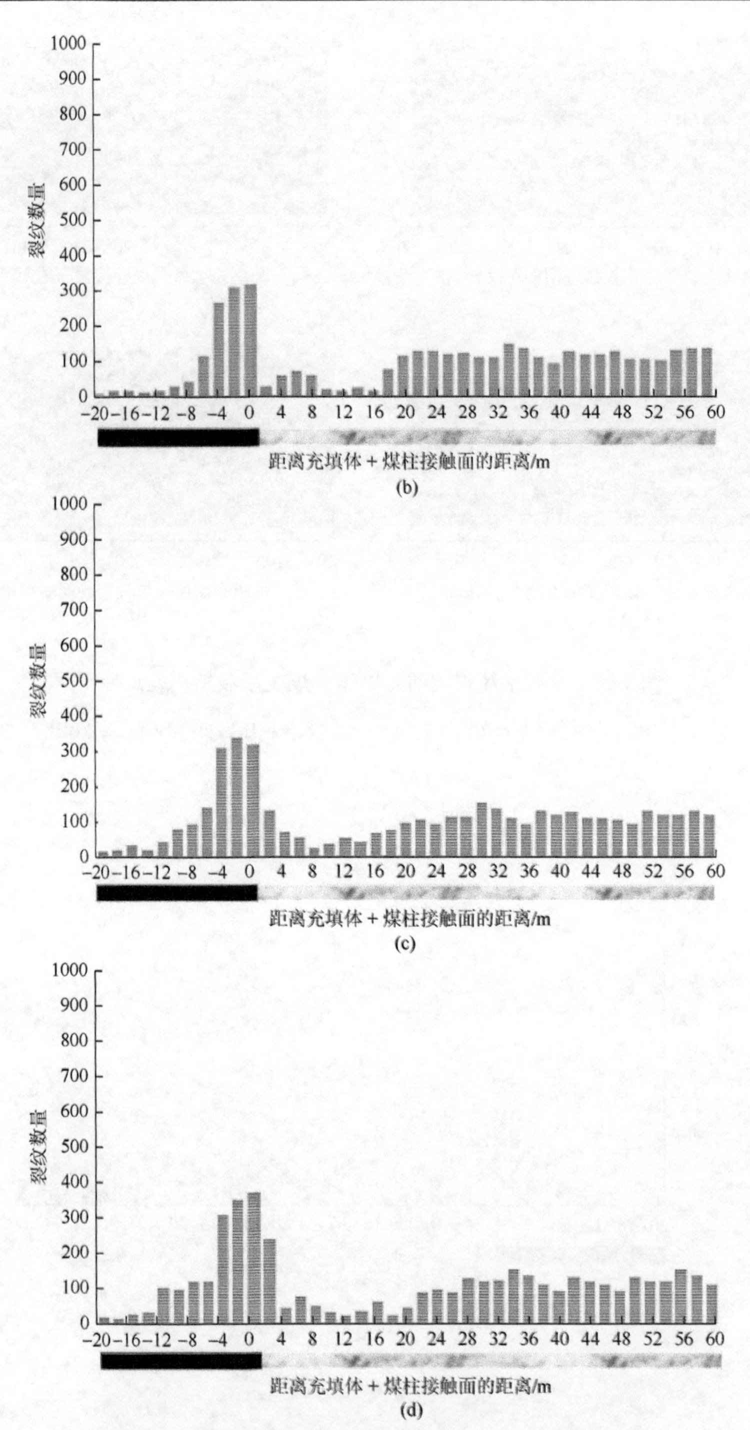

图 4.28　不同水体积比充填体+煤柱裂纹数量统计结果

（a）水体积比为 94%；（b）水体积比为 95%；（c）水体积比为 96%；（d）水体积比为 97%

4.3.4　充填条件下煤柱合理宽度留设

1. 建立数值模型

以莫尔-库仑作为破坏的准则，模型沿 x 方向为 240m，y 方向为 360m，工作面宽度为 110m，工作面推进长度为 240m，分别模拟煤柱留设宽度不同时煤柱应力分布与塑性区范围情况，如图 4.29 所示，力学参数见表 4.2。模型四周及底部固定，上部施加等效载荷 20.5MPa。

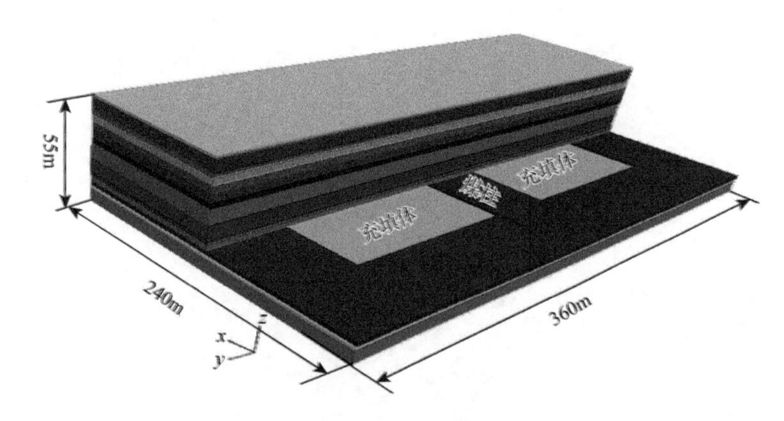

图 4.29　数值计算模型

表 4.2　煤及围岩力学参数

岩性	容重/(kg/m³)	抗压强度/MPa	抗拉强度/MPa	弹性模量/GPa	泊松比	黏聚力/MPa	内摩擦角/(°)
3 号煤	1540	7.81	0.63	2.55	0.19	3.2	30
泥岩	2330	17.16	0.82	10.13	0.31	1.3	26
粉砂岩	2638	43.67	0.94	14.72	0.21	8.2	40
细砂岩	2640	39.07	1.14	21.70	0.25	10.5	38

2. 不同宽度煤柱应力分布分析

当两工作面回采与充填后，煤柱及围岩应力重新分布，不同宽度煤柱应力分布如图 4.30 所示。

当煤柱宽度由 10m 增加到 40m 时，煤柱应力峰值分别为 55MPa、50MPa、45MPa、45MPa、42MPa、42MPa、40MPa。当煤柱宽度超过 30m 时，煤柱内应力呈马鞍形分布，主要集中在煤柱内部距煤柱与充填体交界面 4m 处。

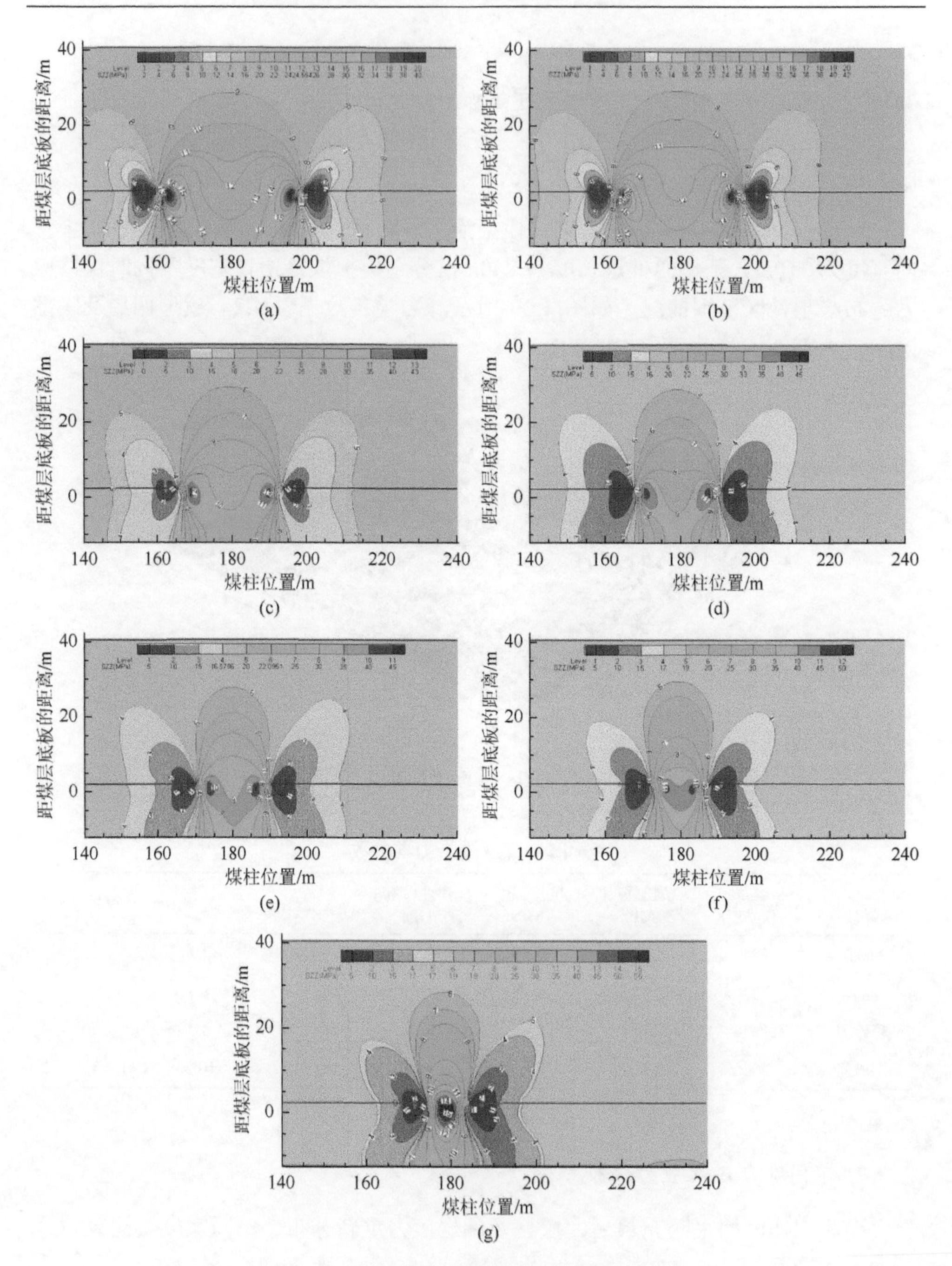

图 4.30　充填条件下不同宽度煤柱应力分布

（a）40m；（b）35m；（c）30m；（d）25m；（e）20m；（f）15m；（g）10m

3. 不同宽度煤柱塑性区范围分析

不同宽度煤柱塑性区分布如图 4.31 所示。

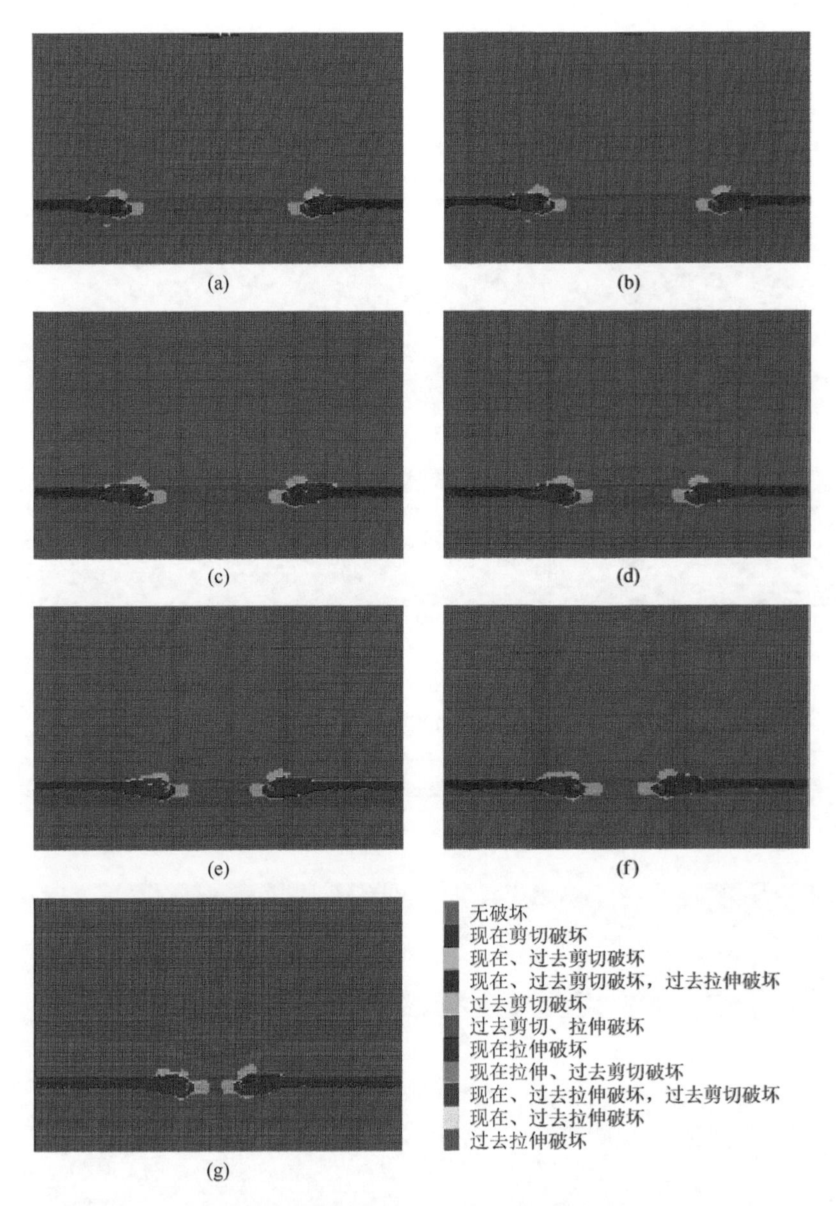

图 4.31　充填条件下不同宽度煤柱塑性区分布

(a) 40m；(b) 35m；(c) 30m；(d) 25m；(e) 20m；(f) 15m；(g) 10m

当煤柱宽度为 10m 时，煤柱内塑性区贯通，对覆岩起主要支承作用为充填体；当煤柱宽度为 15～40m 时，煤柱内塑性区范围为 3.5m，主要发生拉剪破坏；当煤柱宽度为 15m、20m 时，充填体与覆岩接触处破坏范围较大，主要发生剪切破坏；当煤柱宽度由 25m 增大至 40m 时，充填体破坏范围基本不再增加。

4. 不同宽度煤柱顶板下沉分析

当上下区段工作面回采充填结束后，不同宽度煤柱作用下顶板下沉情况如图 4.32 所示，充填条件下不同宽度煤柱时基本顶下沉曲线如图 4.33 所示。

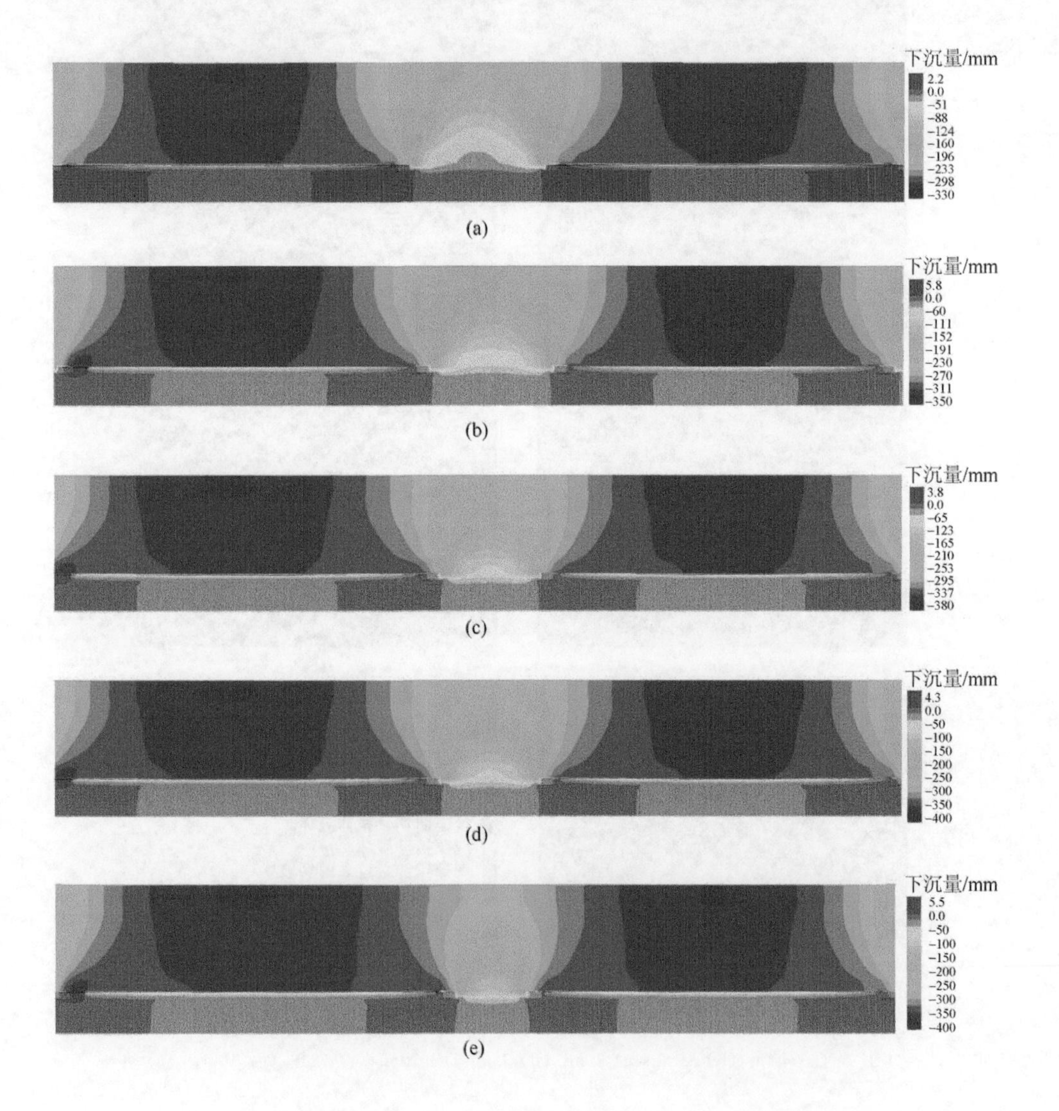

(a)

(b)

(c)

(d)

(e)

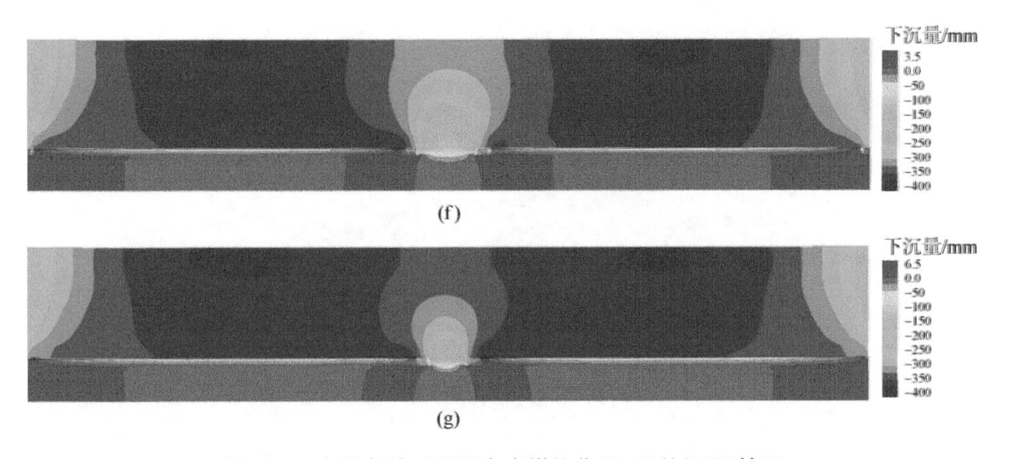

图 4.32　充填条件下不同宽度煤柱作用下顶板下沉情况

（a）40m；（b）35m；（c）30m；（d）25m；（e）20m；（f）15m；（g）10m

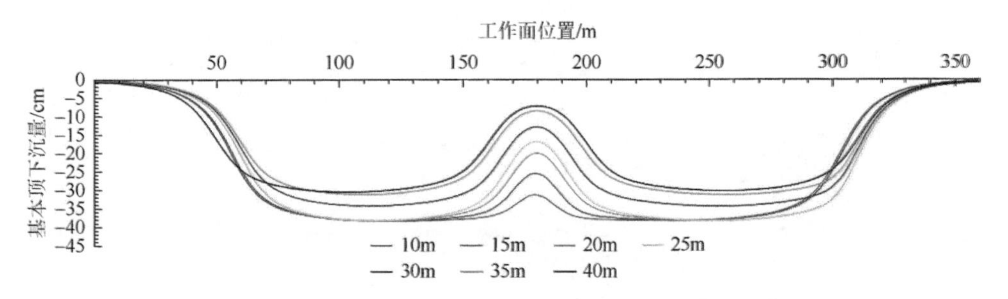

图 4.33　充填条件下不同宽度煤柱时基本顶下沉曲线

随着煤柱宽度的增加，顶板最大下沉量不断减小；当煤柱宽度为 30m 及以上时，顶板下沉量波动范围较小，为 33～36cm；当煤柱宽度低于 30m 时，最大下沉量约为 40cm。

从提高资源采出率、保证地表生态环境、保持充填体-煤柱稳定性等方面综合考虑，区段煤柱的合理宽度应设计为 30m。

4.4　充填工作面区段煤柱钻孔应力演化规律

为得到 CG1302 工作面推进过程中煤柱应力变化特征，轨道顺槽煤柱侧帮安装钻孔应力计。钻孔应力计外径为 35.5mm，应力感应器长 150mm，监测最大深度为 20m，可安装在直径为 36～38mm 的钻孔中，其构造如图 4.34 所示。

本次监测共安设 2 组应力计，分别设置在 CG1302 工作面轨道顺槽距切眼 80m（第一组）处和 200m（第二组）处，在巷道煤柱侧帮施工钻孔。第 1 组钻孔深度

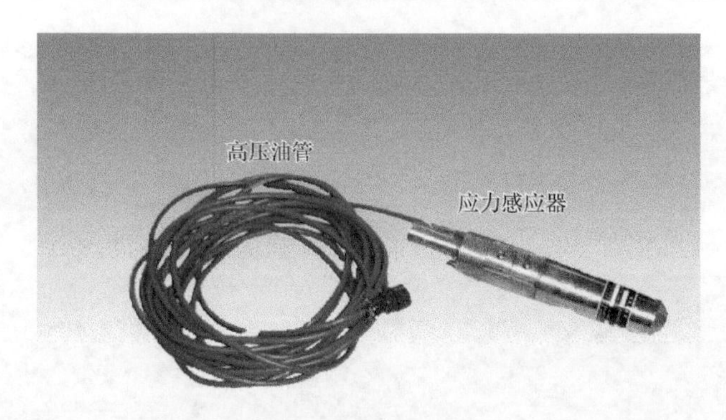

图 4.34　钻孔应力计

分别为 3m、6m、9m、12m、15m 和 18m。第 2 组钻孔深度分别为 2m、4m、6m、8m、10m、12m 和 18m，每个钻孔水平间距为 5m。应力计安装位置如图 4.35 所示。

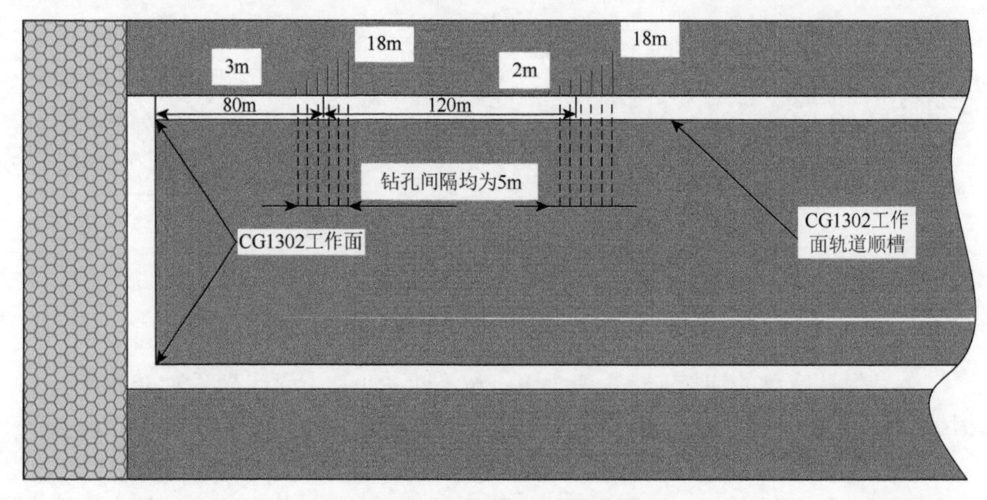

图 4.35　应力计安装位置图

在 CG1302 工作面推进到第一个测站的过程中，此测站一共有 6 个探头，其中 4 个探头正常工作。工作面推进到第二个测站，有 3 个探头采集了工作面推进。现主要根据 6m 浅测点和 18m 深测点的监测结果进行分析，监测时间为 60d，其应力变化曲线如图 4.36 和图 4.37 所示。

监测结果显示，在工作面推进过程中，80m 处煤体应力逐渐升高，当工作面分别推进到 48m 和 52.5m 时，浅测点与深测点煤体应力先后达到应力峰值。200m 处煤体应力在监测时间内由于没有进入超前支承应力区，应力变化幅度较小。由于向煤壁打钻孔时造成煤体破裂松动，应力计与煤体接触不充分，监测应力值稍偏小。

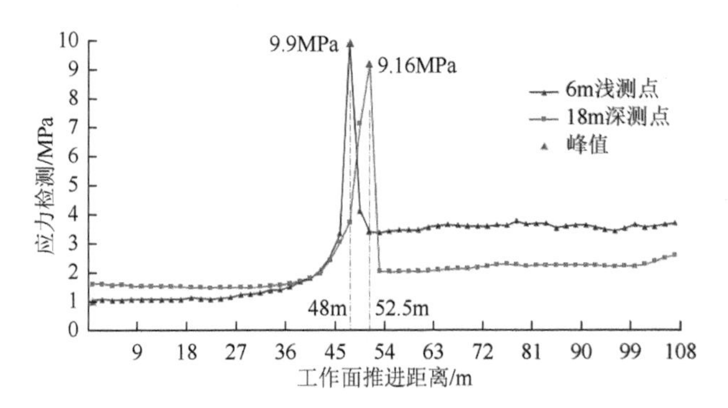

图 4.36　80m 处应力变化曲线

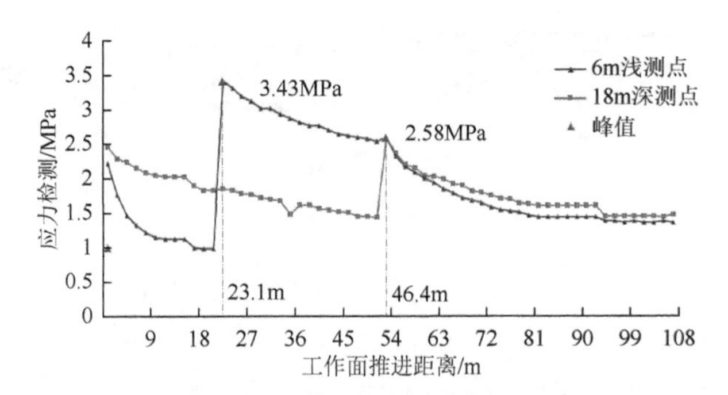

图 4.37　200m 处应力变化曲线

为进一步研究煤柱内应力变化情况，根据 80m 处煤体应力变化，可得煤柱侧向支承压力应力分布，如图 4.38 所示。

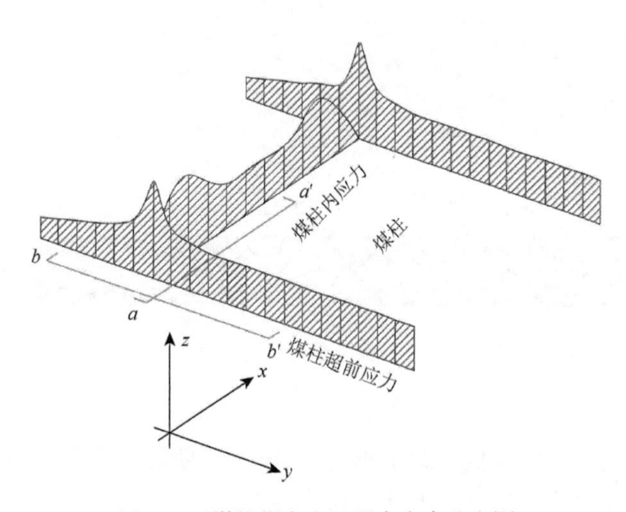

图 4.38　煤柱侧向支承压力应力分布图

图 4.38 中 X 轴剖面（a-a'剖面）平行于工作面布置，工作面推进 48m 时，a-a'剖面煤柱内应力分布如图 4.39 所示。

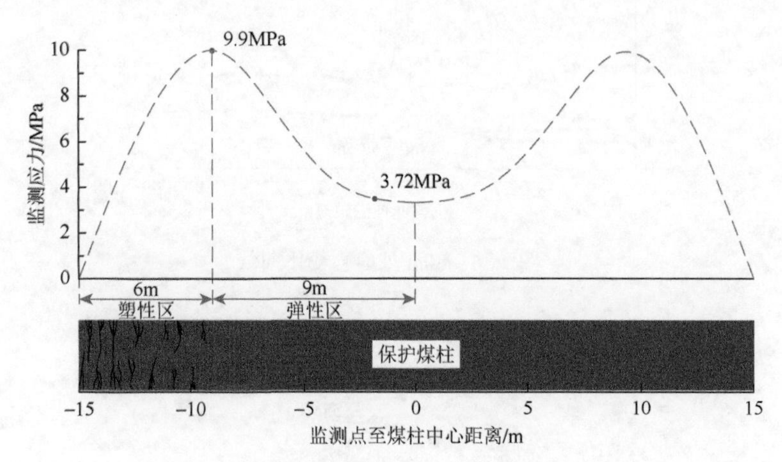

图 4.39　煤柱内应力分布图

（1）煤柱内应力发生积聚，靠近煤柱两侧出现应力峰值，应力分布呈马鞍形；

（2）煤柱由外向内应力逐渐升高，应力从 0MPa 陡增至 9.9MPa，达到峰值，峰值点距煤壁 6m，应力集中系数为 1.71，峰值点之后应力缓慢降低至 3.72MPa。

图 4.38 中 Y 轴剖面（b-b'剖面）平行于工作面推进方向布置，b-b'煤柱侧向应力分布如图 4.40 所示。

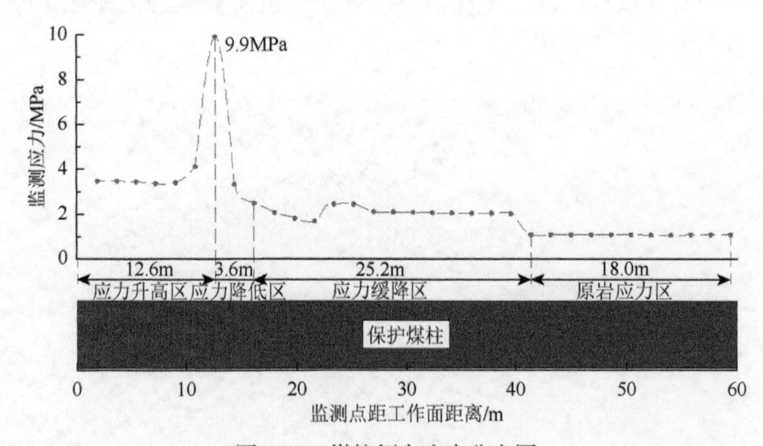

图 4.40　煤柱侧向应力分布图

（1）煤柱超前应力峰值点距工作面 12.6m，此阶段为应力升高区；

（2）煤柱超前应力峰值点后方 3.6m 范围内为应力降低区，此阶段内应力从 9.9MPa 降低至 2.48MPa；

（3）煤柱超前应力陡降区后方 25.2m 范围内为应力缓降区，此阶段内应力从 2.48MPa 缓慢降低至 1.05MPa；

（4）煤柱超前应力缓降区后方为原岩应力区，即煤柱超前应力的影响范围约为 41.4m。

综上可知，CG1302 轨道顺槽煤柱应力在工作面推进 48m 之后达到了峰值，此时监测点距工作面距离为 12.6m，应力峰值达到 9.9MPa，应力超前区分布范围与理论分析吻合。深测点的应力值基本小于浅测点应力值，采空区稳定后应力变化幅度较小。

4.5　本 章 小 结

（1）结合义能煤矿 CG1302 工作面地质开采条件，探究了地质条件、煤柱强度、采矿因素对工作面区段煤柱的稳定性影响特征，研究了不同宽度煤柱受压时弹塑性区分布特征、充填后煤柱破坏机制、充填后保持煤柱稳定性条件。

（2）构建了超高水材料充填体＋煤柱协同承载结构力学模型，采用 PFC 模拟分析了不同充填率、水体积比条件下充填体＋煤柱的应力分布、裂纹演化特征，结果表明当充填率超过 90%、水体积比低于 95%时，充填体＋煤柱协同承载可有效降低顶板破裂范围、应力集中程度及控制覆岩运移。

（3）通过 $FLAC^{3D}$ 对充填开采条件下不同宽度煤柱稳定性进行探究，结果表明当煤柱宽度为 30m 及以上时，煤柱所受竖向应力为 40～43MPa，塑性区范围稳定，基本顶最大下沉量为 33～35cm。从提高资源采出率、保证地表生态环境、保持充填体＋煤柱稳定性等方面综合考虑，确定合理区段煤柱宽度为 30m。

（4）工作面区段煤柱钻孔应力监测表明，超前工作面 12.6m 为峰值应力区，竖向应力为 9.9MPa，应力集中程度较小，表明充填体＋煤柱协同承载有利于降低煤柱应力集中程度、提高煤柱稳定性。

参 考 文 献

仇培涛，殷惠光，张连英. 2016. 基于分数阶理论的充填开采覆岩流变规律研究. 煤矿安全，47（12）：49-52.

戴华阳，郭俊廷，阎跃观，等. 2014. “采-充-留”协调开采技术原理与应用. 煤炭学报，39（8）：1602-1610.

郭惟嘉，江宁，王海龙，等. 2016. 膏体置换煤柱充填体承载特性及工作面支护强度研究. 采矿与安全工程学报，33（4）：585-591.

孙希奎，王苇. 2011. 高水材料充填置换开采承压水上条带煤柱的理论研究. 煤炭学报，36（6）：909-913.

王方田，屠世浩. 2015. 浅埋房式采空区下近距离煤层长壁开采致灾机制及防控技术. 徐州：中国矿业大学出版社.

王方田，屠世浩，李召鑫，等. 2012. 浅埋煤层房式开采遗留煤柱突变失稳机理研究. 采矿与安全工程学报，29（6）：770-775.

王方田，李岗，班建光，等. 2020. 深部开采充填体与煤柱协同承载效应研究. 采矿与安全工程学报，37（2）：311-318.

左建平，孙运江，文金浩，等. 2018. 岩层移动理论与力学模型及其展望. 煤炭科学技术，46（1）：1-11，87.

Cho N，Martin C D，Sego D C. 2007. A clumped particle model for rock. International Journal of Rock Mechanics and Mining Sciences，44（7）：997-1010.

第 5 章　深井充填工作面安全高效过断层技术

针对工作面过断层期间易发生煤壁片帮、顶板冒落等灾害，结合现场条件研究了垮落法及超高水材料充填采空区两种顶板管理方式下工作面过断层期间覆岩运移及应力分布特征。研究结果表明超高水材料充填开采对顶板保护效果良好，可有效减弱断层对应力传播及塑性区发育的阻隔作用，为超高水材料充填工作面安全高效过断层提供了科学依据。

5.1　断层构造分布特征

义能煤矿井田为鲁西背斜的一部分，主要区域构造为鲁西南断陷，主要受汶泗大断陷和峄山大断裂共同控制，地处华北板块东缘，主体构造格局形成于印支运动末期，于燕山期定格，并被后期的构造运动所改造。

区域性断裂及特征见表 5.1。

表 5.1　区域性断裂及特征

断层名称	产状	规模		主要特征
		长度/km	落差/m	
凫山断层	173°∠70°	180	200	钻孔和重力控制，平面上呈舒缓波状延伸
孙氏店断层	255°∠70°～80°	150	650～750	走向不稳定，呈锯齿状，物探和钻孔控制
峄山断层	260°∠76°～86°	80	＞2500	走向不稳定，断层带破碎且宽度大
嘉祥断层	75°∠80°	180	400～200	走向不稳定，呈带状，重力和钻孔控制
济宁断层	10°∠80°	—	150～290	走向不稳定，物探和钻探控制

井田内落差较大断层的走向以北东向、近东西向、北西向为主，根据勘探、补充勘探及建井地质资料，断层详情见表 5.2。

CG1302 工作面开采范围内煤层为单一向斜构造，产状变化不大，煤层倾角为 1°～11°，平均为 6°。开采范围内地质条件较为简单，轨道运输平巷自石门向切眼方向共揭露 5 条断层，即 F1302-1、F1302-2、F1302-3、F1302-4 和 F1302-5；切眼揭露 1 条断层，即 F1302-6；CG1302 皮带运输平巷自切眼向停采处方向共揭露 6 条断层，即 F1302-7、F1302-8、F1302-9、F1302-10、F1302-11 和 F1302-12，各断层详细参数见表 5.3。

表 5.2　义能井田断层统计表

项目	断层落差/m			
	x≥100	100＞x≥50	50＞x≥20	20＞x≥5
断层名称	孙氏店、断层、郓城断层、DF4、DF4-1、DF20、DF22、DF25、DF34	DF7、DF8、DF15、DF16、DF23	DF7-1、DF7-2、DF9、DF10、DF11、DF13、DF14、DF17、DF18、DF19、DF20-1、DF21、DF24、DF25-1、DF26、DF27、DF28、DF29、DF30、DF31、DF32	DF12、DF35、DF36、DF37、DF38、DF39、DF40、DF41、DF42、DF43、DF44、DF45、DF46、DF47、DF48、DF49、DF50、DF51、DF52、DF53、DF54、DF55、DF56、DF57
条数	8	5	21	24

表 5.3　CG1302 工作面断层情况表

断层名称	倾向/(°)	倾角/(°)	性质	落差/m	对回采的影响程度
F1302-1	299	45	正	1.8	无影响
F1302-2	296	70	正	3.0	无影响
F1302-3	9	68	正	2.4	无影响
F1302-4	6	70	正	2.5	影响较小
F1302-5	329	70	正	0.5～1.5	影响较小
F1302-6	332	70	正	1.5	影响较大
F1302-7	182	45	正	3.9	影响较大
F1302-8	106	47	正	5.6	影响较大
F1302-9	104	60	正	1.0	影响较小
F1302-10	119	70	正	1.8	影响较小
F1302-11	231	70	正	3.5	影响较大
F1302-12	126	70	正	2.5	影响较小

以上断层向工作面内均有一定延伸，其中 F1302-1、F1302-2、F1302-3 断层位于预计停采线外侧，对工作面回采基本无影响；F1302-6 断层走向基本与工作面走向一致，落差 1.5m，预计会对工作面回采造成一定影响，如图 5.1 所示，F1302-7、F1302-8 及 F1302-11 断层与 CG1302 皮带运输平巷揭露，三个断层落差均大于平均煤厚，会对工作面回采造成一定影响；其余断层均在上下运输平巷揭露，且落差都较小（不大于平均煤厚），预计对工作面回采影响较小。根据物探资料分析，CG1302 工作面内有 F1302-6 正断层，走向为 19°、倾向为 332°、倾角为 70°、落差为 1.5m，会对工作面回采造成较大影响。

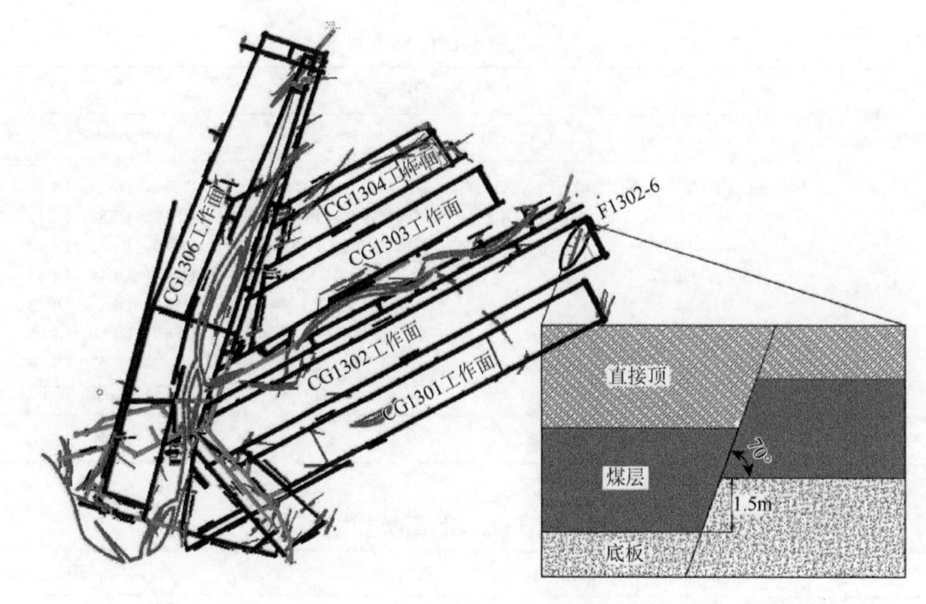

图 5.1 F1302-6 断层发育概况图

5.2 充填开采过断层覆岩滑移失稳特征

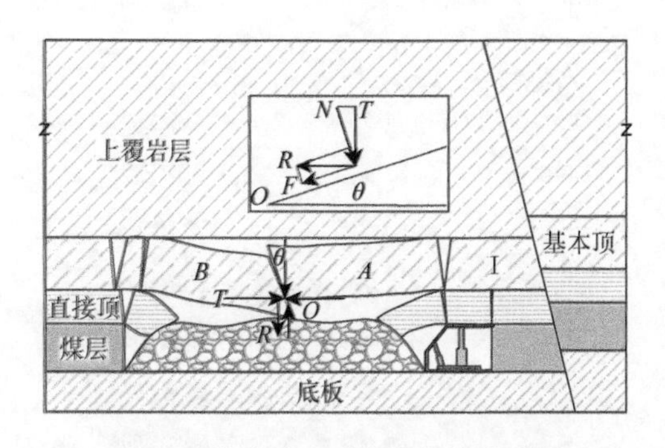

图 5.2 垮落法开采力学结构模型图

随着工作面与断层的距离减小，断层逐渐活化，断层附近基本顶及其他关键层受采动影响后较为破碎（孟召平等，2001；王金安等，2007；李志华等，2010a，2010b；姜福兴等，2014），断裂的基本顶岩块 I 向采空区翻转（Wang et al.，2020），力学模型如图 5.2 所示。

断面所受的正应力 N 及剪应力 F 分别为

$$N = T\cos\theta - R\sin\theta \tag{5.1}$$

$$F = R\cos\theta + T\sin\theta \tag{5.2}$$

平衡条件为

$$(T\cos\theta - R\sin\theta)\tan\varphi \geqslant R\cos\theta + T\sin\theta \tag{5.3}$$

$$T\sin(\varphi - \theta) \geqslant R\cos(\varphi - \theta) \tag{5.4}$$

$$\frac{R}{T} \geqslant \tan(\varphi - \theta) \tag{5.5}$$

式中，T 为水平推力，MPa；R 为剪切力，MPa；φ 为基本顶岩石摩擦角，(°)；θ 为基本顶断裂角，(°)。

当工作面推进至断层附近时，断面正应力增大，剪应力减小，采空区上方顶板难以达到平衡状态而发生滑移、回转，断层周边覆岩较破碎，顶板岩块断裂较为频繁，单位距离内断裂后的岩块较正常情况下增多，岩块铰接后稳定性差，承载能力弱，因此工作面推过断层前矿压显现将会加剧（Islam and Shinjo，2009；李志华等，2010a，2010b；王存文等，2012；王爱文等，2014；杨随木等，2014；王沉等，2015；王兆会等，2015；Jiang et al.，2017；Wu，2017；焦振华，2017）。而在充填开采情况下，充填材料在煤层采出后迅速充入采空区，对上覆岩层起到承载和保护作用，其中充填开采覆岩运移模型图如图 5.3 所示，在开采过程中，由于充填体的存在，大大缩减了覆岩活动的时间及空间，若充填率较大，仅直接顶形成悬臂梁结构，悬臂梁断裂极限安全跨距为（钱鸣高等，1996）

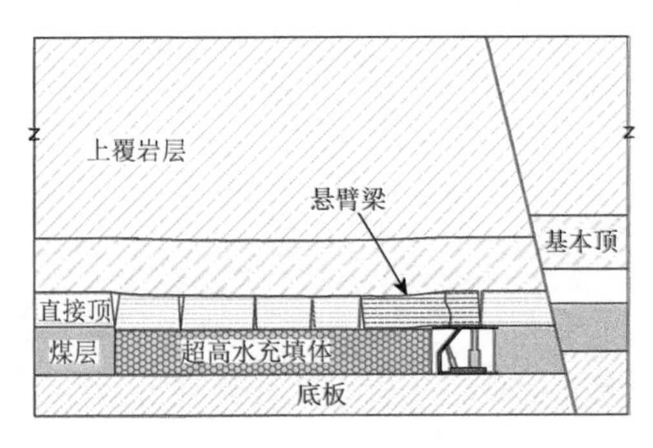

图 5.3　充填开采覆岩运移模型图

$$l = h\sqrt{\frac{\sigma}{3q}} \tag{5.6}$$

式中，l 为悬臂梁断裂步距，m；q 为上覆岩层载荷，MPa；h 为顶板岩块厚度，m；σ 为顶板极限抗拉强度，MPa。

在顶板岩层厚度一定，埋深不变的情况下，根据组合梁理论，直接顶所受载荷不变。而断层附近煤岩体的物理力学性质较弱，顶板抗拉强度大幅缩减，其极限断裂跨距也将随抗拉强度减小而减小，工作面受断层影响后顶板一直处于来压状态，而当工作面推过断层时，断层下盘对工作面的影响骤减，顶板压力开始减小。

5.3　充填开采过断层覆岩活动规律

5.3.1　数值模拟参数设计

数值中模型块体采用莫尔-库仑模型，节理采用残余强度滑移模型，为形象表现煤岩体的块体结构，煤层及直接顶岩层选用 Voronoi 块体作为基本单元，模拟断层上盘所在区域底板细砂岩厚度为 9.5m，模拟断层下盘所在区域底板细砂岩厚度为 11.4m，模型顶端细砂岩厚度 6.3m，模拟断层竖向落差为 1.9m，数值模型如

图 5.4 所示。模型长×宽为 240m×96m，煤层平均埋深为 821m，模型两侧及边界固定位移约束，上部边界施加 20.5MPa 竖向应力补偿上覆岩层载荷，侧压系数取 1。在煤层、直接顶、基本顶上方细粒砂岩、砂质泥岩及模型顶端细粒砂岩中设置 5 条测线以监测煤层超前应力状态及覆岩竖向位移情况。

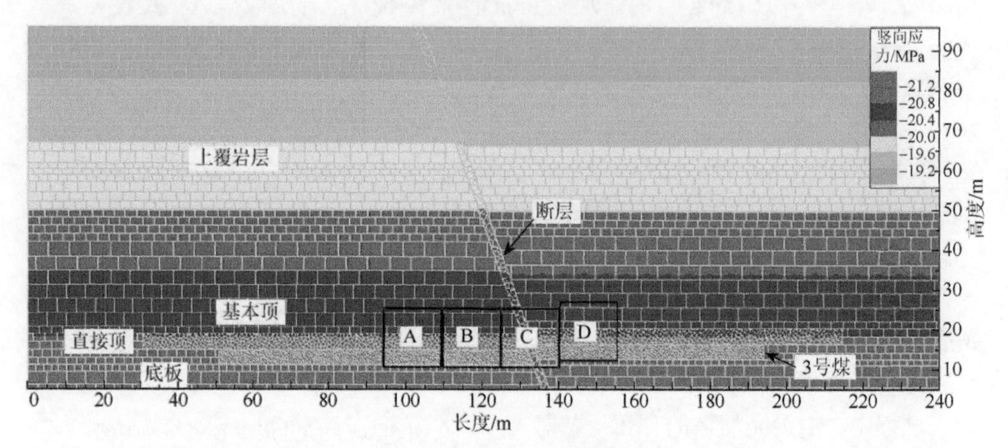

图 5.4　UDEC 数值模型

自模型左侧 0～50m、190～240m 为预留边界煤柱，自模型左侧 50～190m 为开采区域，总计开采长度为 140m，断层距模型左边界 130m，模拟工作面推进 80m 后遇断层，开采过程中利用 UDEC 程序中的 support 单元进行顶板支护，支护长度为 4m，支护强度为 0.7MPa。

5.3.2　数值模拟结果分析

根据断层与工作面的相对位置，工作面推进过程中分别经过 A、B、C、D 四个区域：A、B 区域工作面分别距断层 20m、10m，C 区域工作面揭露断层，D 区域工作面推过断层 10m，采用垮落法开采工作面推进过程经历 A、B、C、D 四个区域时，其应力分布特征及上覆岩层破坏情况如图 5.5 所示。

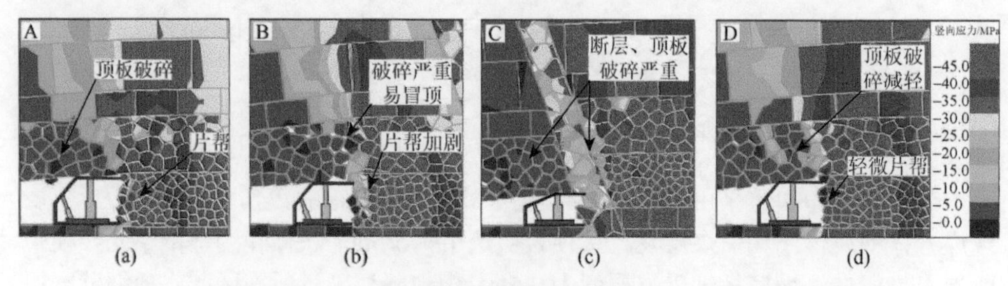

图 5.5　垮落法开采工作面推进过程中应力分布特征及上覆岩层破坏情况

（a）距断层 20m；（b）距断层 10m；（c）揭露断层；（d）推过断层

由图 5.5 可知，工作面距断层一定距离时，受断层影响，基本顶及其他关键层断裂频繁，对覆岩承载能力减弱，工作面直接顶较破碎，煤壁出现片帮现象，工作面前侧覆岩发生回转下沉，而断层破坏覆岩的连续性，回转下沉后断层下盘应力释放显著，工作面上方形成锥形应力释放区，该区域应力约为 4.5MPa，而断层上盘受断层弱面阻隔，应力积聚量较正常情况下小；工作面继续推进，煤壁片帮加剧，顶板破碎严重，易发生冒顶事故，超前应力峰值出现在煤层前方 1.6m，超前应力峰值为 46.6MPa，此时断层下盘应力释放，断层上盘应力积聚，断层弱面内应力大小接近原岩应力水平；工作面继续推进至揭露断层，此时断层弱面及直接顶岩块破碎严重，超前应力峰值出现在断层上盘，在巨大矿山压力作用下，顶板下沉量较大，工作面高度有所减小，断层下盘采空区上方处于应力释放状态，而断层上盘沿断层表现为应力积聚，上下盘应力值相差 5 个梯度，表明断层可对应力传播起到阻隔作用；工作面推过断层后，顶板仅发生轻微破碎，片帮程度明显减轻，采空区上方均处于应力释放状态，而断层下盘应力释放量较断层上盘释放量大。充填开采保护采空区顶板情况下工作面过断层过程中应力演化及覆岩运移状态如图 5.6 所示。

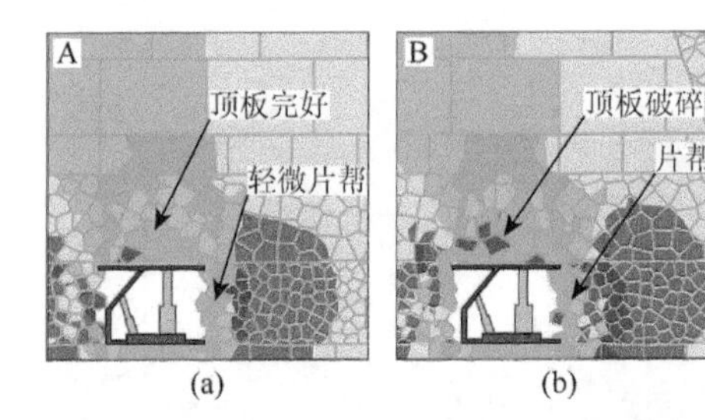

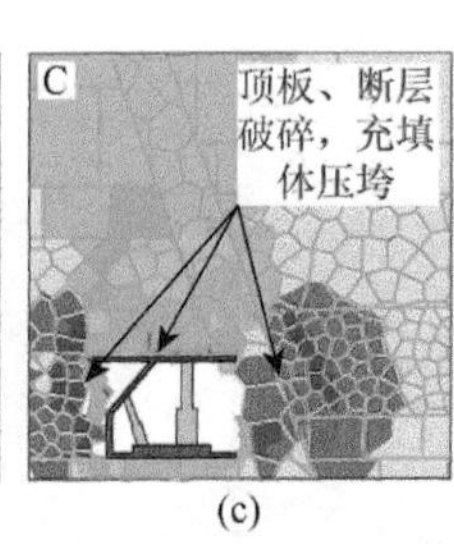

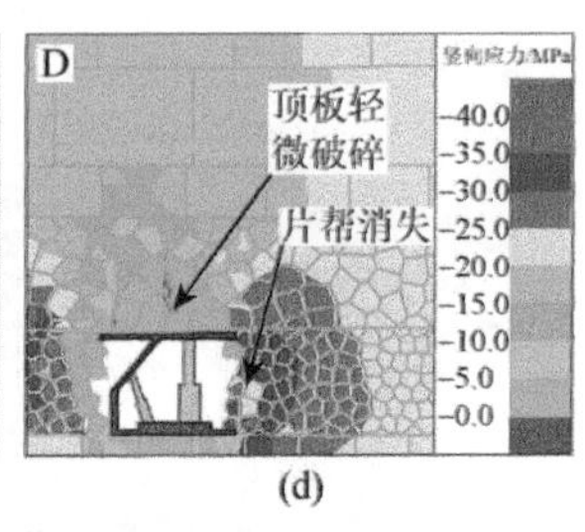

图 5.6　充填开采覆岩运移及应力演化图

(a) 距断层 20m；(b) 距断层 10m；(c) 揭露断层；(d) 推过断层

由图 5.6 可知，超高水充填工作面推至断层附近时，受断层影响，煤壁出现轻微片帮现象，顶板岩块出现裂纹，但在充填体、煤体及支架的支撑作用下，直接顶仍能保持较好的完整性，工作面上方出现拱形应力释放区，应力释放区内应力为 7.4MPa，工作面前方出现半圆形应力积聚区，该区域应力最大值为 32.6MPa；随着工作面与断层的距离减小，煤壁片帮程度加重，顶板裂纹数量增大，但在良好支撑作用下，仍能保持其完整性，工作面上方应力释放区随工作面同步迁移，工作面前方应力积聚区域变大，超前应力峰值位置与工作面煤壁距离增大，超前应力峰值为 34.1MPa，工作面后方覆岩弯曲下沉后迅速接触充填体，在充填体支撑作用下，应力恢复至接近原岩应力水平；工作面揭露断层时，直接顶及断层弱面内岩层轻微破碎，相对于垮落法开采，顶板及断层的破碎程度较弱，可有效降低冒顶事故发生率，应力积聚峰值出现在工作面上盘，断层两侧应力积聚量相差

2 个梯度；当工作面推过断层时，片帮现象消失，应力积聚区域减小，超前应力峰值位置与煤壁距离减小。两种顶板管理方式下工作面过断层前后塑性区发育情况数值模拟结果如图 5.7 所示。

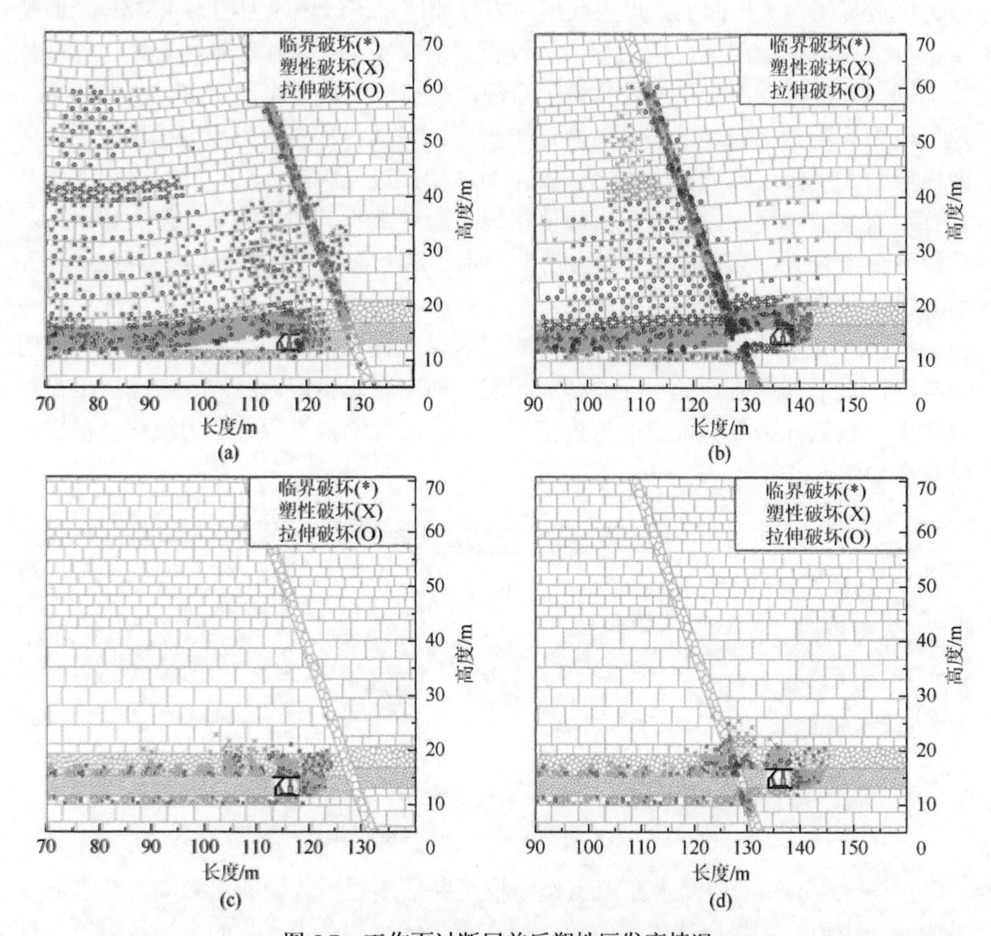

图 5.7　工作面过断层前后塑性区发育情况

（a）垮落法–过断层前；（b）垮落法–过断层后；（c）充填法–过断层前；（d）充填法–过断层后

由图 5.7 可知，垮落法管理顶板工作面推过断层前覆岩处于拉伸破坏状态区域，呈“漏斗”形分布，最大破坏高度为 54.5m，拉伸破坏程度自下而上递减，直接顶、基本顶处于塑性破坏状态，工作面前侧上方发生塑性破坏，破坏超前工作面 16.5m，断层软弱面内塑性破坏严重，断层上盘仅发生轻微破坏，当工作面推过断层后，断层下盘在巨大的矿山压力作用下，呈拉伸破坏、塑性破坏，工作面前侧上方覆岩破坏程度较过断层前明显减轻，破坏范围减至 9.4m，断层对破坏有明显的阻隔作用。采用超高水材料充填采空区管理顶板情况下，采空区塑性破坏较重区域位于两次充填连接位置上方直接顶岩层中，工作面上方塑性破坏延伸至基本顶，最大破坏高度为 11.2m，工作面前侧上方直接顶塑性破坏较重，破坏超前工作面 9.4m，工作面推过断层后，断层软弱面附近岩层处于塑性破坏、拉伸破坏状态，破坏发育至基本顶，工作面前侧上方直接顶破坏程度较过断层前有所减轻，超前破坏范围减至 7.7m，充填开采情况下，由于覆岩的活动空间有限，断层对破坏的阻隔作用减弱。

通过监测测线 2、3、4、5 的竖向位移，绘制出上覆岩层竖向位移曲线如图 5.8 所示。

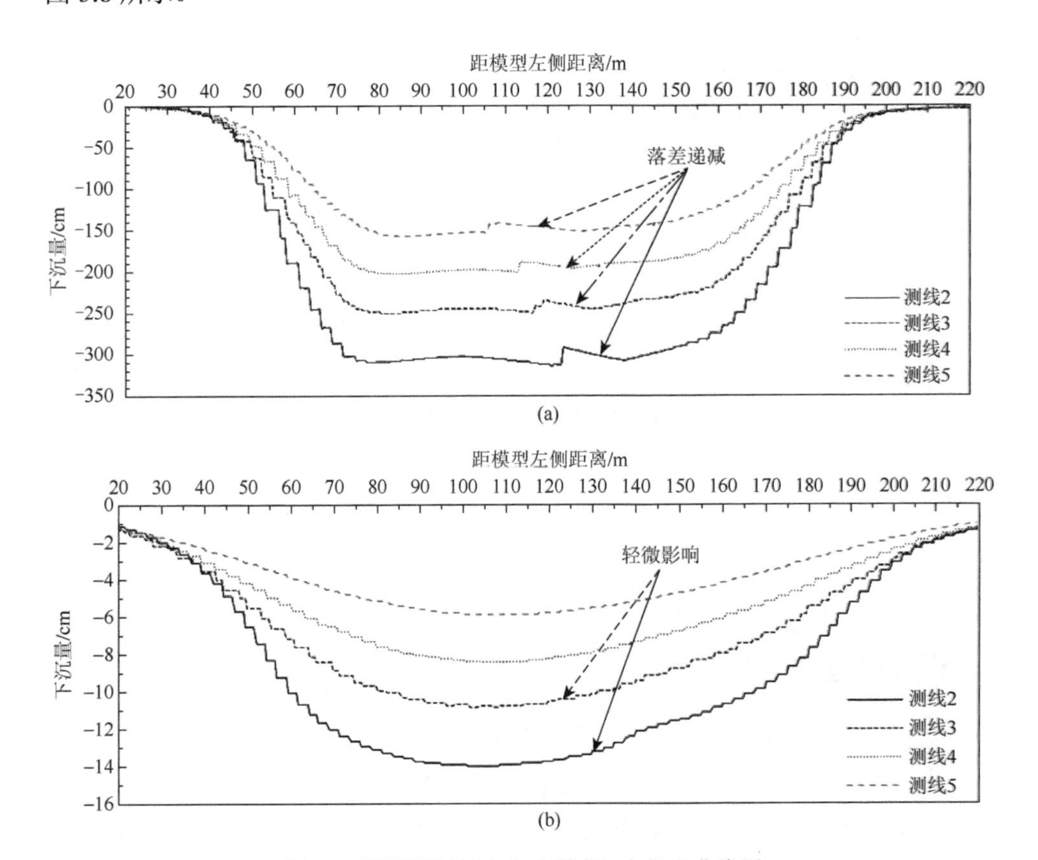

图 5.8　不同顶板管理方式覆岩竖向位移曲线图

（a）垮落法管理顶板覆岩竖向位移曲线；（b）超高水材料充填开采覆岩竖向位移曲线

从图 5.8（a）可得出，垮落法管理顶板工作面推过断层之后，断层两侧竖向位移有一定落差，落差值随着岩层远离工作面而递减，其主要原因是工作面推过断层前矿山压力较大，垮落的顶板在巨大的矿山压力作用下被压实，而工作面推过断层后，下盘影响骤减，矿压减小，垮落后的顶板未被完全压实，破碎岩体间存在大量空隙，故顶板的竖向位移量相对减小；从图 5.8（b）可看出，充填开采可有效降低顶板下沉量，同时充填开采工作面过断层后断层两侧顶板竖向位移落差较小，断层对基本顶（测线 2）及基本顶上方第一层岩层（测线 3）的竖向位移有轻微影响，岩层位置继续靠上，断层对其影响消失。

垮落法管理顶板开采过程中，工作面在应力平稳阶段超前应力值为 42.0MPa，应力集中系数为 2.14，在过断层时，应力增大阶段及应力降低阶段相对应力平稳阶段超前应力峰值变化较大，应力增大阶段超前应力最大值为 46.6MPa，应力集中系数为 2.27，应力降低阶段超前应力最小值为 27.5MPa，应力集中系数为 1.34，垮落法管理顶板工作面过断层过程中应力集中系数为 1.34～2.27；而充填开采工作面在应力平稳阶段内应力约为 32.6MPa，应力集中系数为 1.59，在过断层时，超前应力受断层影响相对较小，应力增大及应力降低阶段的应力曲线相对平稳，应力增大阶段超前应力最大值为 34.1MPa，应力集中系数为 1.66，应力减弱阶段超前应力最小值为 27.3MPa，应力集中系数为 1.33，超高水材料充填工作面过断层期间应力集中系数变化范围为 1.33～1.66。

5.4 工作面过断层技术

工作面在推进过程中受断层影响易发生片帮、冒顶、冲击地压等动力灾害，严重影响煤炭资源安全高效开采，超高水材料充填开采有助于降低矿山动力灾害发生的概率。为避免超高水充填工作面过断层过程中动力灾害发生，杜绝矿井事故，超高水充填工作面过断层可采取以下防控技术（陈晓坡等，2012；高杰等，2016）。

5.4.1 断层区域防冲技术

为防治冲击地压事故发生，本研究在断层影响区域实施以下技术。

（1）工作面距断层 30m 时，采用钻屑法对煤体进行冲击地压监测，监测区域为工作面煤壁前 10～60m，监测孔深为 10m，距离底板 1～1.2m，孔间距为 2.5m，钻孔方向与煤层倾向平行。

（2）实施钻屑法过程中，根据钻孔排出的煤屑量制定具体的防冲措施，排出的煤屑量接近或超过临界煤粉量，在回采巷道内布设大直径卸压钻孔，如图 5.9 所示，钻孔距离煤层底板 1.2m，钻孔间距为 2.5m。

过断层期间，CG1302 工作面皮带运输平巷、轨道运输平巷的煤体钻屑量最大值为 2.5kg/m，而产生冲击地压的临界钻屑量指标为 3.21kg/m，表明在超高水充填开采情况下工作面过断层期间无冲击危险。

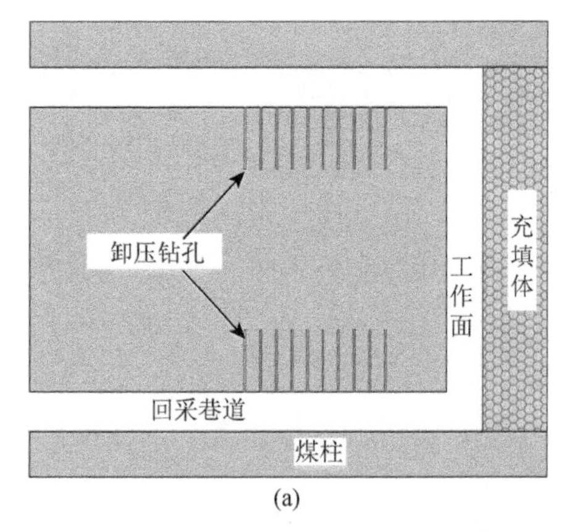

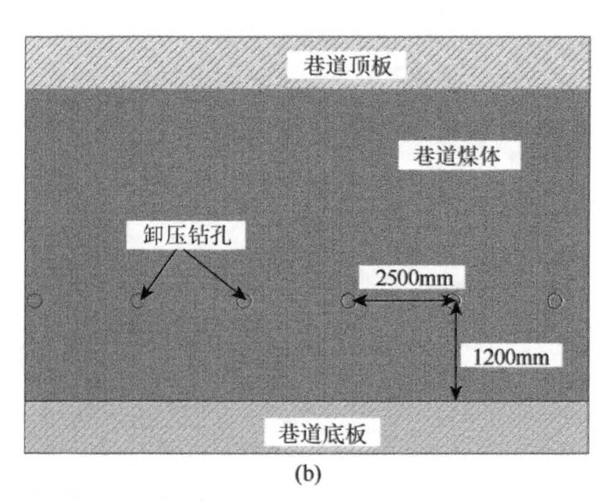

图 5.9　卸压钻孔布置图

（a）俯视图；（b）正视图

5.4.2　断层区域冒顶及片帮防治技术

断层构造带煤岩体强度较低，在巨大的矿山压力作用下，易发生片帮冒顶等事故，为保证断层区域施工安全，提出以下安全措施。

（1）改变设备工作状态，在工作面受平行断层影响、矿压增大时，在保证设备性能可靠的情况下，减少采煤机一次进刀量，提高牵引速度，实行浅割快跑，同时降低液压支架高度，提高支架初撑力，加快推进速度亦可减小断层活化时间，其次控制好工作面的平度、直度（黄卓敏，2006）。

（2）提高液压支架的初撑力，提高乳化液泵压力，保证供液系统完好不漏液，加强工程质量管理，规范行为，避免因盲目操作，如支架歪倒倾斜而不能有效地接顶。加大对综采设备的维护和定期检查力度，保证设备正常运转，尤其对常用、易损配件超前备用，保证工作面及时供应（马立强等，2015）。

（3）加强顶板保护，在液压支架间缝隙中打孔，采用高压推力将马丽散压入顶板、断层软弱面及工作面煤层中，以加固断层周边软弱围岩及煤层，同时可在注马丽散的孔再次安设锚杆或锚索，组合加固顶板及煤层（吴永平，2003），工作面过平行断层及垂直断层如图 5.10 和图 5.11 所示。

（4）断层影响区域支架梁端距应小于 340mm，并在支架上方插入护顶半圆木，确保空顶区护顶严密，工作面应准备充足单体液压支柱、半圆木、工字钢、菱形金属网片等支护材料，在顶板较为破碎区域半圆木上方铺设菱形金属网片，两张菱形网片用镀锌铁丝相连接，网片重合应大于 200mm。

（5）若工作面有冒顶事故发生，及时对刮板输送机、采煤机进行停电闭锁，然后从顶板完整处逐渐向冒顶区进行维护，在漏顶、冒顶处采用工字钢作为接顶托梁，用半圆木搭设“#”字形木垛将顶接严（宁义国，2019）。

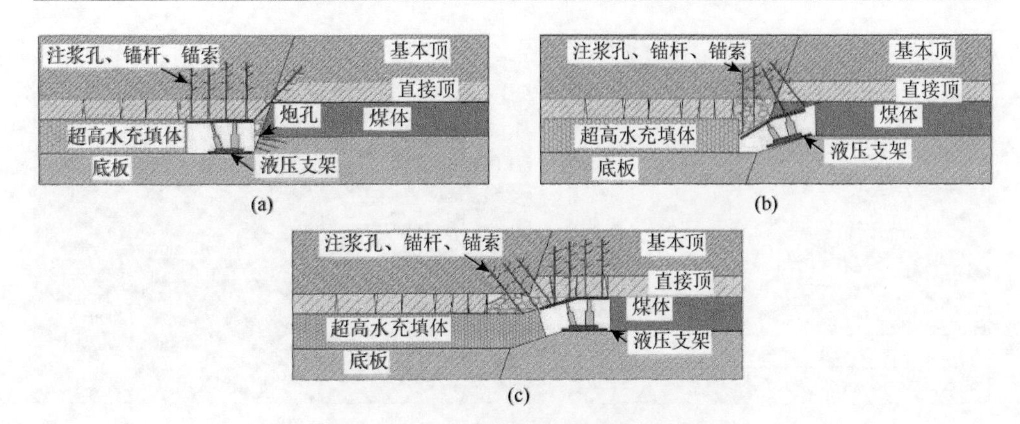

图 5.10　工作面过平行断层示意图

（a）过断层前；（b）过断层时；（c）过断层后

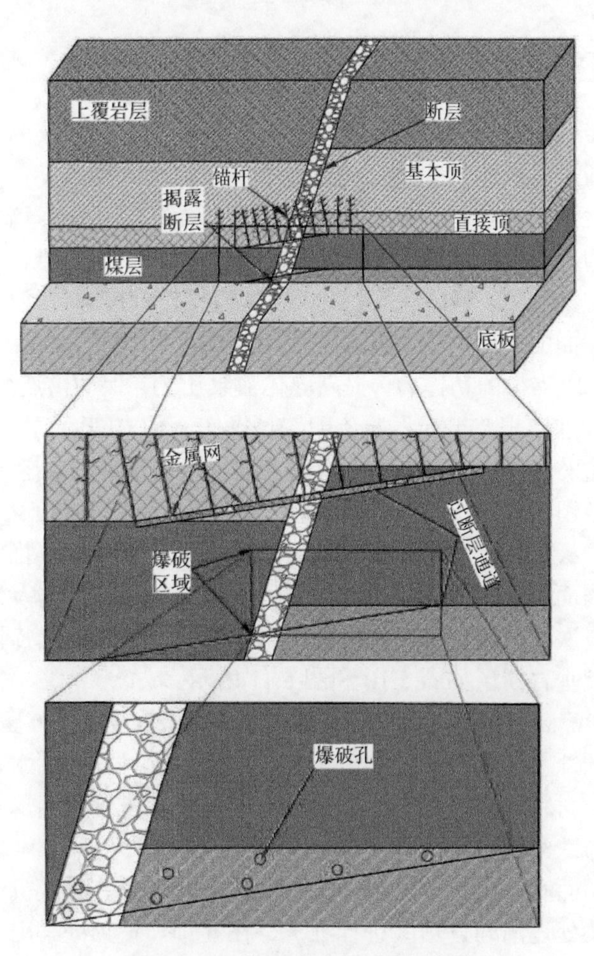

图 5.11　工作面过垂直断层示意图

（6）移架时，操作人员应提前检查顶板及接顶情况，确定拉移液压支架顺序，防止顶板冒落扩大，移架时工作人员应撤至矸石掉落所能波及的范围之外，冒落大块矸石应用风镐或大锤破碎后再通过刮板输送机运走。

5.4.3　爆破碎岩过断层技术

由于工作面断层揭露区岩石硬度远大于煤层，对采煤机滚筒及截齿损害较大，为保证工作面的正常推进，减少过断层时采煤机的损害，对工作面断层进行爆破碎岩，提出以下过断层技术。

（1）爆破前需准备好 7655 型或 YT28 型气腿式凿岩机、二级煤矿许用乳化炸药和煤矿毫秒延期电雷管，根据揭露断层厚度及硬度布置单排眼、三花眼或五花眼，根据断层变化情况，适量变化炮眼数目。班组长必须详细检查放炮地点的顶板、煤壁和支架情况，如发现不安全因素，必须立即处理。

（2）布置三花眼时，应保证上下各 10m 以内的支架前后立柱、活柱、电缆、液压管路等用皮带包严封好。炮眼布置如图 5.12（a）、（b）所示，爆破位置距离采煤机应大于 10m，顶眼距顶为 0.3m，仰起角为 5°～10°，底眼距底板为 0.3m，下俯角为 10°～20°，正常情况下，眼深不低于 1.5m，每孔装药量根据现场岩石的硬度、顶板情况等确定，但最多不能超过 2 块子药，封泥不低于 0.5m。

（3）炮眼封泥采用炮泥 + 水炮泥 + 炮泥结构，采用正向装药。装药顺序为：子药、母药、炮泥、水炮泥、炮泥。雷管底部朝向眼底，炸药聚能穴朝向眼底，如图 5.12（c）所示。

（4）爆破作业必须严格执行“一炮三检制度”、“三人连锁爆破制度”和“三保险制度”，并在起爆前检查起爆地点的瓦斯浓度（不超过 1.0%），使用 MFB-200 型发爆器起爆，连接方式为串联。严禁采煤工作面使用 2 台发爆器同时进行起爆，根据工作面打眼数量采用全断面一次性起爆。

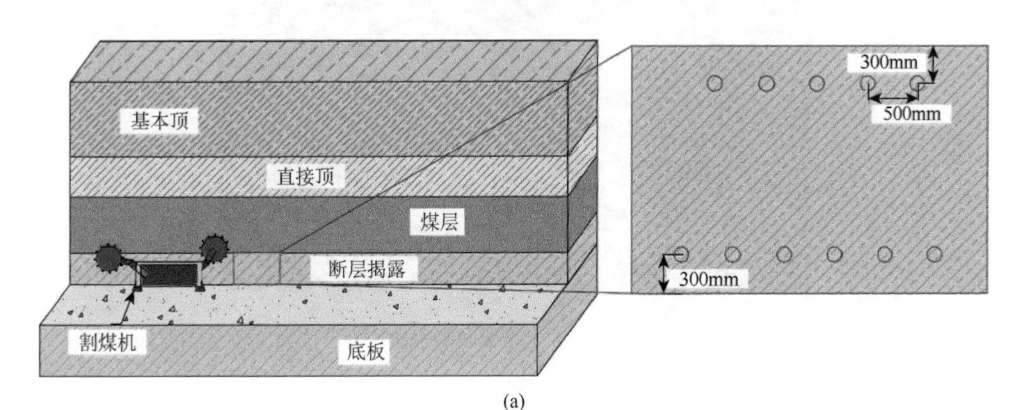

(a)

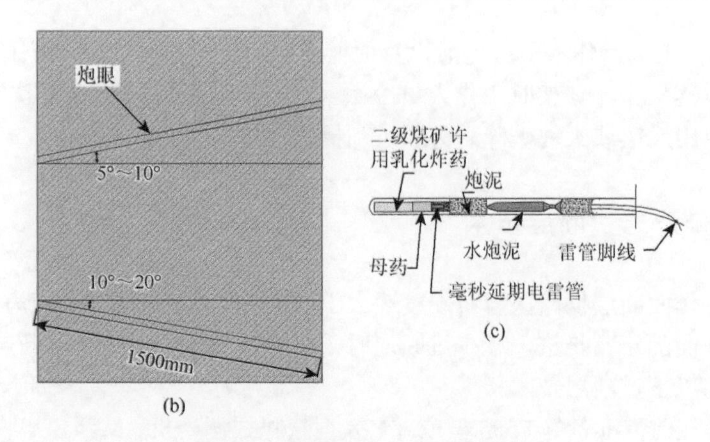

图 5.12　爆破碎岩过断层技术图

（a）炮眼布置；（b）炮眼倾角；（c）爆破孔结构

（5）爆破结束后迅速对爆破点前后 20m 范围内进行洒水降尘，检查顶板及设备情况，处理大块矸石，快速通过断层。

5.4.4　现场应用效果

图 5.13 为工作面过断层现场图，图 5.14 为充填开采工作面过断层期间第 43# 液压支架工作阻力分析折线，其中断层距切眼为 545m。

图 5.13　工作面过断层现场图

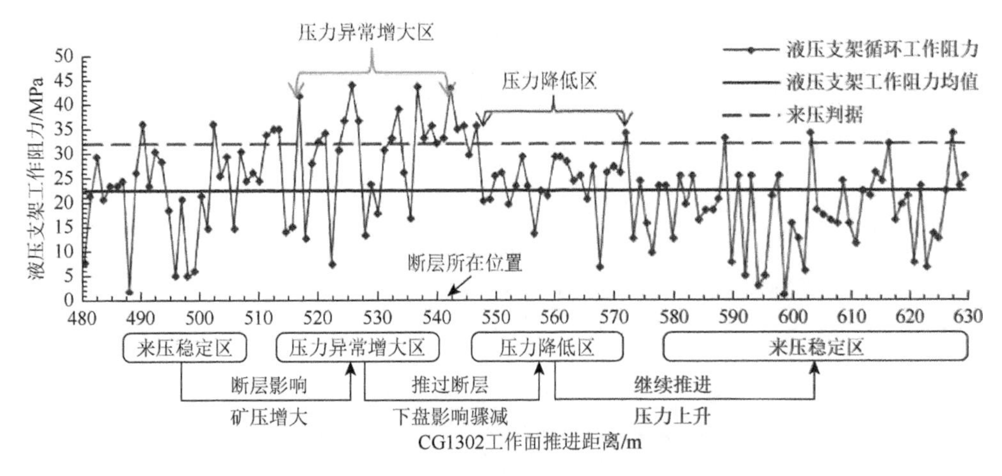

图 5.14 矿压数据实测分析折线图

矿压数据表明：液压支架工作阻力均值为 22.1MPa，来压判据为 31.8MPa。工作面在推进 510m 之前，不受断层影响，工作面处于来压稳定状态区，该区域来压时支架最大工作阻力为 36.4MPa。继续向前推进工作面受断层影响，进入矿山压力异常增大区，来压时最大阻力为 44.2MPa。工作面推过断层后，进入压力降低区，该区域来压时最大工作阻力为 28.6MPa，推过断层 40m 以后，矿山压力恢复正常状态，再次进入来压稳定区。

5.5 本章小结

（1）分析了 CG1302 工作面断层分布特征及其对工作面回采的影响程度，构建了垮落法管理顶板时断层覆岩滑移失稳结构力学模型、充填开采断层覆岩运移模型，对比分析了两种开采条件下过断层时的覆岩运移特征。

（2）模拟结果表明垮落法过断层前顶板断裂较为频繁，矿压异常增大，过断层时应力值为 27.5～46.6MPa，应力集中系数为 1.34～2.27；充填开采过断层前对顶板保护良好，过断层时应力值为 27.3～34.1MPa，应力集中系数为 1.33～1.66；与垮落法相比，充填开采过断层对应力传递、塑性区发育有明显阻隔作用，降低了能量积聚程度。

（3）垮落法开采时断层两侧覆岩竖向位移量有明显落差，覆岩落差值为 5～15cm，充填开采时，断层两侧覆岩竖向位移差值极小，基本无明显影响。模拟结果表明充填开采在过断层期间可有效降低覆岩两侧顶板下沉差值及运移程度。

（4）为避免超高水充填工作面过断层时发生动力灾害，提出了区域防冲、爆破碎岩、冒顶片帮防治等技术。现场监测表明，工作面过断层期间矿压稳定、钻屑量正常、无冲击危险性，实现了安全高效的过断层效果。

参考文献

陈晓坡，刘建庄，浑宝炬，等. 2012. 过断层巷道修复技术研究与实践. 煤矿安全，43（11）：77-80.

高杰，屠世浩，王方田，等. 2016. 薄煤层过断层预掘巷技术研究. 煤矿安全，47（6）：71-73，77.

黄卓敏. 2006. 综采工作面顶板控制的分析. 煤矿安全，2：52-54.

姜福兴，魏全德，王存文，等. 2014. 巨厚砾岩与逆冲断层控制型特厚煤层冲击地压机理分析. 煤炭学报，39（7）：1191-1196.

蒋金泉，武泉林，曲华. 2017. 硬厚覆岩正断层附近采动应力演化特征. 采矿与安全工程学报，31（6）：881-887.

焦振华，赵毅鑫，姜耀东，等. 2017. 采动诱发断层损伤滑移及其影响因素敏感性分析. 煤炭学报，42（S1）：36-42.

李志华，窦林名，陆振裕，等. 2010a. 采动诱发断层滑移失稳的研究. 采矿与安全工程学报，27（4）：499-504.

李志华，窦林名，陈国祥，等. 2010b. 采动影响下断层冲击矿压危险性研究. 中国矿业大学学报，39（4）：490-495.

马立强，余伊河，金志远，等. 2015. 大倾角综放面预掘巷道群快速过断层技术. 采矿与安全工程学报，32（1）：84-89.

孟召平，彭苏萍，黎洪. 2001. 正断层附近煤的物理力学性质变化及其对矿压分布的影响. 煤炭学报，26（6）：561-566.

宁义国. 2019. 综采工作面快速过断层技术方案实践. 煤炭技术，38（7）：21-24.

钱鸣高，缪协兴，许家林. 1996. 岩层控制中的关键层理论研究. 煤炭学报，21（3）：2-7.

王爱文，潘一山，李忠华，等. 2014. 断层作用下深部开采诱发冲击地压相似试验研究. 岩土力学，2014（9）：2486-2492.

王沉，屠世浩，屠洪盛，等. 2015. 采场顶板尖灭逆断层区围岩变形及支架承载特征研究. 采矿与安全工程学报，32（2）：182-186.

王存文，姜福兴，刘金海. 2012. 构造对冲击地压的控制作用及案例分析. 煤炭学报，37（A2）：263-268.

王金安，刘航，李铁. 2007. 临近断层开采动力危险区划分数值模拟研究. 岩石力学与工程学报，26（1）：28-35.

王兆会，杨敬虎，孟浩. 2015. 大采高工作面过断层构造煤壁片帮机理及控制. 煤炭学报，40（1）：42-49.

吴永平. 2003. 在复杂地质条件下应用综采技术的实践. 中国煤炭，2：39-40.

杨随木，张宁博，刘军，等. 2014. 断层冲击地压发生机理研究. 煤炭科学技术，42（10）：6-9.

Islam M R，Shinjo R. 2009. Mining-induced fault reactivation associated with the main conveyor belt roadway and safety of the Barapukuria Coal Mine in Bangladesh：Constraints from BEM simulations. International Journal of Coal Geology，79（4）：115-130.

Jiang J Q，Quan L W，Hua Q. 2017. Characteristic of mining stress evolution and activation of the reverse fault below the hard-thick strata. Journal of China Coal Society，40（2）：267-277.

Wang F T，Ma Q，Zhang C，et al. 2020. Overlying strata movement and stress evolution laws triggered by fault structures in backfilling longwall face with deep depth，Geomatics. Natural Hazards and Risk，11（1）：949-966.

Wu Q S. 2017. Study on the law mining stress evolution and fault activation under the influence of normal fault. Acta Geodynamica Et Geomaterialia，14（3）：357-369.

第6章　超高水充填开采冲击地压防控效应

目前，中东部长期开发的主力矿井已进入深部开采，应力环境发生显著变化，呈现煤岩体变形塑性化、强时间效应、扩容性、不连续性等特征，导致突发性动力灾害和重大伤亡事故显著增加，“三下”深部煤炭资源开采已成为矿井安全高效开采与可持续发展的关键制约因素（王方田和屠世浩，2015；Wang et al.，2015）。本章结合义能煤矿地质开采条件，分析影响冲击地压的因素，基于能量演化理论，数值模拟分析顶板动力型冲击地压发生的可能性，并结合现场微震监测与应力在线监测预警，探究充填开采防治冲击地压效应保证工作面安全高效开采。

6.1　矿井冲击地压影响因素

冲击地压，也被称作冲击矿压、矿山冲击，指采场和巷道周围的煤岩体积聚大量能量后突然释放，产生一系列破坏甚至引起矿井灾害的煤矿动压现象（钱鸣高等，2010；Wang et al.，2013；窦林名等，2015）。冲击地压作为煤矿重大灾害之一，具有突发性、瞬时性、复杂性及巨大破坏性等特点，严重制约了矿井安全开采，也是目前国内外煤矿一大安全隐患与世界性难题。我国煤矿冲击地压灾害极为严重，目前中东部大部分主力矿井已经进入深部开采，其中山东省采深超过千米的有20处，占全国的86.9%，而冲击地压矿井有41处，占全国的近30%，是全国冲击地压灾害最严重的省份，近年我国中东部发生的典型冲击地压事故见表6.1。

表6.1　中东部矿区冲击地压事故

矿区名称	时间	开采深度/m	发生地点	事故影响	事故主要原因
兖煤菏泽能化有限公司赵楼煤矿[①]	2015年7月29日	870～1007	1305工作面	1人重伤、2人轻伤	➢ 煤层埋深大、原岩应力高 ➢ 煤层和顶板具有冲击倾向性
山东龙郓煤业煤矿[②]	2018年10月20日	1027～1067	一采区南翼1303工作面泄水巷及3号联络巷	约100m范围内巷道出现不同程度破坏，造成21人死亡、4人受伤，直接经济损失5639.8万元	➢ 受采掘、地质构造以及巷道临近贯通等因素影响，事故发生区域的应力更加集中 ➢ 采用的防冲措施没有有效消除冲击危险，在掘进、施工卸压钻孔扰动和断层带滑移影响下，诱发冲击地压
开滦有限责任公司唐山矿业分公司[③]	2019年8月2日	800	F5010联络巷、F5009运料巷	造成7人死亡、5人受伤，直接经济损失614.024万元	➢ 煤层及顶底板具有冲击倾向性 ➢ 事故区域地质构造复杂，构造应力高

续表

矿区名称	时间	开采深度/m	发生地点	事故影响	事故主要原因
山东新巨龙能源有限责任公司龙堌矿井[④]	2020年2月22日	927.4～994.4	二采区南翼2305S综放工作面上平巷及三联巷	破坏巷道100～218m，损坏支架2架，造成4人死亡，直接经济损失1853万元	➢ 煤层及顶底板具有冲击倾向性 ➢ 上覆岩层存在厚层砂岩大范围悬顶结构，造成工作面应力积聚 ➢ 大区域构造应力调整及开采扰动作用导致断层滑移

①山东煤矿安全监察局. 兖煤菏泽能化有限公司赵楼煤矿“7・29”冲击地压事故调查报告[2015-12-16]. http://www.sdcoal.gov.cn/articles/ch00029/201512/993467A012CB4AE4B397FD23803C68A7.shtml

②山东煤矿安全监察局. 山东龙郓煤业有限公司“10・20”重大冲击地压事故调查报告[2019-04-19]. http://www.sdcoal.gov.cn/articles/ch00029/201904/44a797aa-99d9-4e19-a119-325ba1cfd61f.shtml

③河北煤矿安全监察局. 河北煤矿安全监察局关于开滦（集团）有限责任公司唐山矿业分公司“8・2”较大冲击地压事故调查处理意见的批复[2020-02-20]. https://www.hebmaj.gov.cn/plus/view.php?aid=2712

④国家矿山安全监察局. 国家矿山安全监察局公布 2020 年全国煤矿事故十大典型案例[2021-01-25]. https://www.chinacoal-safety.gov.cn/xw/mkaqjcxw/202101/t20210125_377730.shtml

结合以上冲击地压事故原因，可得到造成中东部矿区发生冲击地压的主要影响因素包括以下几点。

1. 开采深度

开采深度越大其煤岩受到的覆岩自重应力越高，煤岩体中积聚的弹性能也越大，而煤体中的弹性能由于煤体塑性变形使煤岩体发生破坏与运动，积聚能量的大小决定了煤体破坏程度大小和运动剧烈程度，因此开采深度越大，发生冲击地压的可能性也就越大。上述事故开采煤层深度都在800m以深，煤层自重应力高，具备了冲击地压发生的基本条件。

2. 煤岩体力学特征

煤岩体力学特征主要指煤岩体是否具有冲击倾向性，根据冲击倾向性鉴定指标可得到煤岩体冲击倾向的强弱程度，一般发生冲击地压的可能性为：强冲击性＞弱冲击性＞无冲击性。如星村煤矿、丰峪煤矿和龙堌矿井煤层都具有强冲击倾向性。

3. 上覆岩层条件

煤层上方的坚硬厚砂岩层是影响冲击地压发生的主要因素之一，因为坚硬厚砂岩层容易积聚大量弹性能，在断裂和滑落时释放大量能量造成强动载荷引起顶板型冲击。如新巨龙龙堌矿井工作面上覆岩层存在厚层砂岩悬顶结构，导致工作面应力集中。

4. 地质构造

各种地质构造也是诱发冲击地压的原因之一，尤其是构造变化区、断层附近、煤层倾角变化带、煤层褶皱构造应力带等，断层滑移、构造应力变化等都可能引发动载荷型冲击。如星村煤矿受断层构造应力影响引发冲击地压。

5. 工作面巷道布置

当在几个煤层中同时布置几个工作面时，工作面的布置方式和开采顺序将严重影响煤岩体内的应力分布（窦林名，2001）。例如，星村煤矿因采区巷道集中布置在 3302 工作面停采线附近，并且受 3303、3308 两个相邻工作面采空区和本工作面采空区的影响，造成工作面应力叠加，诱发冲击地压。

结合以上因素分析，义能煤矿煤岩层赋存稳定，煤体无冲击倾向性，但断层发育、地质构造复杂程度中等、开采深度大、覆岩存在厚砂岩顶板，根据冲击地压分类可分为采矿型冲击地压和构造型冲击地压，而冲击型又分为压力型、冲击型和冲击压力型。压力型冲击地压是因开采活动造成的应力集中，使得周围煤岩体由亚稳态增加至极限状态，积聚能量突然释放造成的冲击地压；冲击型冲击地压主要是由煤层顶底板岩层突然破断或大位移引发的，与震动脉冲地点有关；冲击压力型冲击地压介于二者之间（钱鸣高等，2010；付玉凯，2018；肖晓春，2019）。通过对以上冲击地压事件发生因素的分析，结合义能煤矿地质构造条件和工作面生产情况，可确定义能煤矿具有发生冲击压力型冲击地压的条件。为保证矿井安全生产，需要进一步研究冲击地压发生机理，提出冲击地压发生判据，为冲击地压防治预警提供依据。

6.2　充填开采防治冲击地压效应

6.2.1　工作面开采能量集聚演化

工作面采掘扰动会在煤岩体内积聚能量，能量释放是引发岩石整体突然破坏的内在原因，能量耗散使岩石产生损伤，并导致岩性劣化和强度丧失，谢和平等（2005）给出了基于能量耗散的强度丧失准则和基于可释放应变能的整体破坏准则，分析了各种应力状态下岩石单元整体破坏的临界应力。体积应变能及形状应变能是弹性理论的重要组成部分（徐秉业等，2003）。

1. 球形张量应力变化

球形张量应力状态如图 6.1 所示。

图 6.1 为球形张量状态下的应变能即为体积应变能，此时应力状态为

$$\begin{cases}\sigma_x=\sigma_y=\sigma_z=\sigma_{\mathrm{m}}=\dfrac{\sigma_x+\sigma_y+\sigma_z}{3}\\ \tau_{xy}=\tau_{yz}=\tau_{xz}=0\end{cases} \tag{6.1}$$

式中，σ_{m} 为平均正应力，MPa；σ_x、σ_y、σ_z 为在 x、y、z 方向上的正应力，MPa；

τ_{xy} 为垂直 x 轴指向 y 轴的剪应力，MPa；τ_{yz} 为垂直 y 轴指向 z 轴的剪应力，MPa；τ_{xz} 为垂直 x 轴指向 z 轴的剪应力，MPa。

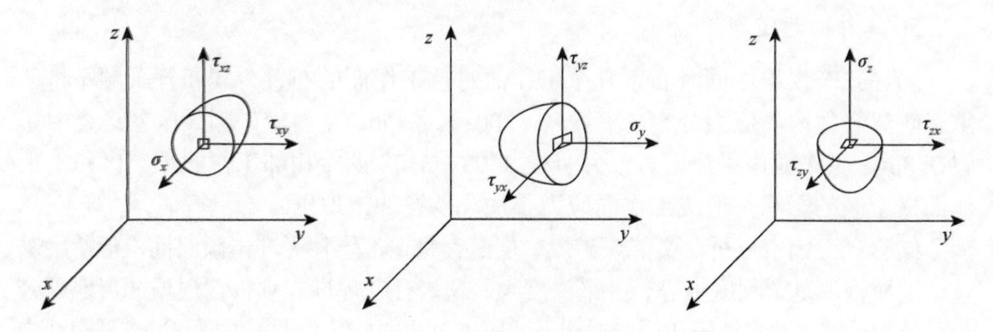

图 6.1 球形张量应力状态

可得体积应变能：

$$u_{\mathrm{v}}=\frac{1-2\mu}{6E}(\sigma_x+\sigma_y+\sigma_z)^2=\frac{3(1-2\mu)}{2E}\sigma_{\mathrm{m}}^2 \tag{6.2}$$

总体积变形能：

$$U_{\mathrm{v}}=\iiint_{\mathrm{v}}u_{\mathrm{v}}\mathrm{d}v=\iiint_{\mathrm{v}}\frac{1-2\mu}{6E}(\sigma_x+\sigma_y+\sigma_z)^2\mathrm{d}v \tag{6.3}$$

2. 形状应变能

形状应变能是指应力张量状态下的应变能，从总应变能减去总体积应变能便可得到形状应变能，即

$$u_{\mathrm{f}}=\frac{1+\mu}{6E}[(\sigma_x-\sigma_y)^2+(\sigma_y-\sigma_z)^2+(\sigma_z-\sigma_x)^2+6(\tau_{xy}^2+\tau_{yz}^2+\tau_{zx}^2)] \tag{6.4}$$

设主应力为 σ_1、σ_2、σ_3 时，$\tau_{xy}+\tau_{yz}+\tau_{zx}=0$，则用主应力表示：

$$u_{\mathrm{f}}=\frac{1+\mu}{6E}[(\sigma_x-\sigma_y)^2+(\sigma_y-\sigma_z)^2+(\sigma_z-\sigma_x)^2] \tag{6.5}$$

用主应力表示的总形状变形能为

$$U_{\mathrm{f}}=\iiint_{\mathrm{v}}\frac{1+\mu}{6E}[(\sigma_x-\sigma_y)^2+(\sigma_y-\sigma_z)^2+(\sigma_z-\sigma_x)^2+6(\tau_{xy}^2+\tau_{yz}^2+\tau_{zx}^2)]\mathrm{d}v \tag{6.6}$$

由式（6.6）可以得出，工作面四周的变形能随着工作面应力，即 σ_x、σ_y、σ_z 的变化而变化。

以质点运动速度作为衡量物体运动的标准，破碎煤岩体向自由空间抛出的动能主要取决于破碎煤岩体的平均初速度（v_0）。研究表明，当 v_0＜10m/s 时不会发生冲击地压，而当 v_0≥10m/s 时，则发生冲击地压（王方田和屠世浩，2015）。因此，煤岩体发生冲击地压需要聚集的动能至少为

$$U_{\text{pmin}} = \rho v_0^2 / 2 \tag{6.7}$$

式中，ρ 为抛出破碎煤岩体的平均密度，kg/m^3。

假设工作面发生冲击地压是以煤体突出为主，即 $\rho = 154kg/m^3$，$v_0 = 10m/s$，则该地质条件下发生压力型冲击地压所需的最小动能为 $U_{\text{pmin}} = 1540kJ/m^3$。

6.2.2　能量演化数值计算

煤岩体发生变形破坏的本质原因是煤岩体内弹性能的积聚、释放和转移，近年来煤岩体的破坏及发生冲击的研究判据已从以前的岩石脆断（张、剪）强度逐渐向能量判据深化（王方田和屠世浩，2015）。通过分析 CG1302 开采煤层顶板弹性能聚集，从能量角度方面预测煤层发生冲击地压的可能性，为工作面安全高效开采提供保障。

煤岩体的弹性能分别用形状变形能 E_{f} 和体积变形能 E_{v} 表示。假设应力超过岩体的强度极限取决于因形状改变聚集的能量 E_{f}，动力冲击的初始动能取决于岩体因体积改变聚集的能量 E_{v}，则形状变形能和体积变形能分别为

$$\begin{aligned} E_{\text{f}} &= \int_0^{\gamma} G\gamma \cdot \mathrm{d}\gamma = \frac{1+\nu}{6E}[(\sigma_1-\sigma_2)^2+(\sigma_1-\sigma_3)^2+(\sigma_2-\sigma_3)^2] \\ E_{\text{v}} &= \int_0^{\varepsilon} E\varepsilon \cdot \mathrm{d}\varepsilon = \frac{1+\nu}{6E}(\sigma_1+\sigma_2+\sigma_3)^2 \end{aligned} \tag{6.8}$$

式中，γ 为煤体剪应变；ε 为煤体正应变；σ_1、σ_2、σ_3 为三向主应力；G 为剪切模量；E 为弹性模量；ν 为泊松比。

σ_1、σ_2、σ_3 可以通过数值模拟软件计算导出，结合义能煤矿 CG1302 工作面的地质条件，采用 FLAC^{3D} 软件建立数值模拟模型如图 6.2 所示，模型尺寸为 220m×

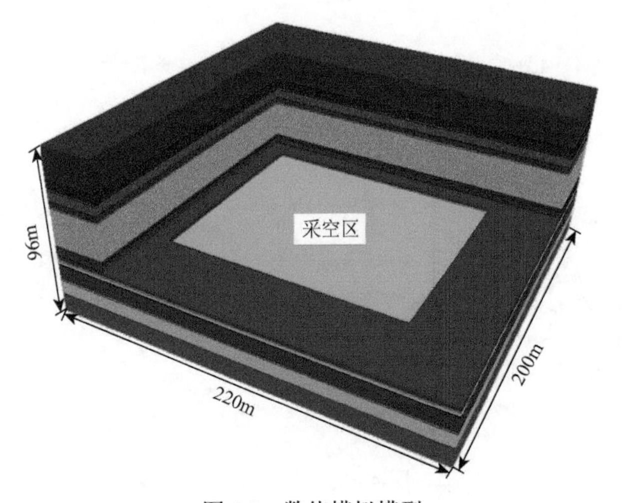

图 6.2　数值模拟模型

200m×96m，超高水材料水体积比为95%，工作面推进长度为140m。四周均简化为位移边界条件，在水平方向固定，即 $x_{val}=0$，$y_{val}=0$。

分别模拟垮落法开采、充填率为40%、60%、90%四种情况下煤体形状变形能 U_f、体积变形能 U_v 变化情况，如图6.3～图6.6所示。

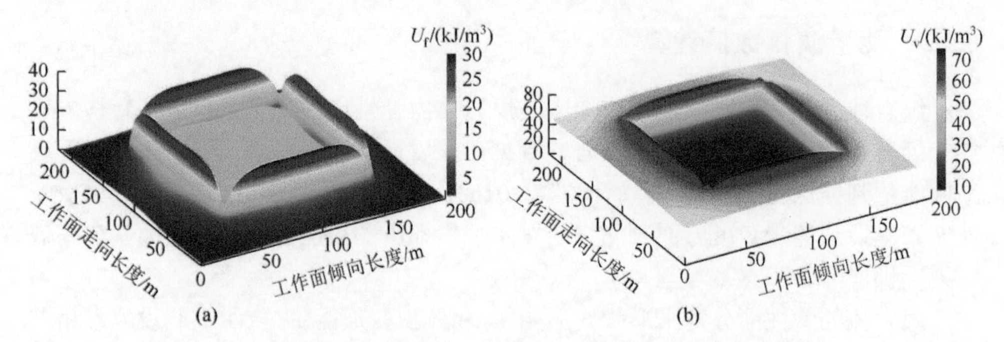

图6.3　垮落法开采煤体形状变形能与体积变形能变化情况图

（a）形状变形能 U_f 分布；（b）体积变形能 U_v 分布

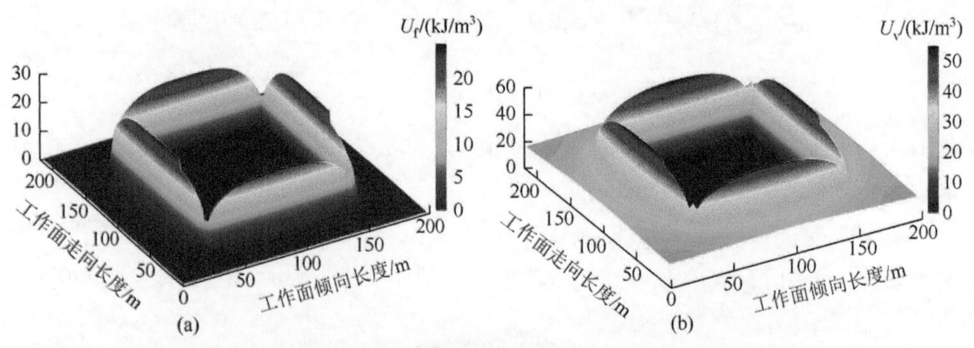

图6.4　40%充填率下煤体形状变形能与体积变形能变化情况图

（a）形状变形能 U_f 分布；（b）体积变形能 U_v 分布

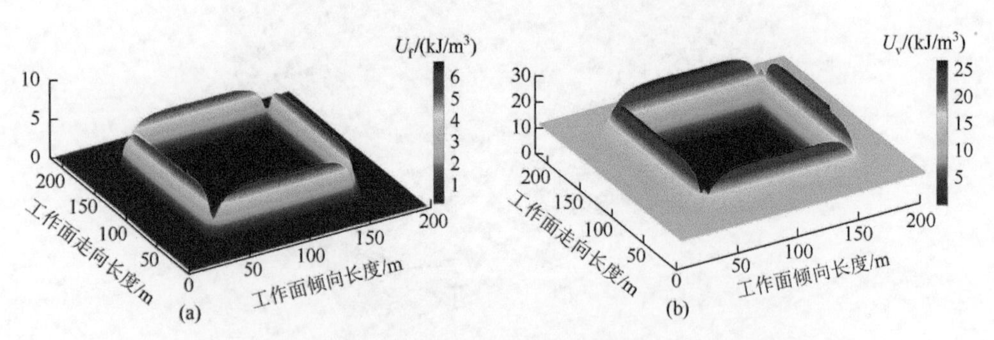

图6.5　60%充填率下煤体形状变形能与体积变形能变化情况图

（a）形状变形能 U_f 分布；（b）体积变形能 U_v 分布

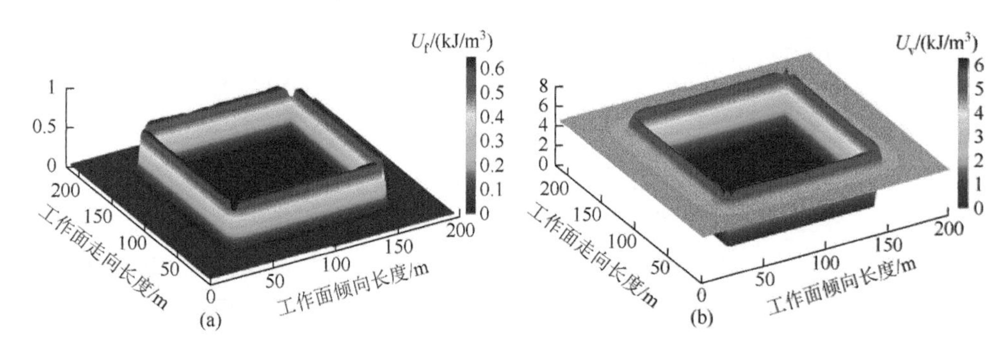

图 6.6　90%充填率下煤体形状变形能与体积变形能变化情况图

（a）形状变形能 U_f 分布；（b）体积变形能 U_v 分布

由图 6.3～图 6.6 可知，在工作面开采过程中，煤体中能量主要在工作面前方煤壁和采空区后方实体煤中发生积聚。当垮落法管理顶板时，形状变形能 U_f 最高达到 36kJ/m³，体积变形能 U_v 最高达到 85kJ/m³；当使用充填率为 40%的超高水材料充填开采时，形状变形能 U_f 最高达到 24kJ/m³，体积变形能 U_v 最高达到 53kJ/m³；充填率为 60%时，其中形状变形能 U_f 最高达到 6.6kJ/m³，体积变形能 U_v 最高达到 26kJ/m³；充填率为 90%时，形状变形能 U_f 最高达到 0.64kJ/m³，体积变形能 U_v 最高达到 6.13kJ/m³。

已知是否发生冲击地压发生判据为

$$\begin{cases} U_f \cap U_v \leqslant U_{pmin} & \text{不发生冲击地压} \\ U_f \cup U_v > U_{pmin} & \text{发生冲击地压} \end{cases} \tag{6.9}$$

已知 $U_{pmin}=77\text{kJ/m}^3$，当采用垮落法管理顶板时，体积形变能大于 77kJ/m³，达到发生冲击地压的条件；当采用超高水材料充填开采时，不同充填率下煤体中的体积变形能和形状变形能皆小于 77kJ/m³，不发生冲击地压，并且随着充填率的增大，煤体中积聚的能量不断减小。数值计算结果表明超高水充填开采能有效减缓能量聚集程度，可有效防治冲击地压。

6.3　充填开采微震监测技术

6.3.1　微震监测系统

煤岩结构在破坏过程中总是伴随着微震现象。在采动的影响下，煤岩发生破坏或原有的地质破裂被活化产生错动，微震能量以弹性波的形式释放并传播出去。通过对弹性波信息进行采集处理，可以获取微震事件发生的位置、大小、能量、地震矩、非弹性变形和震源机制等，并由此反演出煤岩体中原岩应力场，结合岩石力学，可以判断岩体稳定性，达到监测预警冲击地压的目的（徐学锋等，2011；王桂峰等，2014）。

微震监测采用环行总线结构，涵盖多类型矿压参数监测系统，可以选配增加围岩位移变形量监测，用于综合判断冲击地压在线监测预警的危险性（王涛等，2020）。系统以计算机网络为主体，兼容井下通信电缆、光缆专线、以太网络多种数据传输模式，义能煤矿微震监测布置如图 6.7 所示。微震监测与成像系统由硬件系统及软件系统组成，其中硬件系统包括地面数据处理服务器、微震采集分站和微震传感器；软件系统包括项目管理软件、实时监测软件、人机交互处理软件、三维可视化软件、双差波速场成像软件等。

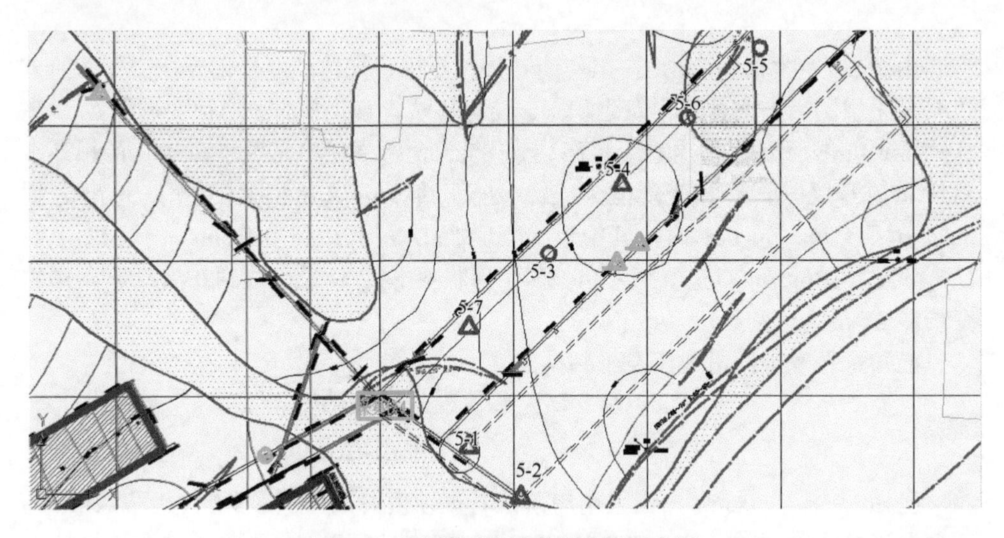

图 6.7　义能煤矿微震监测布置示意图

连接布设完备后的微震监测系统能实现主动震源双差波速场成像、三维地下介质模型的微震事件定位、主事件相对定位和双差定位、地层质点峰值速度 PGV 分析等功能，实时动态显示微震事件发生位置、能量大小。

6.3.2　充填开采微震监测

1. 震级能量分析

义能煤矿微震监测系统自 2019 年 5 月 1 日至 2019 年 5 月 31 日实时采集微震监测系统信息，统计出井下每天事件发生数量、发生位置及震动能量情况，如图 6.8～图 6.11 所示。

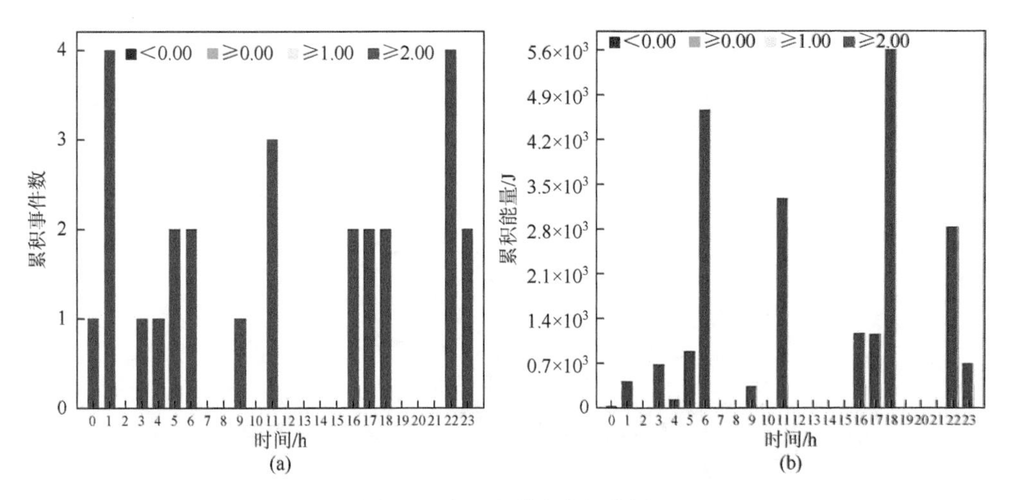

图 6.8　全天事件变化柱状图

（a）时间分布图；（b）能量分布图

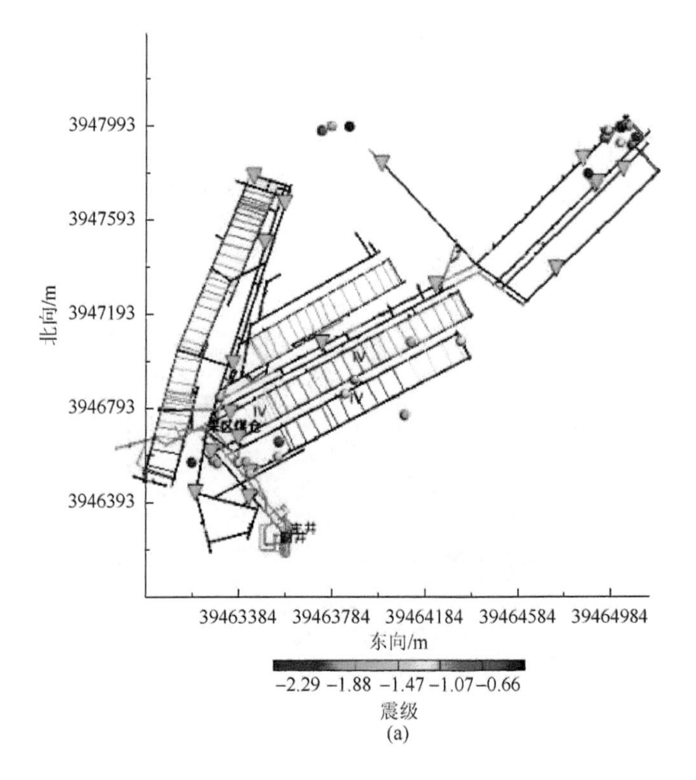

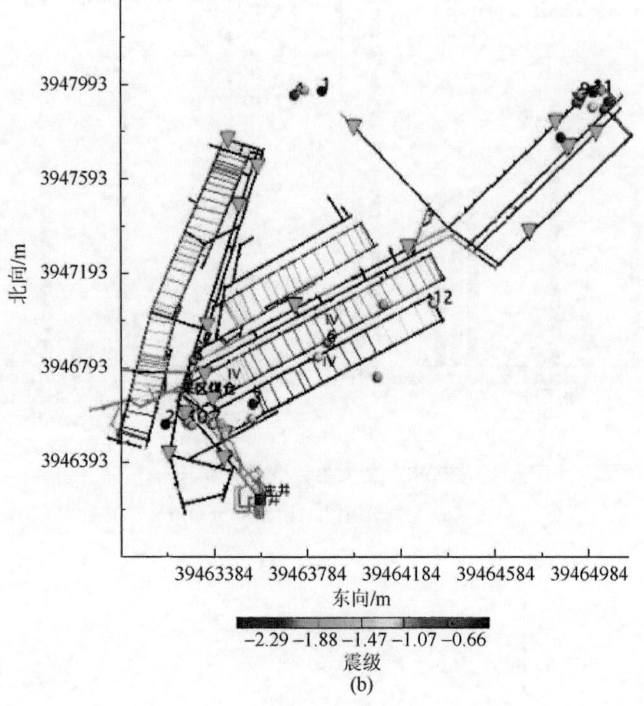

(b)

图 6.9　相对大事件与全部事件（俯视图）

（a）相对大事件；（b）全部事件

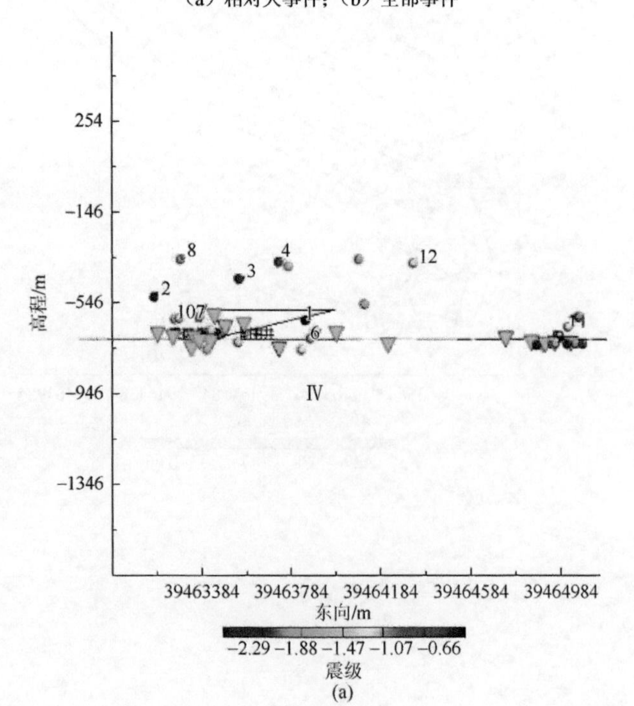

(a)

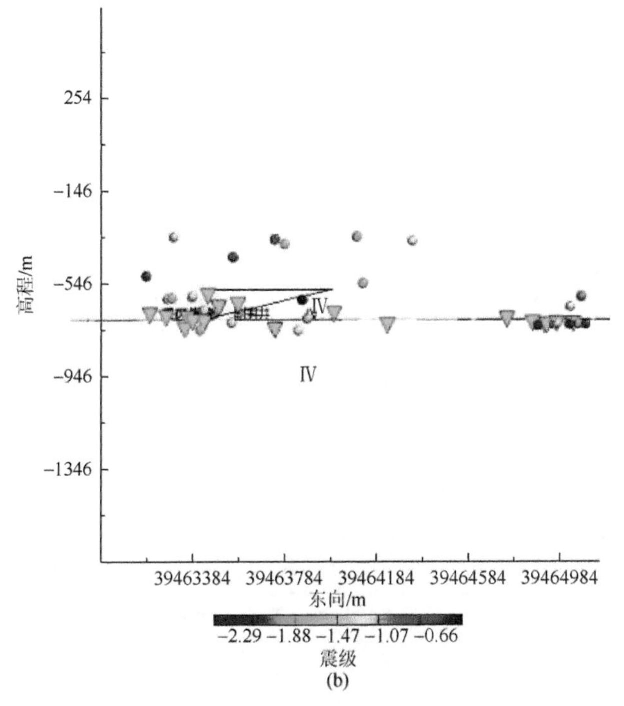

(b)

图 6.10　相对大事件与全部事件（北视图）

（a）相对大事件；（b）全部事件

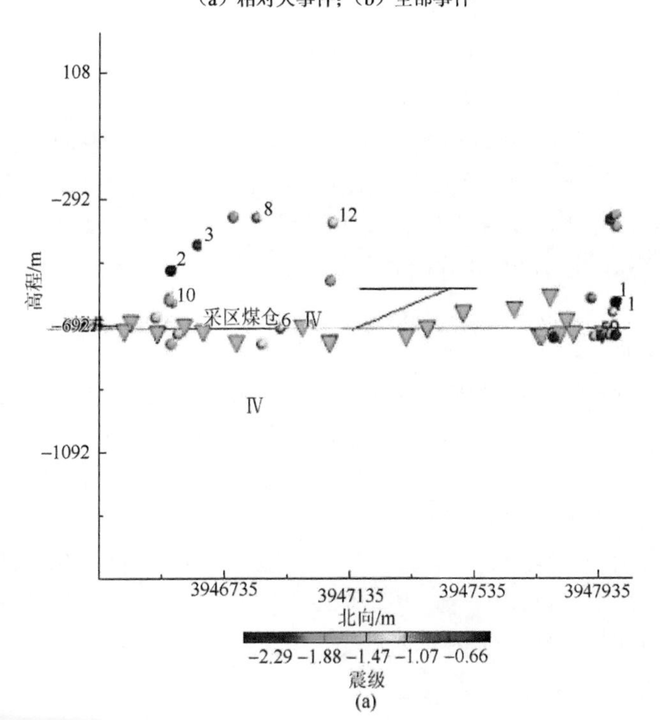

(a)

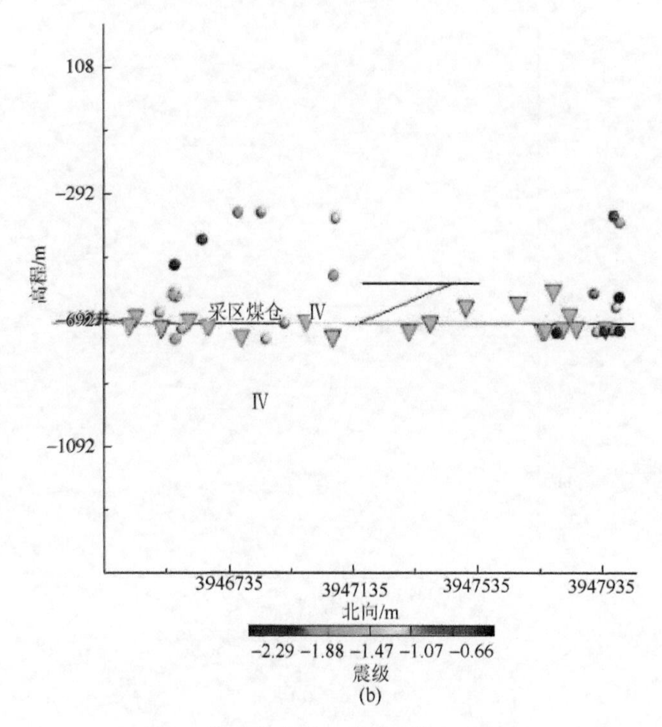

图 6.11　相对大事件与全部事件（东视图）

（a）相对大事件；（b）全部事件

从图 6.9～图 6.11 中可以得出，矿井微震高频及高强度发生区域为 CG1301 工作面、CG1302 工作面、皮带大巷、CG1312 工作面，其中 CG1302 工作面、CG1312 工作面微震发生的原因应为采动引起采场围岩应力重新分布，在高应力状态下工作面顶板发生破断，诱发微震。由于 CG1301 工作面回采工作已经结束，采区煤仓东部区域均为采空区，CG1301 工作面覆岩应力大，又受回采工作的影响，采场覆岩不易达到稳定状态，易诱发微震。CG1302 工作面微震发生震级为−2.29～−0.66，将震级转化为能量：

$$\lg E = 4.8 + 1.5M \tag{6.10}$$

式中，E 为能量，J；M 为震级。

计算可得到震级能量范围为 31.62～6456.54J。根据《义能煤矿矿井（3 煤层）冲击危险性评价及防冲设计》和《义能煤矿一采区（−725 水平）冲击危险性评价及防冲设计》要求，微震监测预警指标为：掘进区域单次事件能量达到 1×10^4J，回采区域单次事件能量达到 1×10^5J，矿井 24 小时总能量达到 1×10^6J；当日释放总能量较前天增加 50%及以上，或一周内总能量较上周增加 50%及以上，即可评价为增量预警。综上可知，当该矿微震信号能量在 10^4J 以下时，矿震为岩层应力正常释放所引起的，结合能量分布图及微震能量计算结果，可判断工作面 5 月微震事件产生的能量不具备冲击危险性。

2. 微震事件统计分析

收集2019年5月全部微震数据，绘制每日事件发生次数柱状图，如图6.12～图6.14所示。

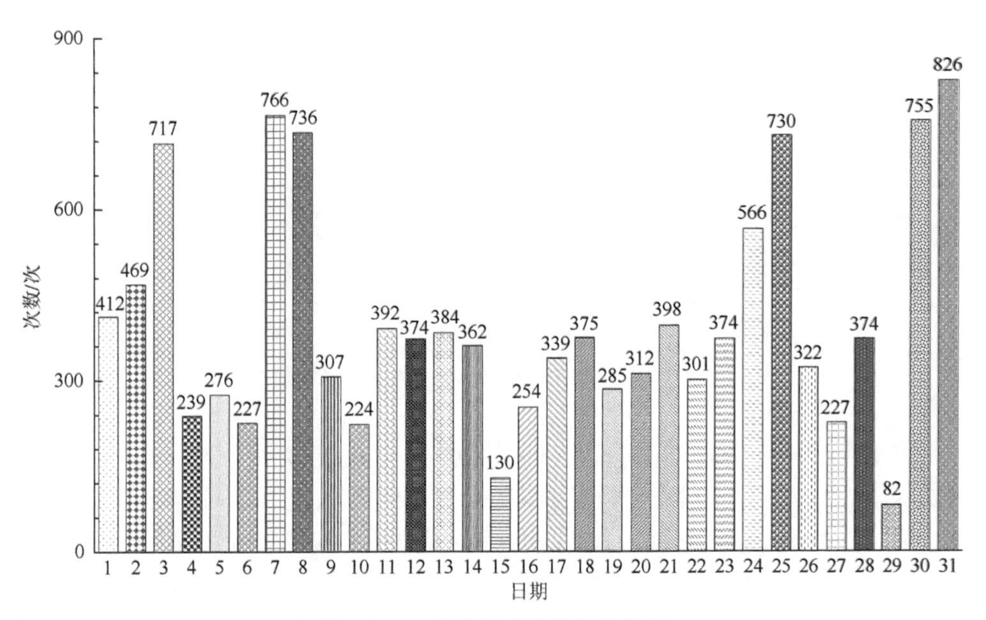

图6.12　5月全部事件发生柱状图

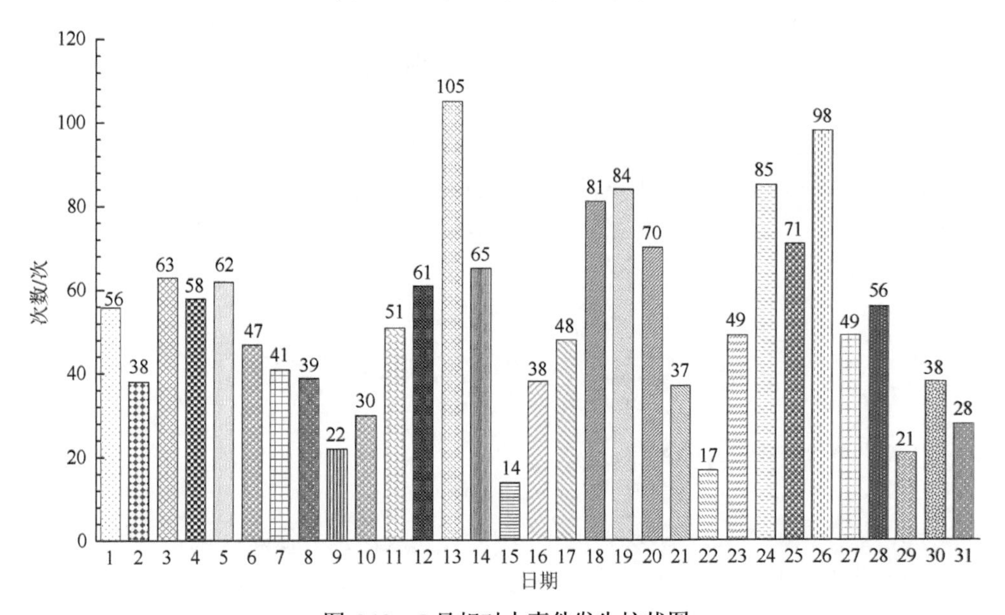

图6.13　5月相对大事件发生柱状图

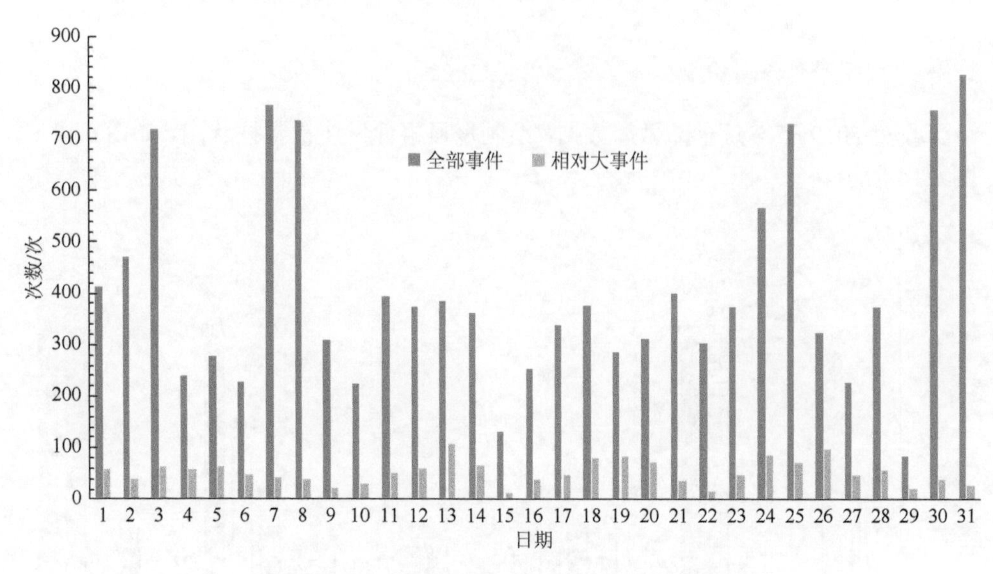

图 6.14 5 月相对大事件与全部事件对比柱状图

义能煤矿 5 月充填开采过程中共发生 12535 次微震事件，日均微震事件发生次数为 404.3，5 月 31 日发生微震事件为全月单日最高，共 826 次，5 月 29 日发生微震事件为全月单日最低，共 82 次；全月共发生 1622 次相对震级较高的大事件，日均微震相对大事件发生次数为 52.3，5 月 13 日发生微震相对大事件为全月单日最高，共 105 次，5 月 15 日发生微震相对大事件为全月单日最低，共 14 次，微震相对大事件的发生的概率为 12.9%，其中 5 月 26 日微震相对大事件发生概率最高为 30.4%，其中 5 月 26 日微震相对大事件发生概率最低为 3.4%。

工作面采动直接影响微震发生频度，结合 5 月生产情况，采掘工作（包括割煤、运煤、掘进等）会引发矿井微震，并且伴随着相对大事件发生的数量变化。因此，在事件发生高峰期和大事件发生较多的时间段，可适当调整采掘作业、采掘工作面和巷道位置布置来降低事件发生数量及相对大事件的数量，以达到防治冲击地压的目的。

6.4 冲击地压实时监测预警系统

6.4.1 矿山应力在线监测系统

冲击地压由静载和动载叠加引起，因此在对采区进行微震区域监测的同时，还需要监测巷道及采场应力大小（静载）、应力变化情况（动载）、支承压力和应力集中程度。在线应力监测技术主要用于测试巷道两侧应力分布及大小、应力峰值位置和支承压力的变化情况，为监测预警冲击地压、矿山压力预测预报、巷道布置、工作面支护设计等提供依据（赵婕，2015）。

义能煤矿应力监测选用KJ26矿山应力监测系统，该系统可实时在线监测工作面前方煤体应力变化规律，找到高应力区及变化趋势，实现冲击地压危险区和危险程度的实时监测预警和预报。在有冲击危险的区域，在发生冲击地压之前，采动应力存在逐步增加的现象，应力必须达到煤体破坏极限时才有可能发生冲击地压，并且应力增量的变化规律与钻屑量存在相关性，通过监测应力增量的变化规律等于间接地得到钻屑量，故将应力增量称为当量钻屑量。钻孔应力计测得的是相对应力，相对应力和绝对应力的关系如图6.15所示。

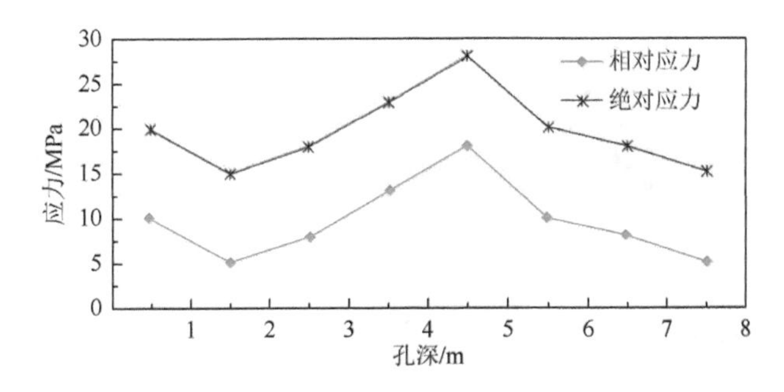

图6.15　煤层相对应力和绝对应力关系图

钻孔应力计揭示的支承压力峰值附近的应力变化情况，一般小于绝对应力。应力监测预警系统由井下和井上两部分组成，如图6.16所示。硬件结构使用统一的总线地址编码，井上检测服务器可接入矿区局域网络，支持信息在线监测和信息共享。

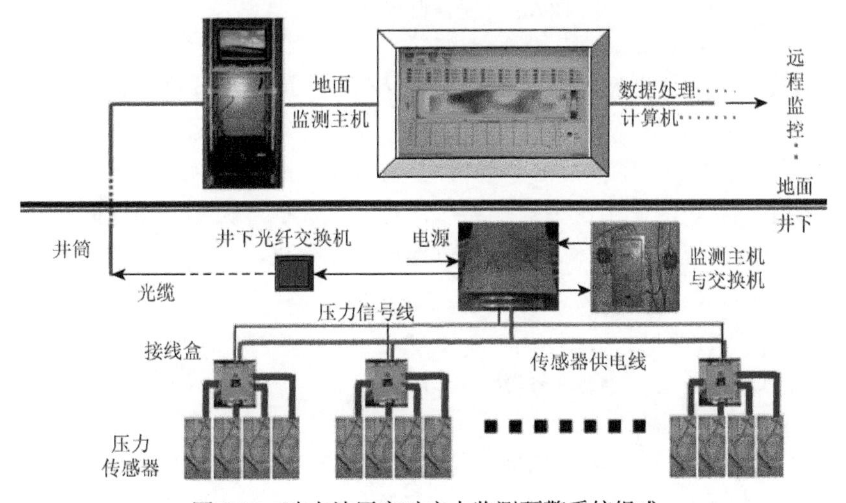

图6.16　冲击地压实时应力监测预警系统组成

矿压监测系统建立完备后，开始在井下布设采集仪，如图 6.17 所示，采集分站编号为采集仪 5（放置位置与采集仪 4 在同一处，故未添加标记）、传感器编号为 5-1#—5-4#（洋红色标记显示）。5-1#—5-2#传感器布设于 CG1311 巷道周围，5-3#—5-4#传感器布设于 CG1312 巷道周围，重点监测开采区（CG1311 工作面）且与其他 4-1#、4-2#传感器组成整个矿区微震监测网络，CG1312 回采第一阶段将 5-4#传感器移动至 5-5#位置，将 5-3#传感器移动至 5-6#位置，随着回采进度移动传感器点位添加了 5-6#和 5-7#；采集仪、传感器，圆形标记的是三分量传感器，三角形标记的是单分量传感器。

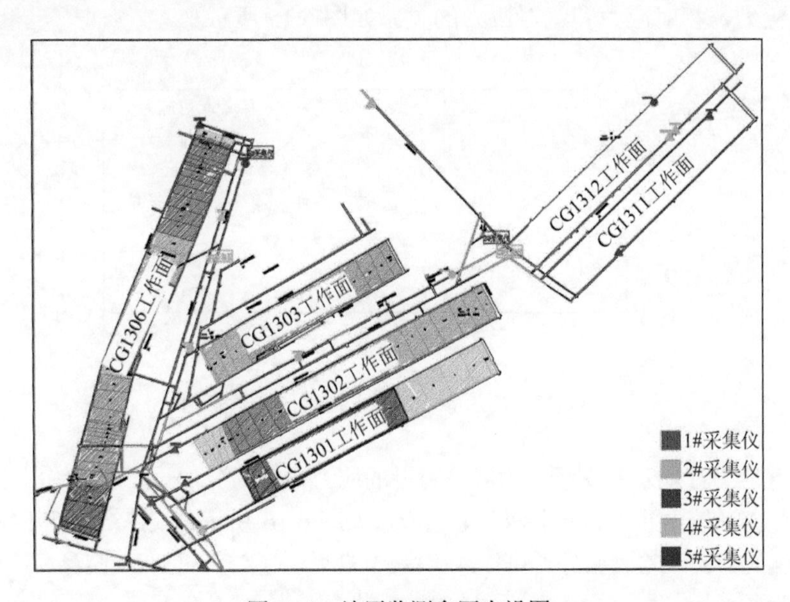

图 6.17　地压监测台网布设图

CG1302 工作面的压力传感器主要设置在工作面皮带顺槽煤体一侧，自开切眼前方 30m 开始，每 30m 一组，共设置 7 组，每组两个测点，埋设深度分别为 8m（浅测点）、14m（深测点），其具体布置方案如图 6.18 所示。

根据上述布设的矿山压力监测系统，对义能煤矿各大巷、工作面内布设矿山压力监测系统，以达到立体式、全方位地压监测效果，实现对采掘区域的安全监测和预警目标。

6.4.2　充填开采应力监测分析

充填开采应力在线监测数据来源为义能煤矿自 2019 年 5 月 1 日至 2019 年 5 月 31 日实时采集的信息。应力监测计每十分钟反馈一次应力监测值，为方便对比分

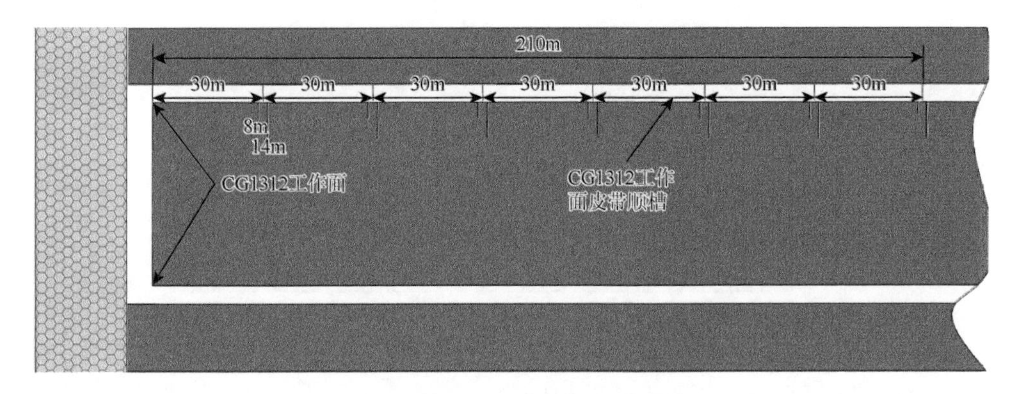

图 6.18　工作面压力传感器布置示意图

析工作面来压情况，选取每天 8：00 的应力值，统计分别得到 30m、60m、90m、120m、150m、180m、210m 处的应力变化情况，如图 6.19 所示。

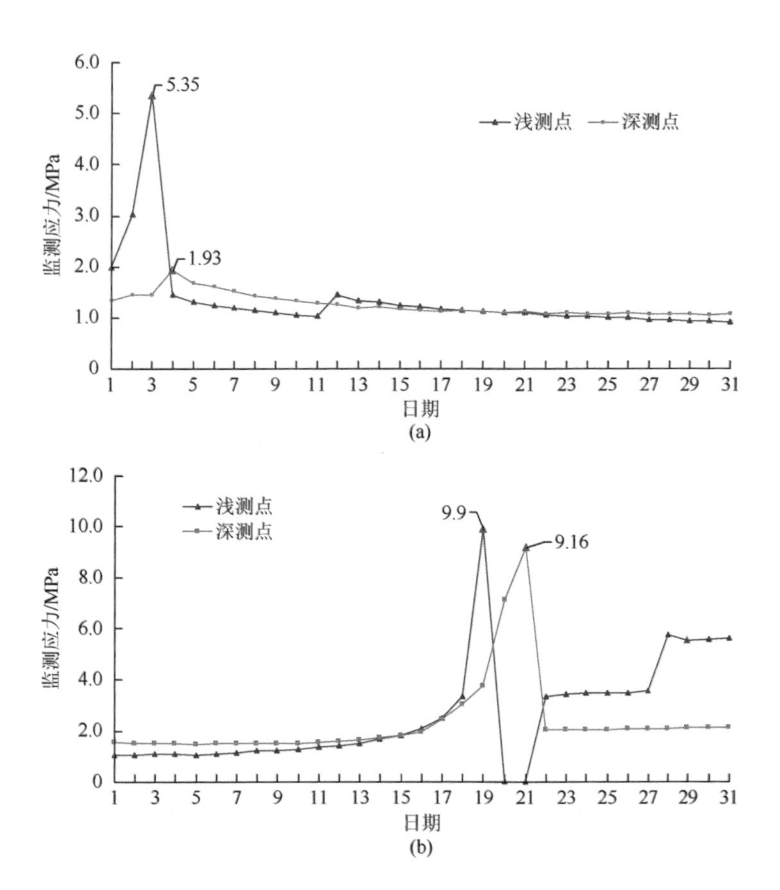

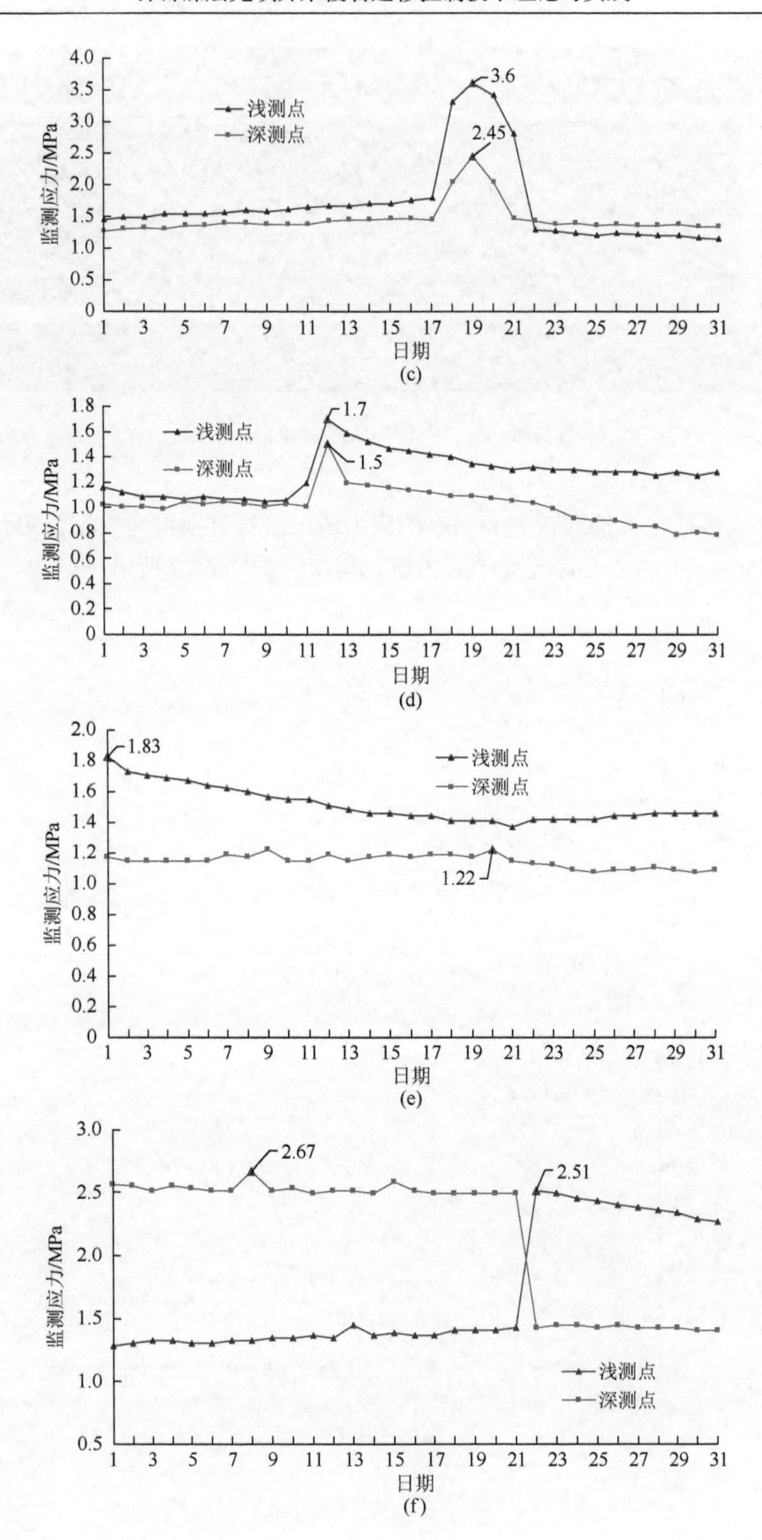

监测应力/MPa
浅测点
深测点
3.6
2.45
日期
(c)
1.7
1.5
(d)
1.83
1.22
(e)
2.67
2.51
(f)

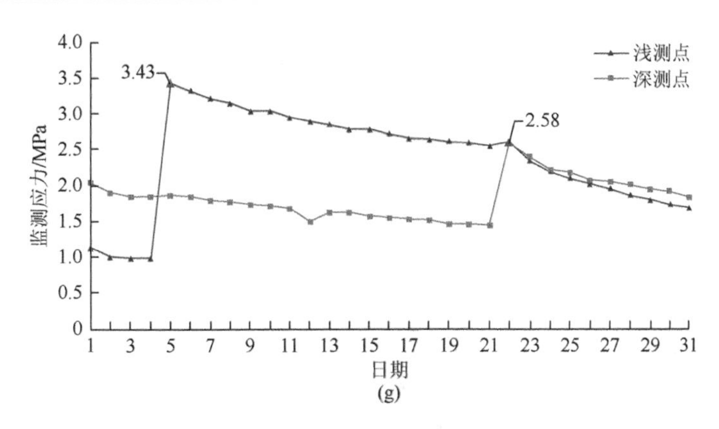

图 6.19　应力变化情况

(a) 30m 处；(b) 60m 处；(c) 90m 处；(d) 120m 处；(e) 150m 处；(f) 180m 处；(g) 210m 处

应力监测冲击危险指标见表 6.2。

表 6.2　应力监测冲击危险指标

测点深度/m	预警值/MPa	预警级别
8	<10	安全
	10～13	黄色预警
	>13	红色预警
14	<12	安全
	12～15	黄色预警
	>15	红色预警

由图 6.19 中监测得到深测点与浅测点应力峰值可知，CG1302 工作面煤体预警级别为安全，实际应用结果证明超高水充填开采有效降低了工作面压力，起到防治冲击地压的作用。根据矿压变化情况，每个监测点都在不同时间达到峰值，30m 和 60m 处属于超前应力区范围，应力变化起伏相对较大，针对应力峰值变化可以做出相应措施，如采取加强超前支护区支护强度、打卸压孔等方式降低煤岩应力，防治冲击地压，保障工作面安全开采。

6.5　本 章 小 结

(1) 统计近年中东部地区发生的重大冲击地压事故原因，表明冲击地压主要影响因素有开采深度、煤岩体力学性质、覆岩条件、地质构造和工作面巷道布置等；结合义能煤矿地质构造和工作面开采条件，确定义能煤矿具有发生冲击压力型冲击地压的条件。

（2）基于能量理论分析了超高水充填开采煤体变形能分布规律，计算得到发生冲击地压的最小动能为 $U_{pmin} = 77kJ/m^3$；模拟了不同充填率下煤层中能量积聚情况，与垮落法开采相比，超高水充填开采能有效降低煤层能量积聚程度、预防冲击动力灾害的发生。

（3）通过矿山微震监测系统监测统计得出矿井每天的微震事件数量、事件分布地点和事件震级能量。结果表明微震震级范围在–2.29～–0.66，震级所产生能量为 0.031～6.46kJ，不具备发生冲击地压的条件。

（4）通过钻孔应力计监测相对应力进行了冲击地压预报，实现冲击地压的监测预警；实际应用结果证明超高水充填开采有效降低了工作面压力，能达到防治冲击地压的效果。

参考文献

窦林名. 2001. 冲击矿压防治理论与技术. 徐州：中国矿业大学出版社.

窦林名，何江，曹安业，等. 2015. 煤矿冲击矿压动静载叠加原理及其防治. 煤炭学报，40（7）：1469-1476.

付玉凯. 2018. 基于剩余能量释放率指标的组合煤岩体冲击倾向性研究. 煤矿安全，49（9）：63-67.

钱鸣高，石平五，许家林. 2010. 矿山压力与岩层控制. 徐州：中国矿业大学出版社.

王方田，屠世浩. 2015. 浅埋房式采空区下近距离煤层长壁开采致灾机制及防控技术. 徐州：中国矿业大学出版社.

王桂峰，窦林名，李振雷，等. 2014. 冲击矿压空间孕育机制及其微震特征分析. 采矿与安全工程学报，31（1）：41-48.

王涛，李根，姜涛，等. 2020. 深部厚煤层巷道掘进微震预警参数及临界指标研究. 煤炭工程，52（3）：53-56.

肖晓春，樊玉峰，吴迪，等. 2019. 组合煤岩破坏过程能量耗散特征及冲击危险评价. 岩土力学，40（11）：4203-4212，4219.

谢和平，鞠杨，黎立云. 2005. 基于能量耗散与释放原理的岩石强度与整体破坏准则. 岩石力学与工程学报，24(17)：3003-3010.

徐秉业，沈新普，崔振山. 2003. 固体力学. 北京：中国环境科学出版社.

徐学锋，窦林名，曹安业，等. 2011. 覆岩结构对冲击矿压的影响及其微震监测. 采矿与安全工程学报，28（1）：11-15.

赵婕. 2015. 煤矿采场集中应力在线监测系统. 煤矿安全，46（12）：107-109.

Wang F T，Tu S H，Yuan Y，et al. 2013. Deep-hole pre-split blasting mechanism and its application for controlled roof caving in shallow depth seams. International Journal of Rock Mechanics & Mining Sciences，64：112-121.

Wang F T，Zhang C，Zhang X G，et al. 2015. Overlying strata movement rules and safety mining technology for the shallow depth seam proximity beneath a room mining goaf. International Journal of Mining Science and Technology，25（1）：139-143.

第 7 章　智能化超高水充填与开采协调控制技术

义能煤矿 3 号煤层平均埋深大于 800m，深部煤炭资源开采中面临“三高一扰动”（高地应力、高地温、高岩溶水压及高强度采掘扰动）的挑战，在高地应力下超高水充填开采上覆岩层（覆岩）运移机制发生变化，若提高开采强度将会影响生产工艺及生产系统的布置。本章结合深部煤炭资源超高水充填开采技术难题，研究智能化超高水开采与充填协调的覆岩控制技术，以达到深井超高水充填过程中覆岩运移控制与潜在灾变防控、地表沉陷控制及环境保护等目的，从而实现深井工作面安全高效绿色生产，研究技术框架如图 7.1 所示。

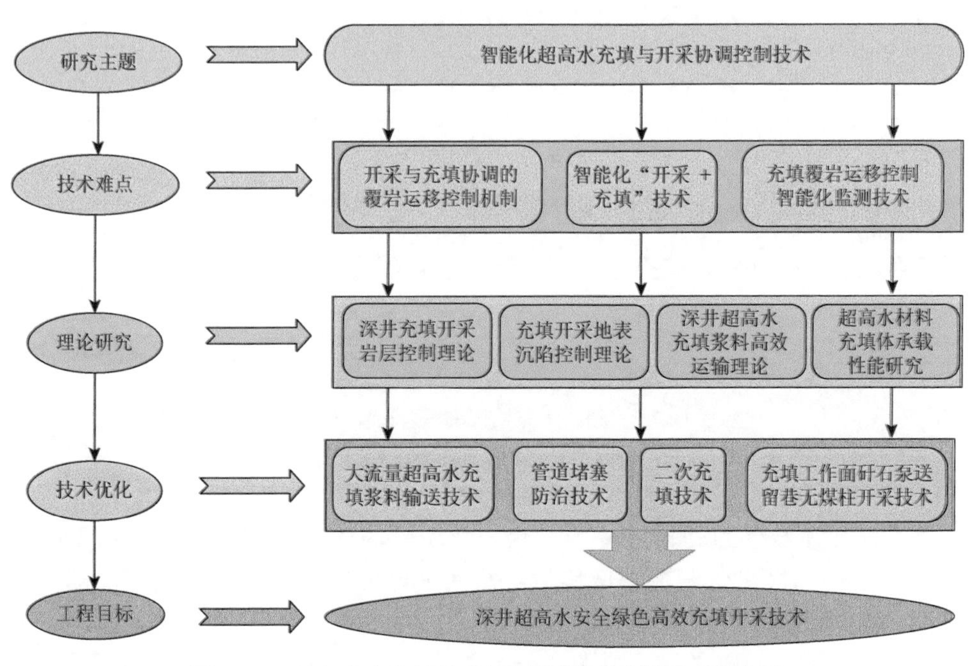

图 7.1　深井超高水充填开采与协调覆岩控制技术研究框架

7.1　开采与充填协调的覆岩运移控制机制

7.1.1　充填开采协调覆岩运移机理

充填开采可有效控制上覆岩层的运移，进而控制地表沉陷，有效解决“三下”

（建筑物下、水体下、铁路下）开采带来一系列的环境问题（戴华阳等，2014）。开采浅埋煤层时，充填体所受地应力相对较小，变形量不大，顶板在充填体的承载作用下下沉及变形量也相对较小，开采过程中松散层随基岩同步下沉，地表下沉量 ω_q 相对较大。深部开采时，上覆岩层厚且运移剧烈，碎胀压实后体积增大，地表的下沉量 ω_s 相对较小。超高水充填开采覆岩运移结构图如图 7.2 所示（图中 ω_q 为浅埋煤层充填开采地表达到充分采动时地表最大沉陷值，ω_s 为深部煤炭资源达到充分采动时地表沉陷最大值）。从矿山压力及岩层控制角度出发，提高充填率可有效控制上覆岩层运移，而从防治地表沉陷角度出发，深部开采时可适当提高充填材料强度。深井开采过程中采场围岩变形相对较大，在考虑地表沉陷设防指标的同时，对矿山压力及岩层进行控制是实现深部煤炭资源绿色开采的关键，故设计合理的采充比及充填材料水体积比，可在防治地表沉陷的同时降低工作面矿压显现强度，实现深井安全高效绿色开采。

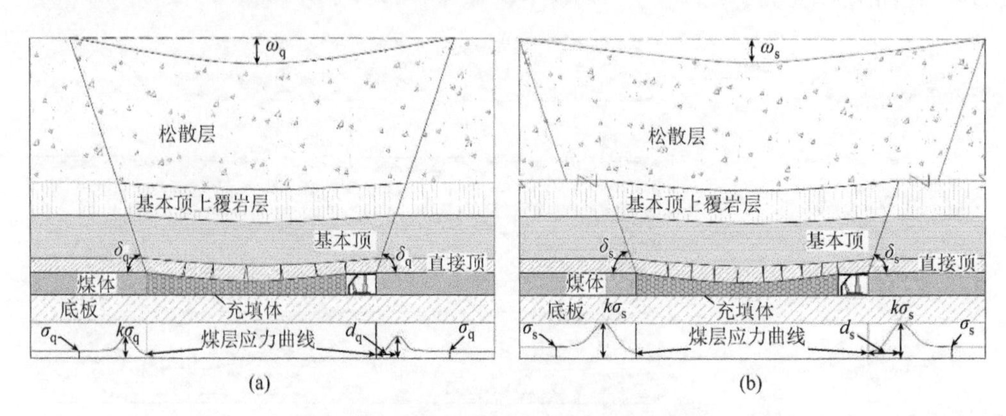

图 7.2 超高水充填开采覆岩运移结构图

（a）浅部充填开采；（b）深井充填开采

在深部煤炭资源开采过程中，煤岩体所受的应力随着埋深增大而不断增加。开采深部煤炭资源覆岩运移情况与浅埋煤层有一定差异，其中深部煤炭资源与浅埋煤层充填开采上覆岩层运移如图 7.2 所示，研究采场覆岩至地表的运移规律主要有控制关键层弯曲变形的关键层稳定控制理论、以基本顶是否发生临界断裂为判定依据的基本顶控制理论、工作面范围内充填体—液压支架—煤体协同控顶理论。由图 7.2 可知，在浅埋煤层开采过程中，煤层中原岩应力 σ_q 较小，煤炭资源开采过程中由于基载比较小，基岩在开采后回转下沉较为严重，超前应力峰值位置与煤壁距离 d_q 较小，深部煤层开采过程中，煤层中原岩应力 σ_s 较大，基载比相对较大，由于关键层对上覆载荷层的承载作用，煤层超前应力峰值位置与煤壁距离 d_s 相对较远，深井开采煤岩体力学性质受诸多不利因素的影响下，充填体—液压支架—煤体三位一体协同控顶机理发生变化。

7.1.2　开采与充填相互影响因素

CG1302 工作面按走向长壁采煤法布置，工作面倾向长度为 110m，面内全部充填，工作面之间留设 30m 煤柱。采用超高水材料袋式充填，选用基本架加楔形分隔箱形式的充填支架支撑顶板。采用双滚筒采煤机割煤，截深为 0.6m，工作面每割三刀充填一次，工作面一天一个循环，每循环进尺 1.8m。采用“三八”工作制，每日两班生产、一班充填检修。

1. 生产能力和充填能力

CG1302 工作面采用超高水材料袋式充填，则必须考虑充填能力与生产能力是否匹配。充填与开采在同一个工作面进行，若充填速度或开采速度不匹配，一方快一方慢就会导致采、充总有一方在等另一方，生产力一直处于受约束的状态，达不到高效产煤的要求。因此，采用超高水材料袋式充填工艺必须先进行充填能力和生产能力的计算。

按照 CG1302 工作面实际充填情况计算充填能力如下：

$$V_{\mathrm{d}} = a \times h \times b \times k_1 \times k_2 \tag{7.1}$$

式中，a 为 CG1302 工作面充填区宽度，取 $a = 110\mathrm{m}$；h 为平均煤厚，取 $h = 3\mathrm{m}$；b 为工作面日推进距离，取 $b = 1.8\mathrm{m}$；k_1 为沉缩比，取 $k_1 = 1.1$；k_2 为流失系数，取 $k_2 = 1.05$。

计算得 $V_{\mathrm{d}} = 687.07\mathrm{m}^3$。由于采用超高水材料袋式充填方法，故充填班先要进行挂包、铺设管路等充填准备工作。采用“三八”工作制，每天有一班充填检修，时长 8h，设定充填准备工作 2h，正常充填 4h，充填后清洗管路等辅助工作 2h。故可确定浆体制备系统的理论制浆能力为

$$Q = \frac{V_{\mathrm{d}}}{t} \times \lambda \tag{7.2}$$

式中，t 为工作面单班充填时间，取 4h；λ为制浆系统备用系数，取 1.2。

计算得：$Q = 206.121\mathrm{m}^3/\mathrm{h}$。超高水材料为 A 料浆与 B 料浆按 1∶1 的比例混合而成，按照 CG1302 工作面生产能力计算，单料浆理论所需制浆能力为 $104\mathrm{m}^3/\mathrm{h}$，实际制浆能力应高于此值，以应对突发事件的影响，如挂包、铺设管路等没有及时完成导致正式充填时间缩短，避免因充填能力不达标而制约生产。同时制浆能力亦不能过大，避免常处于空闲状态造成浪费。

2. 劳动组织管理

CG1302 工作面超高水材料袋式充填较多，劳动组织更加复杂，一旦充填工序有误，将直接影响后续工序。

1）充填劳动组织

在采空区充填过程中，需要各工种相互配合，各工种主要分布于制浆站和充填点。各工种职责为：上料工每套设备 4 个，分别负责 A 料、B 料及 AA 辅料、BB 辅料的上料工作，若储料系统储料足够，可灵活安排；操控工进行浆体配比的实时监测；维修工负责制浆站设备的维护和 A、B 两种浆体比例的观测；充填工完成袋包的挂设和分支管路的连接铺设、回收与清洗；管路工负责整个管路状态的巡视。制浆站与充填点由班长负责指挥，并保持两处信息及时沟通。充填劳动组织见表 7.1。

表 7.1　充填劳动组织表

序号	地点	工种	班次人数			备注
			检修班	采煤班	采煤班	
1	制浆站	上料工	8	—	—	管路铺设与充填工的人数根据工作面长度及挂包确定
2		操控工	1	—	—	
3		联络、班长	1	—	—	
4		维修工	1	—	—	
5	工作面	充填工	12	—	—	
6		管路工	1	—	—	
7		联络、班长	1	—	—	
合计			25	—	—	

2）各充填工序注意事项

（1）充填前准备工作。在挂设充填袋之前需清理出一片整洁空间，保证底板平整，不能有倒塌充填体和冒落矸石，防止充填袋受到损害。充填侧工作面每隔 15 架液压支架一个充填袋，共 5 个充填袋，每个充填袋长度为 22.5m，使充填袋紧贴四周（后顶梁、前面挡板、两侧楔形分隔箱及上次充填体）。

（2）充填过程工作。充填时必须保证两种单浆体的比例为 1∶1，按比例混合的超高水材料才能保持其应有的性能（凝固速度、初凝强度、最终强度等），因此需要专人在制浆站负责上料和监视浆体配比。超高水材料凝固前表现为浆体特征，若充填袋质量不佳可能导致充填料浆流出，不仅无法凝固为理想的充填体，还会对充填区域和前方采煤区域造成污染，因此充填过程中的充填袋需要专人看护。

（3）充填完毕后工作。充填将要结束时，充填点看护工要提前通知制浆站，避免制浆过多造成浪费。待各充填袋充满后，开始逐包进行二次充填，达到浆体溢出的状态后结束。及时从充填袋内取出分支管路，并用塑料绳将入浆口扎紧，与此同时关闭此通路的阀门，对管路进行清洗。洗完管路仍需对管路吹风 60～90min，同时对所有球阀、二次充填管路进行冲洗，整理充填工具、冲洗工作面。

3. 推进速度对固结体力学特性的影响规律

为了进一步分析义能煤矿在超高水材料充填的条件下，工作面开采速度对超高水固结体力学特性的影响规律，利用岩土工程计算软件 FLAC^{3D} 三维数值模拟计算软件，以 CG1312 试验工作面为工程背景，通过建立合理三维数值模拟，来模拟充填开采引起的围岩移动及应力变化情况。

1）不同推进速度数值模拟方案

CG1312 超高水充填工作面目前开采 3 号煤，煤厚 1.2～3.7m，平均为 2.7m，工作面长 110m，沿倾向推进长度为 867m，平均埋藏深度为 725m。本次模拟采用莫尔-库仑强度准则作为单元破坏的准则，模拟工作面倾向推进长度为 200m，模拟工作面长为 110m，模拟预留煤柱长度为 30m。为了消除边界效应，模型在 x 方向上取 180m，y 方向上取 300m，在 z 方向上煤层底板取 9m，煤层顶板取 82m，煤岩力学参数见表 7.2。

表 7.2　煤岩力学参数表

岩性	容重 /(kg/m^3)	抗压强度 /MPa	抗拉强度 /MPa	弹性模量 /GPa	泊松比	黏聚力/MPa	内摩擦角/(°)
3 号煤	1540	7.81	0.63	2.55	0.19	3.2	30
泥岩	2330	17.16	0.82	10.13	0.31	1.3	26
粉砂岩	2638	43.67	0.94	14.72	0.21	8.2	40
细砂岩	2640	39.07	1.14	21.70	0.25	10.5	38

模型上部覆岩的等效载荷 σ_z 为

$$\sigma_z = \gamma H \tag{7.3}$$

式中，γ 为覆岩平均体积力，取 25kN/m^3；H 为地表距模型顶部高度，取 627.7m。

计算得到 $\sigma_z = 15.7$MPa，则上部覆岩的等效载荷为 16.9MPa。数值计算模型如图 7.3 所示。

参照 CG1312 充填工作面在 2019 年 12 月 1 日至 2020 年 7 月 30 日矿压监测情况，其工作面在回采过程中液压支架月平均工作阻力实测数据见表 7.3，平均工作阻力为 34.6MPa，支架支护强度取 0.62MPa。工作面充填率（充填高度）按照实际充填率取 90%，即充填高度为 2.4m。

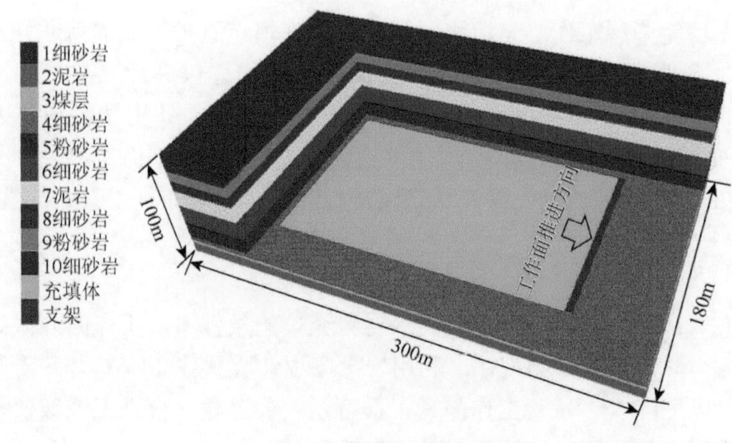

图 7.3　数值计算模型

表 7.3　CG1312 充填工作面液压支架月平均工作阻力实测数据统计表

参数	观测日期（年/月）								
	2019/11	2019/12	2020/1	2020/2	2020/3	2020/4	2020/5	2020/6	2020/7
液压支架月平均工作阻力/MPa	36.41	36.41	34.99	34.75	37.68	33.49	35.89	31.09	33.33

通过理论计算得到工作面合理推进速度为 1.8m/d，已知采煤机截深为 0.6m，数值模拟分别模拟工作面推进速度为 1.2m/d、1.8m/d、2.4m/d、3.0m/d，工作面推进长度为 200m，对比分析在不同推进速度下工作面顶底板应力变化、位移变化及塑性破坏发育情况，以此得到合理推进速度。

模拟过程中推进速度通过设置不同充填开挖运算步数来进行调控，采用 FISH 语言循环语句来完成采煤-充填过程，充填支架工作阻力则通过应力载荷循环作用的方式施加在顶板，随着推进的过程撤去支护强度，完成工作面支护效果。模拟时沿直接顶布置测线，测线长度为模型 x 方向长度为 300m，每隔 2m 设置一个测点，测点共设置 150 个，其测线布置剖面图如图 7.4 所示。

2）数值模拟结果分析

（1）不同推进速度应力分布分析。模拟得到推进速度分别为 1.2m/d、1.8m/d、2.4m/d、3.0m/d 时工作面覆岩垂直应力分布云图，如图 7.5 所示。

由模拟结果可知，当工作面推进速度由 1.2m/d 逐渐增加到 3.0m/d 过程中，煤柱应力峰值逐渐降低，分别为 18.2MPa、19.1MPa、22.0MPa、28.2MPa；工作面应力集中系数分别为 1.01、1.05、1.22、1.56，随着推进速度的提高，应力集中系数增量为 0.03、0.17、0.34；由应力分布情况可以看出，应力集中区域主要为工作面前方煤壁及煤层底板处；工作面后方采空区由于后方充填体支撑和支架作用，会有一段充填体不受覆岩应力的区域，不同推进速度下该区域长度范围分别为 15～19m、14～18m、11～15m、9～13m。

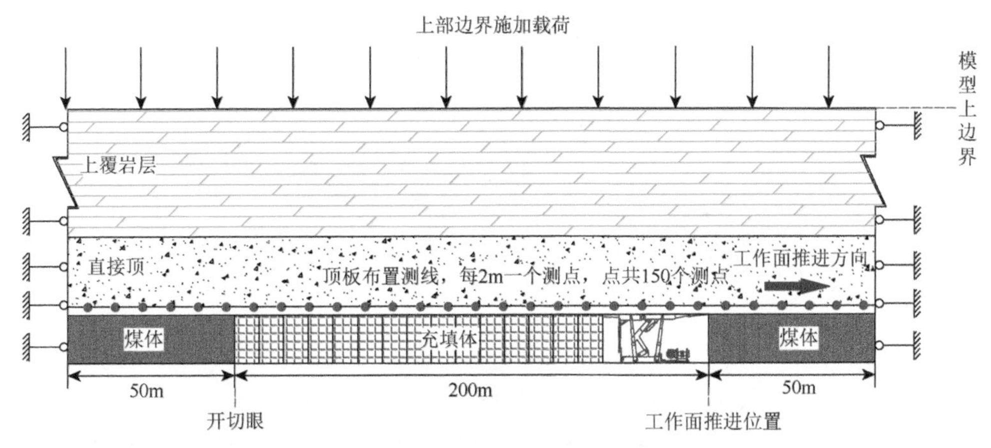

图7.4　直接顶测线布置剖面图

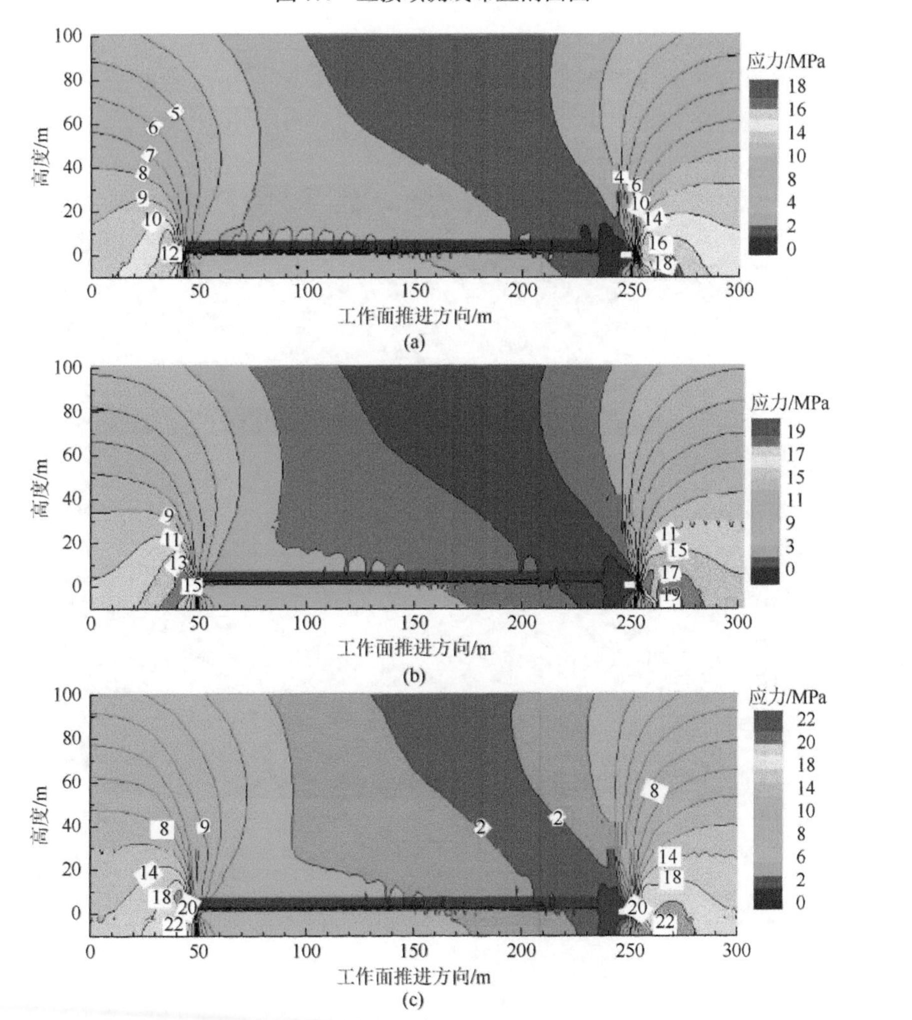

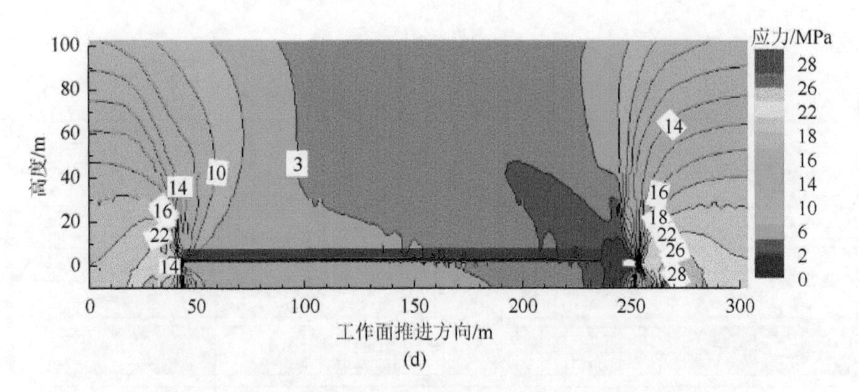

图 7.5　不同推进速度工作面覆岩垂直应力分布云图

（a）工作面推进速度为 1.2m/d；（b）工作面推进速度为 1.8m/d；（c）工作面推进速度为 2.4m/d；（d）工作面推进速度为 3.0m/d

（2）不同推进速度顶板下沉分析。模拟得到推进速度分别为 1.2m/d、1.8m/d、2.4m/d、3.0m/d 时工作面覆岩垂直位移分布云图，如图 7.6 所示。

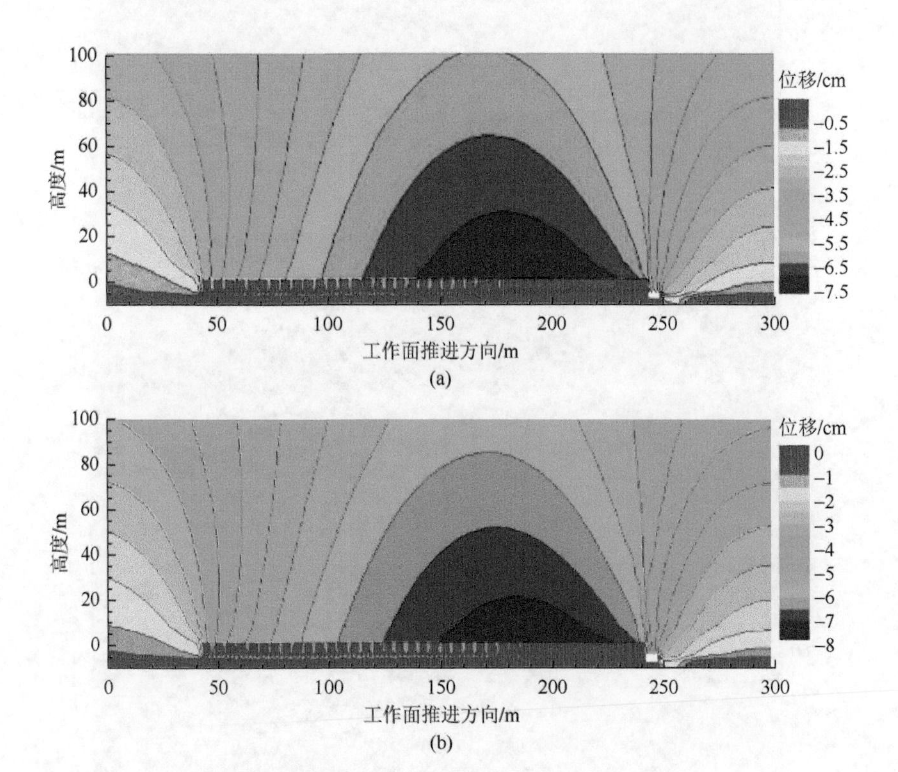

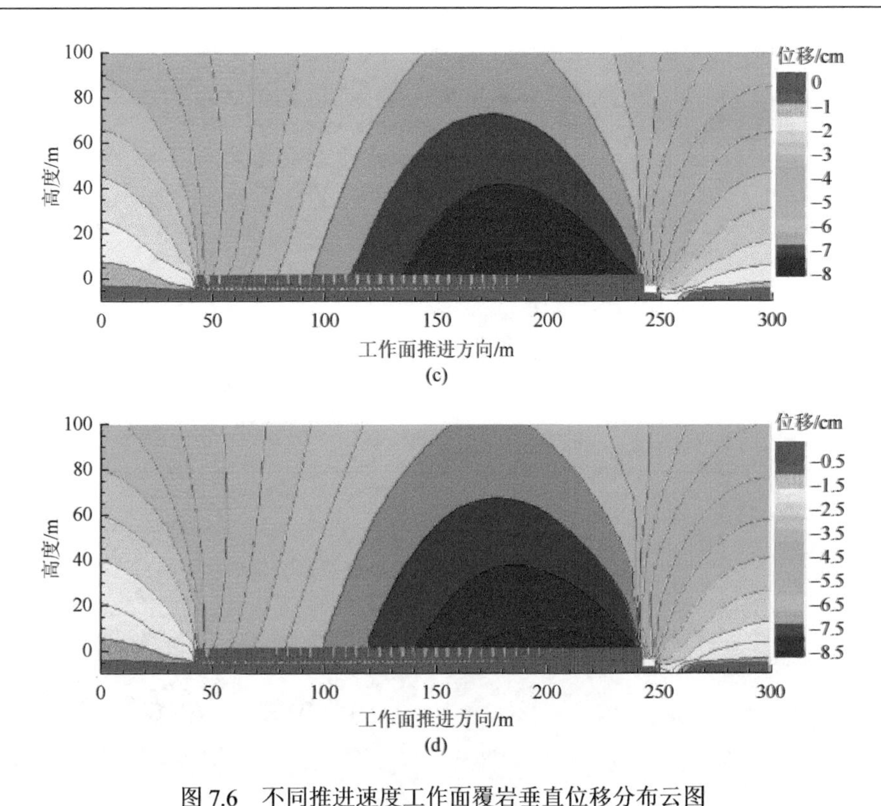

图 7.6　不同推进速度工作面覆岩垂直位移分布云图

（a）工作面推进速度为 1.2m/d；（b）工作面推进速度为 1.8m/d；（c）工作面推进速度为 2.4m/d；（d）工作面推进速度为 3.0m/d

由图 7.6 和图 7.7 分析可知，随着工作面推进速度的增大，覆岩整体下沉位移量增大；随着工作面推进距离的增加，直接顶下沉位移量增大，在推进 200m 的时候，直接顶的最大下沉量分别为 77.6mm、81.3mm、85.2mm、90.1mm，增量分别为 3.6mm、3.7mm、3.8mm、4.9mm；直接顶下沉量最大位置距工作面距离分别为 62.8m、54.7m、54.7m、44.6m；随着推进速度的增加，顶板下沉量峰值位置越靠近工作面。

（3）不同推进速度塑性破坏区分析。模拟得到推进速度分别为 1.2m/d、1.8m/d、2.4m/d、3.0m/d 时工作面覆岩塑性区分布，如图 7.8 所示。

由工作面不同推进速度情况下塑性区范围分析可知，在工作面推进过程中，其发生破坏位置主要集中在顶底板，顶板破坏高度随着工作面推进速度的增加而扩大；在推进速度由 1.2m/d 增加到 3.0m/d 过程中，顶板破坏高度分别为 14.9m、15.2m、16.6m、16.9m，增量分别为 0.3m、1.4m、0.3m、0.6m；破坏形式主要为剪切破坏，靠近工作面附近主要为拉伸破坏；推进速度为 1.2m/d 和 1.8m/d 时破坏程度相近，推进速度为 2.4m/d 和 3.0m/d 时破坏程度相近。

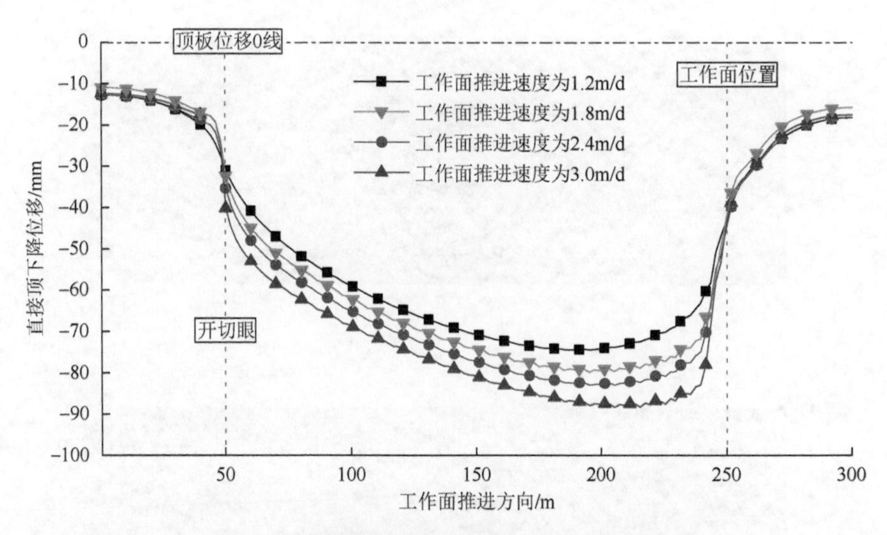

图 7.7　不同推进速度直接顶垂直位移变化曲线

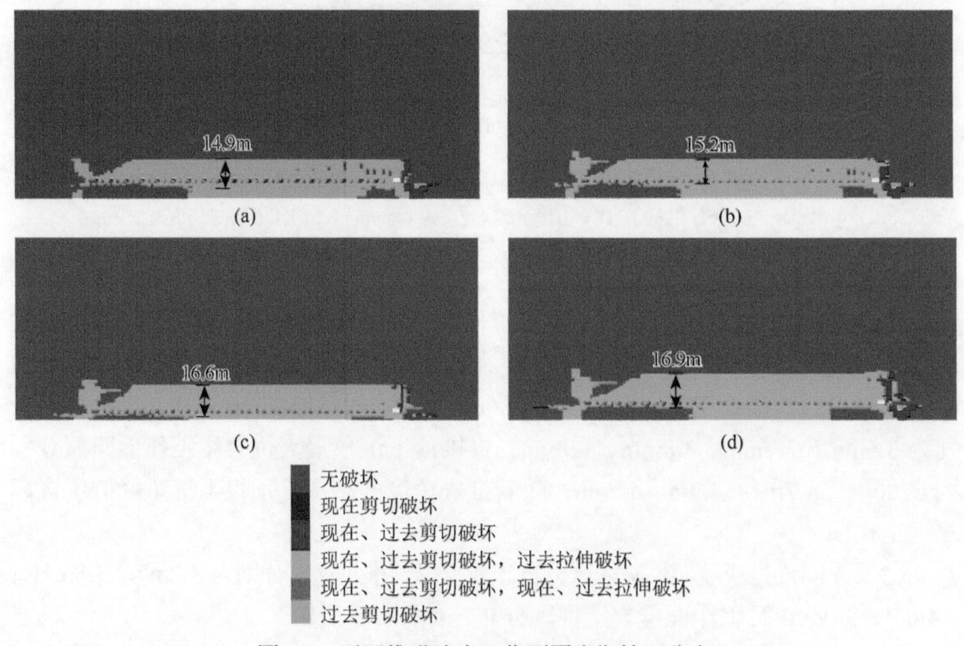

图 7.8　不同推进速度工作面覆岩塑性区分布

（a）工作面推进速度为 1.2m/d；（b）工作面推进速度为 1.8m/d；（c）工作面推进速度为 2.4m/d；（d）工作面推进速度为 3.0m/d

综上所述，得到工作面在不同推进速度条件下的各项模拟结果对比，见表 7.4。通过对超高水充填工作面不同推进速度下覆岩应力分布、顶板下沉位移、塑性区分布范围分析可知，当推进速度大于 1.8m/d 时，工作面端头及工作面前方煤体应力集中系数高，覆岩应力、顶板下沉量、塑性区破坏高度增幅明显提高，采空区顶板对充填体不产生载荷的区域范围明显减小，当推进速度为1.8m/d 时该区域长度为15～18m，支架-煤体控顶区满足超高水固结体有足够时间形成强度支撑覆岩，综合考虑煤矿安全生产及经济成本，工作面推进速度以1.8m/d 最为合理。

表 7.4　工作面不同推进速度下各项模拟结果对比

参数	工作面推进速度/(m/d)			
	1.2	1.8	2.4	3.0
工作面应力峰值/MPa	18.2	19.1	22.0	28.2
应力集中系数	1.01	1.05	1.22	1.56
直接顶最大下沉量/mm	77.6	81.3	85.2	90.1
塑性区发育高度/m	14.9	15.2	16.6	16.9
顶板控顶范围/m	15～19	15～18	11～15	9～13

7.2　智能化充填开采技术

我国煤矿综合机械化经过四十多年的发展取得了巨大成绩，智能化开采是发展新阶段，是推动煤炭开采实现再发展的核心技术。目前全国已基本实现综合机械化，为新时期发展智能化煤矿奠定了良好基础。煤矿智能化水平主要从三个方面进行评价：①一线作业少人或无人化程度，即通过采用先进的技术与装备，将工人从井下繁重、恶劣的作业环境中解放出来，在工作面顺槽或地面调度中心等实现对采煤工作面、掘进工作面等的远程操控；②智能化开采带来的安全水平的提升，即通过采用智能感知技术与装备、大数据、物联网等技术，对井下危险源进行超前预测、预警和智能化治理，提高矿井安全水平；③煤矿智能化开采带来的效率和效益的提升，随着生产技术与社会的快速发展，传统煤矿开采面临招工难、人员流失等问题，煤矿智能化开采将极大提高煤炭工人的作业环境与社会地位，彻底改变煤炭生产方式，改变煤矿职工工作环境，同时提高煤炭开采效率与效益，使煤矿从业成为有吸引力、有尊严的现代产业岗位（王国法等，2019）。

义能矿建设 CG1304 智能化工作面，采煤机实现自动割煤，支架跟机完成自动移架支护，集成泵站可实现自动配比，集控中心能够分机自动控制、集成自动化控制。CG1304 工作面采用走向长壁方法进行开采，采高 1.9～4.0m，沿顶底板割煤，割煤深度为 0.6m。超高水材料充填法处理采空区。

1. 智能化开采技术

操作台可以对工作面电液控支架进行远程操作，操作的支架动作方式主要有：远程单动动作，远程成组动作以及跟机随动动作。

操作台将三机集控操作进行归纳、分类，并通过按键、旋钮等硬件形式设置，可以进行直观操作。作为操作输入的源端，操作台将操作内容转化为通信数据中相关数据点位报送给具有控制核心的三机集控主机，三机集控主机通过操作台实现对三机稳定控制。

总控区可以实现对工作面三机设备的总起/总停操作。其中，总旋转开关可以实现操作中心操作台状态切换；泵站区可以实现对泵站系统中乳化泵启动/停止；采煤机区主要可以实现对采煤机远程操作，包括采煤机工作状态切换及各部件操作。智能化开采系统构架如图 7.9 所示。

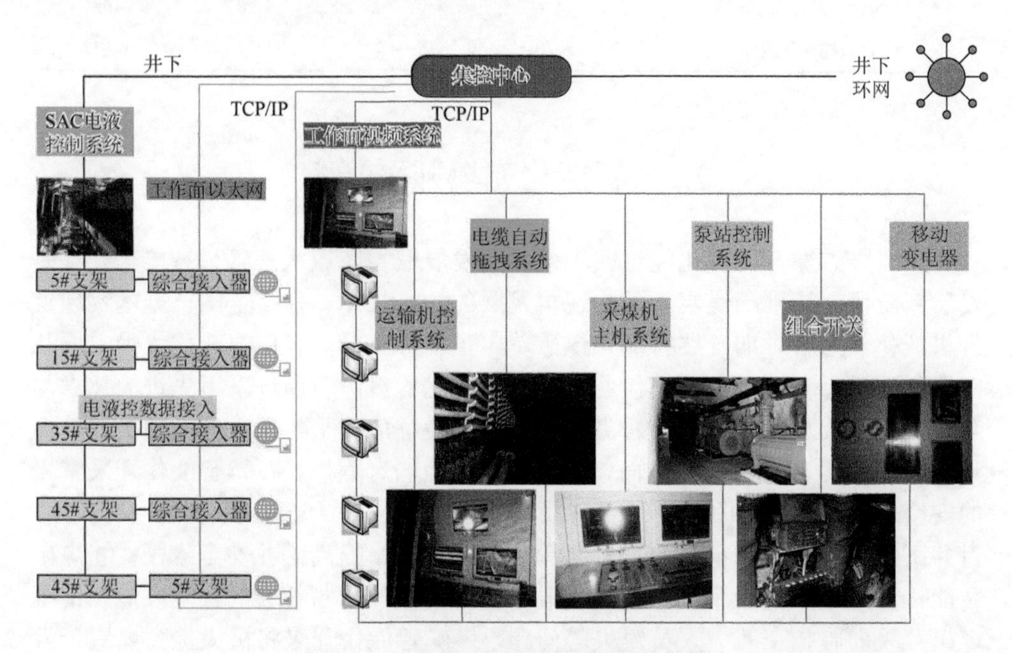

图 7.9 CG1312 智能化开采系统架构图

2. 智能化超高水充填技术

1）充填泵站工艺流程

首先根据采矿区大小确定充填量，充填设备进行检修后进行制浆；观察流量计，调节阀门，当双管流量匹配后进行制浆、输送等操作；充填工作结束后，采用高压水与高压风清洗管路。

2）充填流程

根据测量的充填区域尺寸计算充填参数；对采空区倒塌及冒落的矸石进行处理，将充填区域底板清理平整；及时处理采空区矸石防止损坏充填包；按照先挂前上方，再挂后上方，最后固定中前方的顺序进行充填袋的挂设；待充填袋挂设完成后，将充填袋拉直拽平，使充填袋紧贴充填体；当充填浆达到工作面时，需派人对充填浆体浓度进行检查，充填浆浓度达到要求时才能将充填管伸入各个充填包内；在充填过程中，每个充填袋须有人进行检查以防止充填袋发生破包现象；充填袋充满后，关闭进包阀门，将伸入充填袋内的进包管路撤除，并冲洗干净；当充填即将结束时与充填站进行沟通，防止制浆过多；充填结束后及时整理好充填工具、材料并清理好工作面余浆。

3）注意事项

充填开始后如果发生机械故障，工作面要与充填站进行沟通，待确认无安全隐患后，采用高压水将充填管路清洗干净；如果出现充填包体破裂漏浆情况，及时关闭通向充填包的阀门，并采取措施对进包管路及充填包进行处理；在挂包、充填时，严禁人员操作支架。当采用高压水清洗管路时，高压水管和风管要固定牢固。

7.3　开采与充填协调的覆岩运移控制技术

7.3.1　大流量浆料输送技术

超高水充填管道时刻保持通畅是实现深井大流量超高水充填浆料远距离输送的前提，而输送管道排布受矿井开拓设计的限制，在管道连接位置易出现积液，由于相邻两次工作循环之间相隔时间较长，管道中积液易发生凝结，若凝结厚度过大，将会发生管道堵塞，严重影响浆液大流量输送。超高水充填混液配比除主料 A 料和 B 料外，还需加入适量的 AA 辅料（超缓凝分散剂）、BB 辅料（速凝剂），配比超高水充填材料时选取合理的水固比，掺入适量的 AA 辅料、BB 辅料，可保证超高水充填混液在管道中高效快速运输的同时，在充填袋中快速凝固，具体超高水充填管道运输路线优化对比如图 7.10 所示（冯光明等，2015）。

目前超高水充填开采的工艺流程如图 7.10（a）所示，图中 A 料和 AA 辅料是超高水充填开采 A 浆料的组成部分，B 料和 BB 辅料是超高水充填开采 B 浆料的组成部分，其中 A、B 浆料分别在地面充填搅拌站混合均匀，通过两道管路分别运输，在准备巷道内通过三通混合器混合均匀，在三通混合器中混合后再通过柔性管道充入超高水充填袋之中，在短时间内凝结后对覆岩起承载作用。原有的充填工艺管道输送距离较长，工作面完成作业循环后，管道冲洗较为复杂，黏附

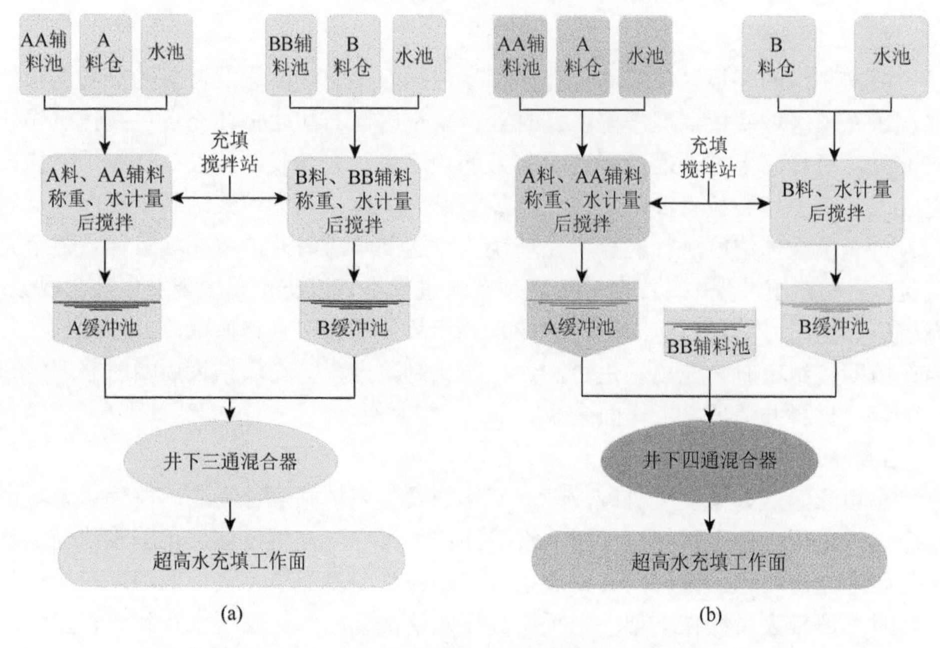

图 7.10　超高水充填管道运输路线优化对比图

(a) 优化前；(b) 优化后

在管道壁上的超高水充填浆液长时间保留在管道内，从而发生硬化结底，导致充填管道发生堵塞，从而影响超高水充填浆液的高效输送。

优化后的超高水充填管道运输浆液方式为：A 料、AA 辅料、B 料仍在地面充填搅拌站搅拌均匀后通过管道输送至充填工作面附近，在井下超高水充填开采工作面准备巷道内修建小型硐室，硐室内安置小型混液搅拌站，超高水充填 BB 辅料（速凝剂）在井下混合均匀后通过高压水泵在充填工作面泵入 BB 辅料管道内，再通过四通混合器将混液再次混合后充入充填袋内。

优化后的充填工艺为在地面混合搅拌站混合后加入超缓凝分散剂，可以保证超高水材料在 30h 内不硬化结底，在管道内发挥良好的牛顿流体力学性能，由于充填浆液在管道内可长时间保持较好的流动性，一次作业循环结束管道内沉积的浆液可在下一次作业循环开始时，随着新的充填浆液流动同步输出至超高水充填袋内。而速凝剂在工作面附近混入充填管道中，又可以保证充填袋中的充填浆液迅速凝结，从而保证深井超高水充填浆液高效运输。

7.3.2　管道堵塞防治技术

充填浆料是在地面充填搅拌站搅拌均匀后运输至超高水充填工作面，其充填浆料运输路线如图 7.11 所示，长距运输路线是由大量无缝钢管组成的，在管道铺设过程中，在井底车场、轨道上下山石门、采区煤门、三通混合器等管道变更方向位置，不易保持管道的平整性，长期大流量浆液输送会导致管道不平位置出现沉积凝结，导致管道堵塞，严重影响超高水充填浆料长距离高效运输。

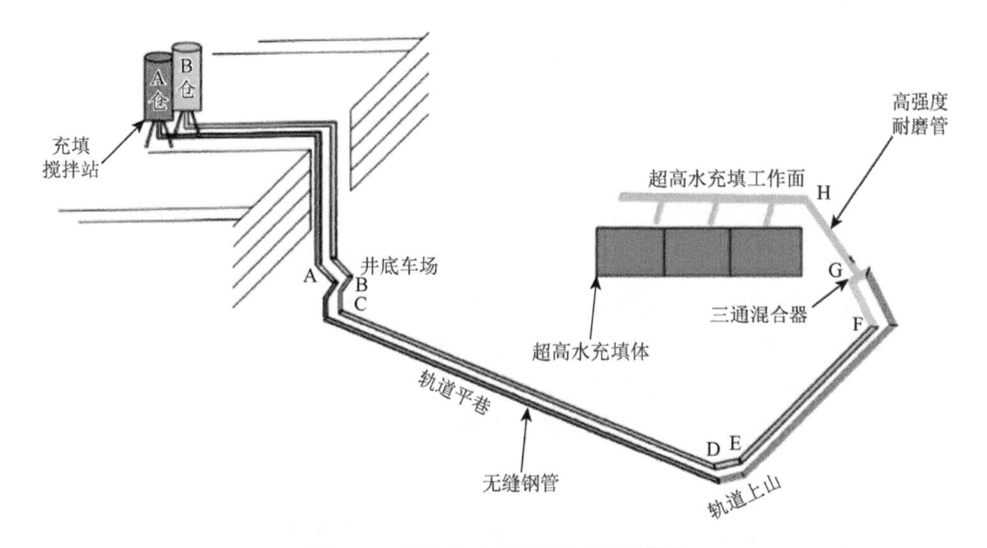

图 7.11　超高水充填浆料运输路线图

当充填系统正常运行，无管道堵塞事故发生时，管道内部压力变化均匀，短距离内压力变化相等且不大，而当管道输送发生堵塞时，堵塞位置前后压力发生明显变化，堵塞位置前压力增大，堵塞位置后压力减小。因此，在易发生管道堵塞位置管道内安设压力传感器，压力传感器安设位置见图 7.11 中 A、B、C、D、E、F、G、H，监控以上位置前后的压力变化情况以及时获取管道堵塞信息，防治管道堵塞。

为进一步减小超高水浆料输送管道发生堵塞的可能性，可采取以下措施避免管道堵塞事故发生。

（1）目前超高水充填开采浆料运输主要依靠自重提供压力，浆料在管道内流速不大，管道内浆料处于不满管状态，易引发浆料相变。因此，可在井下安设供压装置，以补充管道内压力，使充填管道处于满管状态的同时提高浆料在充填管道内的流动速度。

（2）管道变向位置易发生堵塞，转弯位置应设计为弧形，尽量增大管道弯度。

（3）充填工序完成后，在上下山位置易发生浆液沉积，此类位置可以选择内壁光滑的柔性管道代替原有的钢制管道。

目前对于超高水管道堵塞问题，一般采取人工法排除堵塞，即人工将管道全部拆除，检查堵塞后机械排除。因此人工排除堵塞有以下不足：

（1）无法精准检测到管道堵塞地点，发生堵塞时需要大面积拆除管道来确定堵塞位置。

（2）排除效率低，需要花费大量的人力来安装拆除管道，无法及时保证工作面超高水充填体供应，严重滞后工作面生产进度。

（3）管道堵塞问题还会反复发生，人工排除方法不能一次性解决问题，形成恶性循环，严重浪费人力和财力资源。

针对以上问题提出了一种防控超高水充填管道堵塞的装置及方法。装置包括震动传感器、震动发生器、共振碎石仪。震动发生器与振动传感器紧贴充填管路，震动发生器产生震动并将震动传递给充填管路，震动传感器记录管道另一端的震动情况，根据震动损失量判断管道是否发生堵塞，在发生堵塞的位置利用共振碎石仪将震动能量通过管道壁传递至固结体，根据充填材料固结体的固有频率，使高频率低振幅运动产生相应的共振破坏，将附着在管道内壁的充填材料固结体由外而内产生均匀裂碎。装置结构剖面图如图 7.12 所示。

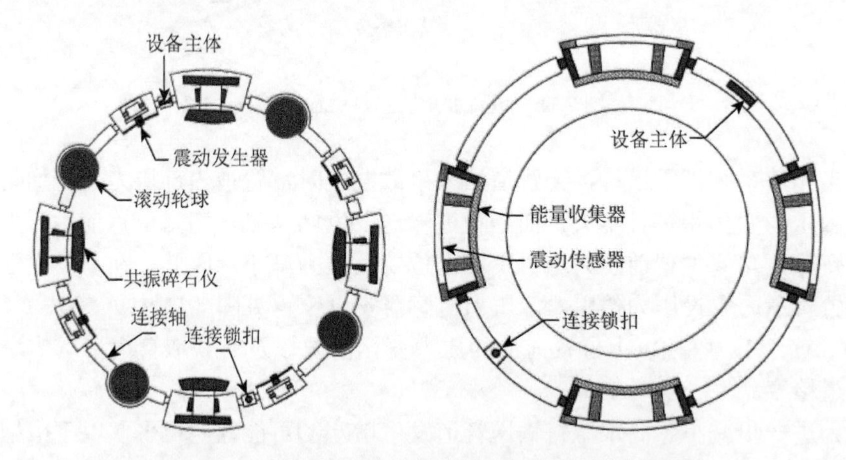

图 7.12　防控超高水充填管道堵塞的装置结构剖面图

超高水充填管道防堵塞设备安装和使用方法为：

（1）将震动碎石装置固定于超高水充填管道一端，堵塞位置检测装置固定于充填管道另一端，保证震动发生器与震动传感器在同一方向；固定过程中保证震动发生器、滚动轮球紧贴超高水充填管道，能量收集器和连接锁扣朝向便于工人操作。

（2）当发生管道堵塞时，分节开启震动碎石装置中的震动发生器，引发超高水充填管道震动，通过能量收集器和震动传感器收集四个方向的能量并判别能量损失情况，若能量损失量较孔管道较大，则表明在这一节的充填管道已发生堵塞，需要除垢。

（3）打开共振碎石仪，根据超高水配比情况调整共振碎石仪的震动频率，使超高水固结体发生共振破坏，将滚动轮球沿着管壁震动碎石装置，开始在这一节管道中进行移动，从头到尾对这一节管道进行除垢。

（4）再次开启震动发生器，重复第二步检测步骤，若还存在堵塞情况，重复除垢步骤，直至检测无堵塞情况，依次检测除垢下一节管道，直至所有管道清除完毕。

7.3.3　二次充填技术

超高水充填开采充填率直接影响上覆岩层控制效果，充填率越高地表沉陷变形越小。在现场充填开采实践过程中，随着液压支架前移，保护顶梁抽离袋式充填体，充填体上方出现 30cm 左右的空顶区。为提高充填效果，提出了充填袋二次充填技术，其中二次充填柔性袋示意图如图 7.13 所示。

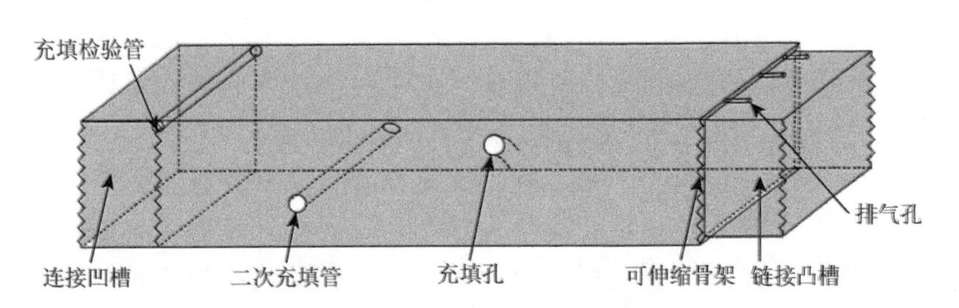

图 7.13　二次充填柔性袋示意图

充填工作面每次常规移架后，将由弹簧控制的可串联二次充填柔性袋以压缩的状态放入充填支架移走后的空间内，并将柔性袋的弹簧释放，二次充填袋鼓起（图 7.13），布满待充填的空间；对二次充填装置进行串联，串联后的二次充填装置布满整个工作面，如图 7.14 所示。

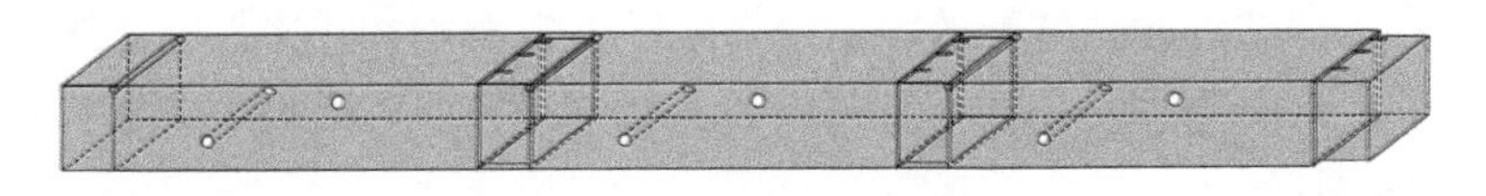

图 7.14　二次充填柔性袋串联体

二次充填与只进行常规充填的工作面推进过程三视对比如图 7.15 所示。

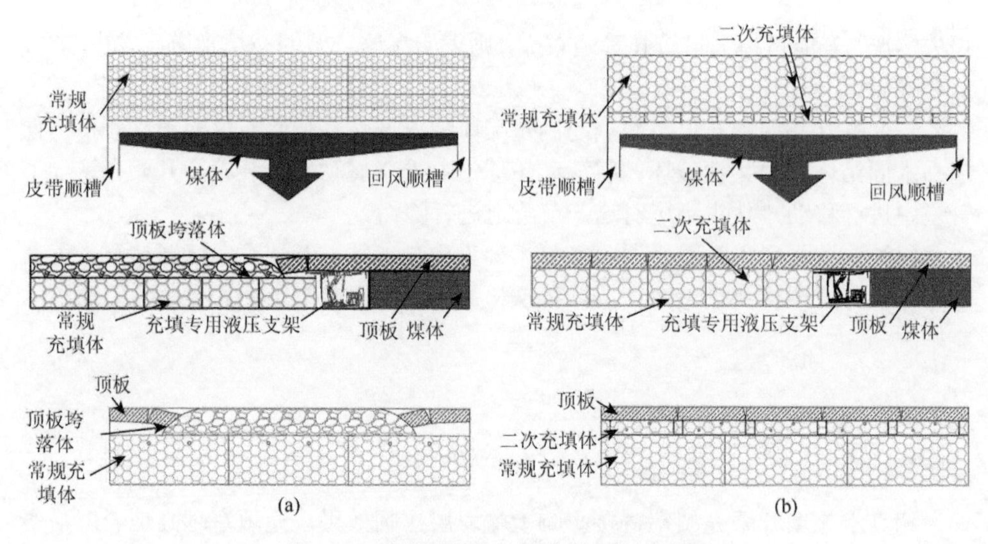

图 7.15 常规充填与二次充填三视对比图

（a）常规充填工作面俯视图；（b）二次充填工作面俯视图

7.3.4 充填体—支架—煤体协同控顶技术

充填开采承载结构按空间位置可分为工作面推进方向的充填体—支架—煤体承载结构和垂直于推进方向的充填体—煤柱承载结构，前者涉及采煤、控顶、充填等工序，不仅直接制约开采过程中的充填效果，而且直接影响后者的形成与演化。超高水材料需要一定的凝结时间和强度养护期，充填到采空区后要求工作面支架具有较强的顶板支撑能力，为充填体强度达成形成有利的应力环境和填充空间；同时，截割速度、移架速度和充填速度必须协调推进，避免空顶危害人员安全；煤体强度、充填体完全/未完全固结强度直接影响煤体、充填体的整体承载力，进而影响上覆岩层结构稳定性。因此，充填体、支架、煤体共同承载上覆岩层的整体稳定，三者之间相互作用形成充填体—支架—煤体协同承载结构，如图 7.16 所示。

实现深部煤层安全高效开采与地表沉陷有效控制，需要跟踪监测充填体、工作面、上覆岩层及地表等多区域的应力变形信息，这就要求提高充填开采智能化监测控制水平，通过构建智能监测系统、跟踪反馈系统和预警控制系统，及时采集分析与评价优化数据，达到对充填体、支架、煤体受力与地表变形状态的实时监测、预警和控制。

充填开采过程中若煤层倾角变化较大，如工作面俯采，充填率不易控制，充填体所受的重力分量指向工作面煤壁，而该方向缺少或仅有液压支架侧向支撑。在充填浆体凝结过程中，充填体受力最大位置的承载强度若小于其所受应力，将

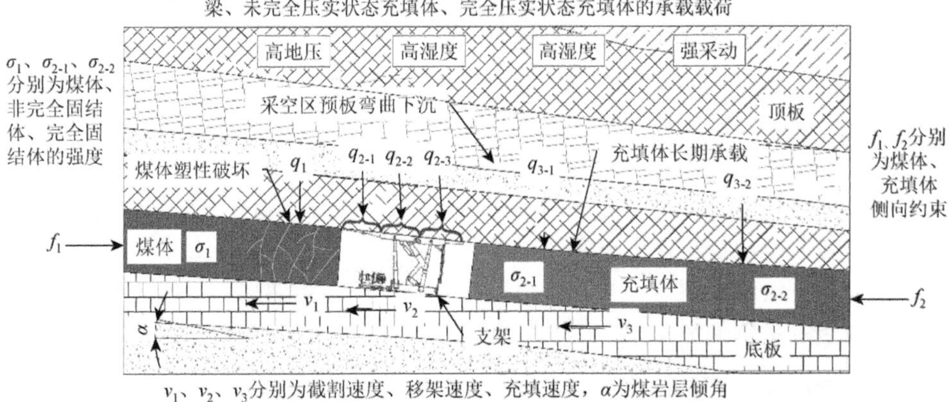

图 7.16　充填体—支架—煤体协同承载结构

导致局部破坏，进而致使充填体失稳垮塌。因此，提出以下技术措施防治俯斜开采过程中充填体失稳，实现充填体—支架—煤体协同控顶。

1. 俯采垮塌失稳防治技术

超高水充填体是否会发生失稳垮塌与充填体的强度、尺寸、充填体的临时支护方式、工作面的俯斜角等因素有关，为此，根据充填体各种失稳形式，提出以下防控技术。

（1）减小工作面的俯斜角度，尽量将俯采角度控制在 15°以下，若俯采角度过大，对工作面进行调斜开采。

（2）减小充填袋高度，增大一次充填体的宽高比，有利于保证充填体的稳定性。为保证顶板保护效果，如图 7.17 所示，可采用分层二次充填。

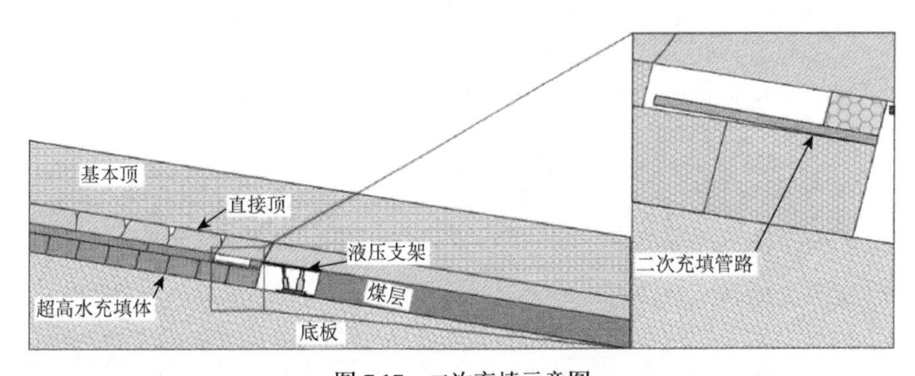

图 7.17　二次充填示意图

（3）减小充填体的凝结时间，增加充填体的早期强度，具体方法为提高制备浆液时的浆液配比精度，改善作业循环管理。

（4）调节超缓凝分散剂及速凝剂的含量，外加剂对超高水充填体的早期强度起决定性作用，合理配比外加剂可一定程度上改善超高水充填体的速凝早强特性。

（5）降低充填体的水体积分数，超高水固结体的密度随着水体积比的降低而增大，固结体的强度随着密度增大而增大，此外，水体积分数降低之后，各龄期固结体强度都有所上升。

（6）增设临时支护设备，充填浆液注入充填袋后，沿充填袋边缘按固定距离布设液压支架后部护帮板，给充填体提供侧向支撑力，如图 7.18 所示，随着俯采角度增大，充填结束后可停采一个班以保证充填体达到理想强度不至于坍塌，待下一次挂袋时撤销临时支护。

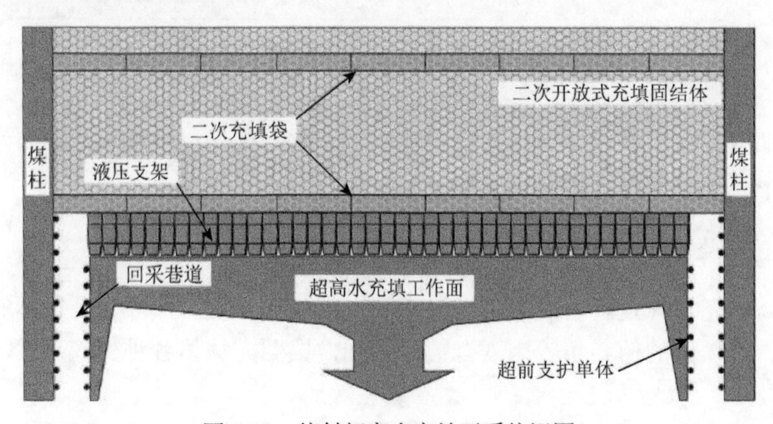

图 7.18　俯斜超高水充填开采俯视图

2. 超高水充填工艺优化

目前超高水充填技术可以顺利完成各充填工艺流程，为进一步缩减顶板运动空间与活动时间，根据 CG1302 工作面煤层地质情况及充填设备状况（工作面共布设 5 个充填袋，仰采情况下的回采巷道采用开放式充填，俯采时回采巷道采用袋式充填）对现有充填工艺流程进一步优化，优化后的充填环节见表 7.5。

表 7.5　充填环节表

序号	1 号包	2 号包	3 号包	4 号包	5 号包	备注
1	全	关	关	关	关	充填前沟通泵站需浆量
2	●	关	关	关	全	做好管路衔接
3	●	全	关	关	●	做好管路衔接
4	●	●	关	全	●	做好管路衔接
5	●	●	全	●	●	向泵站通知需浆量
6	●	●	●	●	●	调节好管路压力

注：●为满包；全为阀门全开；关为阀门关闭

（1）采煤机从工作面端头进刀，自运输顺槽向工作面中部割煤 20m，完成推溜、移架工序，并在支架挡板下挂袋进行充填，充填管道所输送的充填浆液仅供应于第一个充填袋，在大流量充填管路输送的情况下，充填袋迅速充满，如图 7.19 所示。

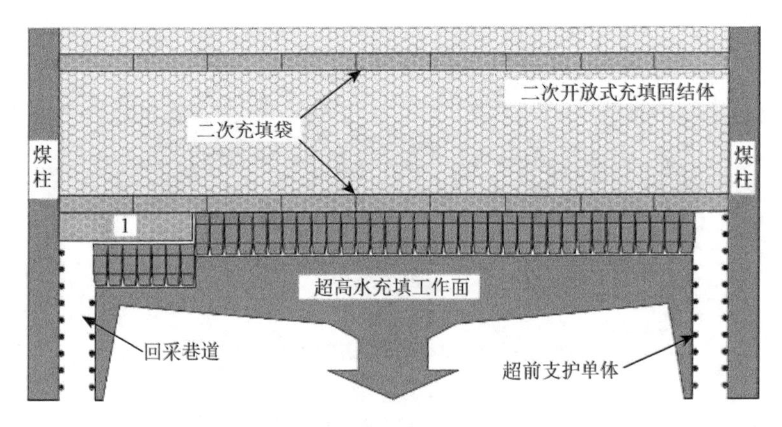

图 7.19 完成充填开采工序 1 示意图

（2）在向充填袋输送充填浆液过程中，将采煤机开至工作面另一端头，自距回风顺槽 20m 位置斜切进刀，完成割煤工序，割煤完成后进行推溜、移架工序，并挂 5 号充填袋，待 1 号充填料包充满后对 5 号包进行充填，充填结束后如图 7.20 所示。

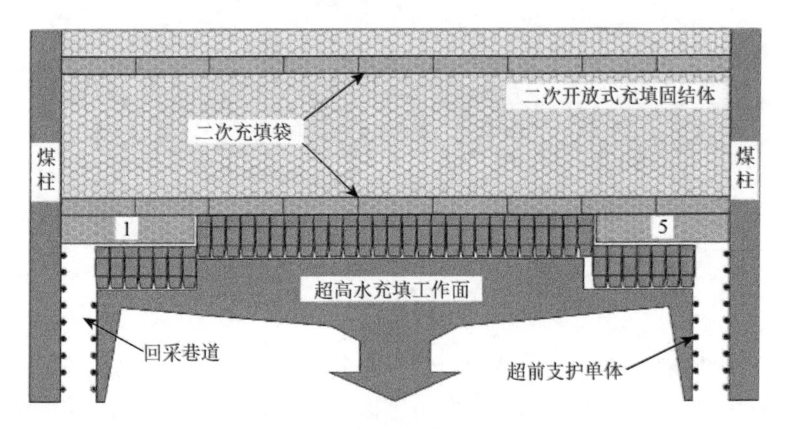

图 7.20 完成充填开采工序 2 示意图

（3）向 5 号充填袋注入充填浆液过程中，将采煤机开至距离回风顺槽 45m 处斜切进刀，朝向回风顺槽割煤，完成割煤工序后，可检测 1 号充填袋内浆液是否达到初凝状态，若已经初凝，能对顶板起承载保护作用时，可进行推溜、移架、挂 2 号充填袋并注入浆料，如图 7.21 所示。

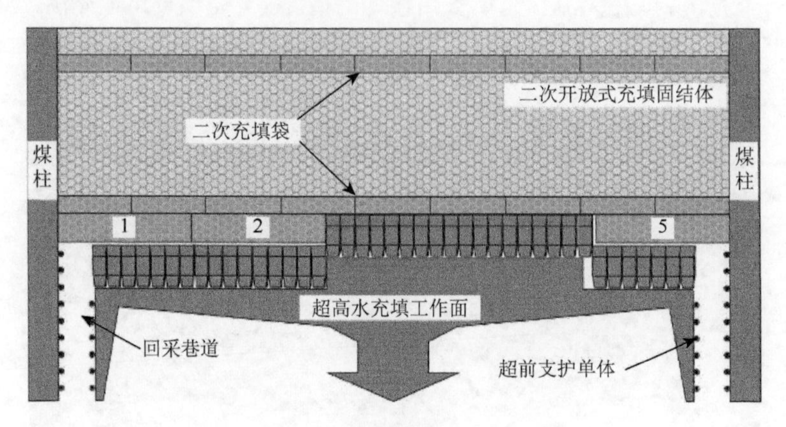

图 7.21　完成充填开采工序 3 示意图

（4）在对 2 号充填袋进行挂袋充填过程中，开动采煤机至距离回风顺槽 45m 处斜切进刀，割煤完成后推进液压支架，挂 4 号充填袋并向 4 号充填袋内全速注入充填浆料混液，完成该工序后如图 7.22 所示。

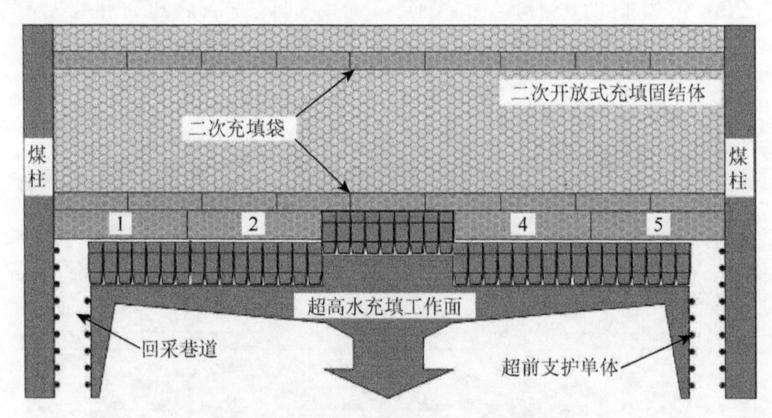

图 7.22　完成充填开采工序 4 示意图

（5）割煤机割完 4 号充填袋前方煤体后将采煤机开至 2 号充填袋前方液压支架下，朝向回风顺槽割煤，割工作面中部区域煤体同时，对 4 号充填料包进行挂袋充填，待割煤完成后，挂 3 号充填料包并进行充填，充填结束后如图 7.23 所示。

（6）在执行推溜、移架、挂袋、充填工序前，需检测相邻充填袋的充填体是否达到初凝状态，如对 2 号、3 号、4 号充填料包进行挂袋充填时，需要检测 1 号、2 号和 4 号、5 号充填料包初凝程度，若达到初凝状态可进行挂袋充填，反之则对

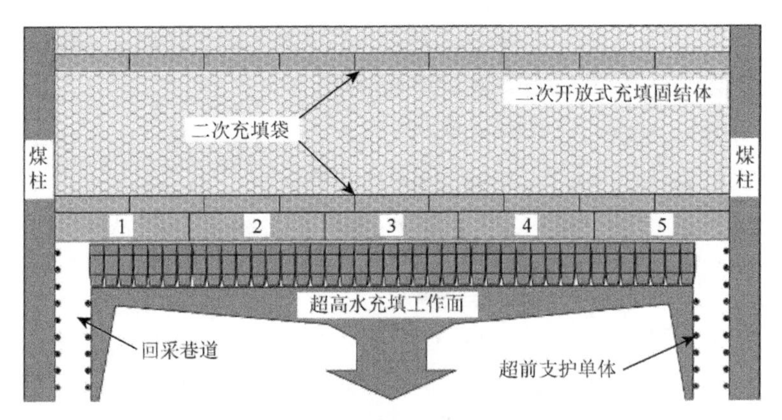

图 7.23 完成充填开采工序 5 示意图

充填工作面及回采巷道各设备进行检修，待充填袋内浆液达到初凝状态再进行推溜、移架以及挂袋充填工序。

（7）根据理论分析，直接顶周期破断步距为 9.7m，为保证充填效果，可进行四次袋式充填后在充填体铺设二次充填装备并对采空区进行开放式充填，二次充填后如图 7.24 所示。

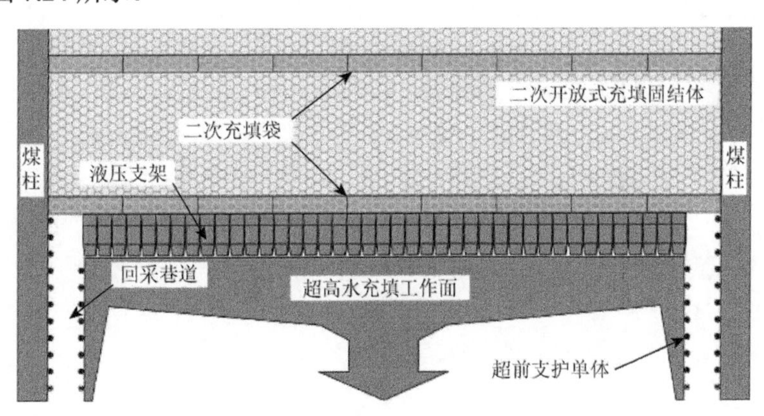

图 7.24 充填工艺优化后工作面推进示意图

优化后的充填工艺可最大限度提高充填率、减小顶板下降空间和缩短活动时间，保证充填效果及顶板的完整性，完好的顶板可承载大部分来自上覆岩层的压力，而充填体及时有效承载分担了作用在液压支架及工作面前方煤体的矿山压力，并使充填工作面液压支架的工作循环阻力大幅度降低，有利于实现充填体—支架—煤体三位一体协同控顶。

7.3.5 矸石泵送留巷无煤柱开采技术

岩石巷道掘进和煤炭生产过程中产生了大量矸石，多数煤矿将之运输提升至地面堆积形成了矸石山，造成土地占用、污染空气和地面水资源等问题。将矸石等固体废弃物充填至井下采空区，有利于降低煤矿矸石的井下运输和提升成本，并有效解决矸石山污染问题。但矿井产生的矸石量不足以实现采空区全部充填，尤其是开拓巷道与准备巷道煤巷化减少了矸石产生量，采空区大面积充填制约了矿井产量和地表沉陷控制效果。超高水材料充填开采可有效解决“三下”压煤问题，但同时造成大量井下矸石废弃物无法利用；而且，超高水材料充填工作面之间一般留设区段煤柱，存在煤炭资源采出率低、巷道掘进工程量大、防灾能力弱等缺点；以往沿空留巷多是因为充填体的强度和支护接顶等问题导致留巷变形过大而难以维护。因此，提出了超高水材料充填工作面井下矸石泵送巷旁充填留巷无煤柱开采设计方法，在超高水材料充填开采的同时，将井下采掘产生的矸石经过破碎泵送至充填工作面用于巷旁充填，既充分资源化利用了矸石废弃物，又提高了留巷稳定性和煤炭采出率，有利于实现完全意义上的煤矿绿色开采。

岩巷掘进及原煤分选等产生的矸石集中运输至井下矸石处理硐室，经破碎后与超高水材料、水泥等材料混合制成可泵送的矸石充填料浆，经矸石泵送系统到达工作面后方采空区回采巷道侧；在采区内掘进一号充填工作面的运输平巷与轨道平巷，利用超高水充填材料对回采后的采空区进行充填，对于靠近工作面所要保留平巷的采空区部分采用泵送矸石进行充填，如图 7.25（a）所示；一号充填工作面采煤与充填结束后，其轨道平巷可完整保留作为二号充填工作面的轨道平巷；一号充填工作面采煤与充填结束后，保留下来的轨道平巷与二号充填工作面掘进的运输平巷、开切眼共同构成二号回采工作面的回采系统；待二号充填工作面采煤与充填结束后，运输平巷可完整保留作为三号充填工作面的运输平巷，同时掘进三号充填工作面轨道平巷，如 7.25（b）所示。

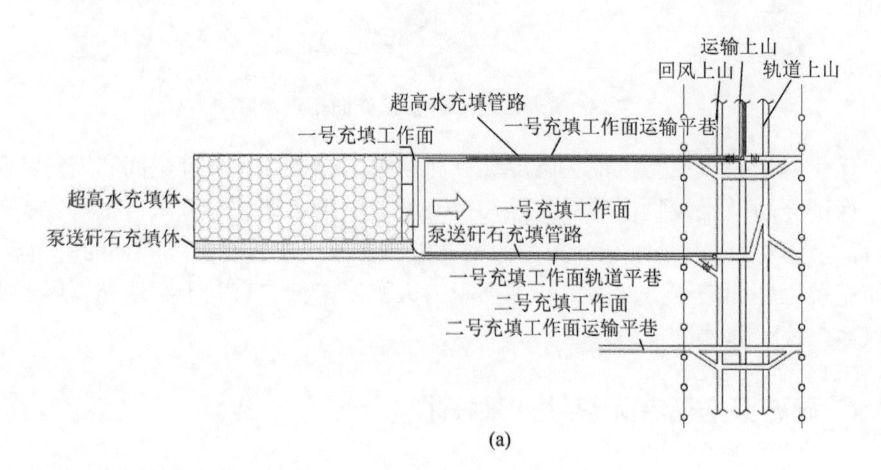

(a)

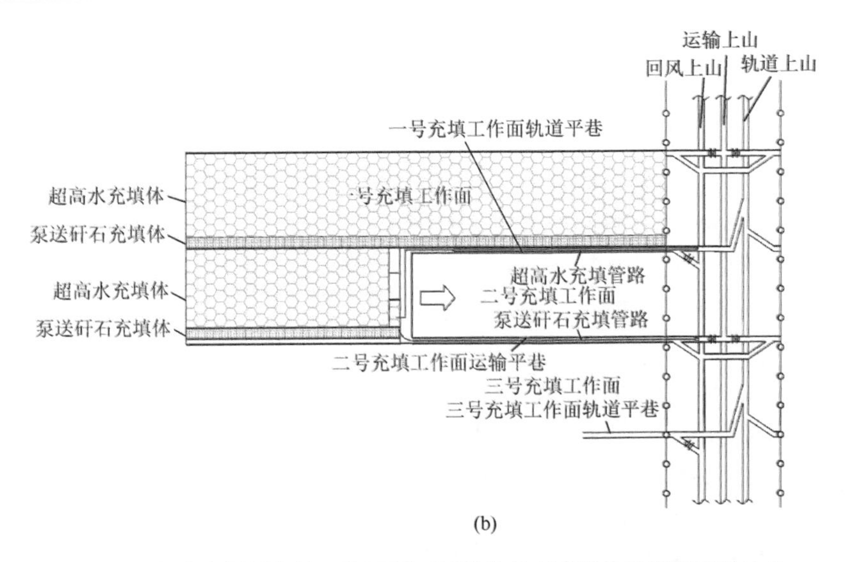

(b)

图 7.25　超高水材料充填工作面矸石泵送巷旁充填留巷无煤柱开采技术

（a）一号工作面矸石泵送留巷无煤柱开采；（b）二号工作面矸石泵送留巷无煤柱开采

超高水材料充填大部分采空区，支撑上覆岩层并控制地表沉陷，且靠近工作面平巷的泵送矸石体作为巷旁充填体具有比采空区充填体更高的强度，可有效支撑顶板，提高留巷围岩稳定性，充填体宽度可根据井下矸石量进行相应调整。采空区充填后，使得应力集中程度降低，有利于减弱工作面矿压显现强度，同时为沿空留巷创造了有利条件，实现了无煤柱开采，显著提高了煤炭采出率，同时有效解决了采掘接替紧张、煤柱动力灾害等问题，推动了完全意义的深部煤层绿色开采。

7.4　充填覆岩运移控制智能化监测技术

智能化监测控制是实现智能充填开采的重要组成部分。张吉雄等（2018）提出从地表沉陷、采场岩层移动控制、充填质量三方面评价充填效果，共同构成深部充填效果监测监控体系。刘正和等（2015）确定了影响充填质量的评价因素，建立了大采高综合机械化矸石充填质量评价技术体系。李新旺等（2020）研究了密实充填开采采场矿压显现时空演化特征，监测了顶板下沉活跃期间充填体受力与充填步距、推进时间的关系。王粪等（2019）根据传统超高水充填工作面效果反馈情况，优化了超高水充填系统，应用监测表明充填减沉效果进一步提高。刘金海等（2018）采用微震监测了工作面冲击地压危险性与推采模式、推采速度的相关性，结果表明采场高速推采和非匀速推采易诱发冲击地压。

上述研究多围绕固体充填开采监测评价、采场推进速度对冲击地压的影响特征等开展了一定研究，但较少涉及深部超高水材料充填开采，尚未形成深部超高水充填工作面智能化监测预警控制技术体系。

实现深部煤层安全高效开采与地表沉陷有效控制，需要跟踪监测充填体、工作面、巷道、上覆岩层及地表等多区域的应力变形信息，这就要求提高充填开采智能化监测控制水平，通过构建智能监测系统、跟踪反馈系统和预警控制系统，及时采集分析与评价优化数据（王磊等，2013），达到对充填体、支架、煤体受力与地表变形状态的实时监测、预警和控制。

1. 充填工作面智能监测预警

在充填工作面、上覆岩层及地表范围分别布置测量单元，包括监测充填体、支架、煤体受力的钻孔应力计等，监测覆岩、地表变形破坏的钻孔窥视仪、位移传感器、分层沉降计等，监测工作面能量积聚、矿压显现的红外检测仪、微震传感器等，系统收集充填体、支架、煤体稳定性影响数据以及覆岩、地表的下沉变形情况，形成包括智能监测中心、智能预警中心及智能控制中心在内的深井充填工作面智能监测预警控制系统，如图 7.26 所示。

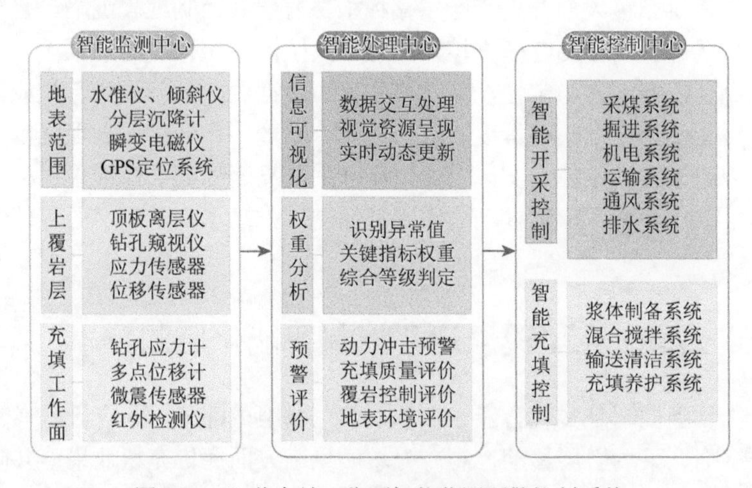

图 7.26　深井充填工作面智能监测预警控制系统

2. 巷道智能化监测控制

为保证回采巷道支护设计稳定可靠，构建了巷道智能化监测控制系统，如图 7.27 所示。

（1）在巷道顶板分别布置锚索应力传感器、围岩移动传感器和应力传感器，用于监测巷道锚索应力、顶板离层量和顶板应力变化。

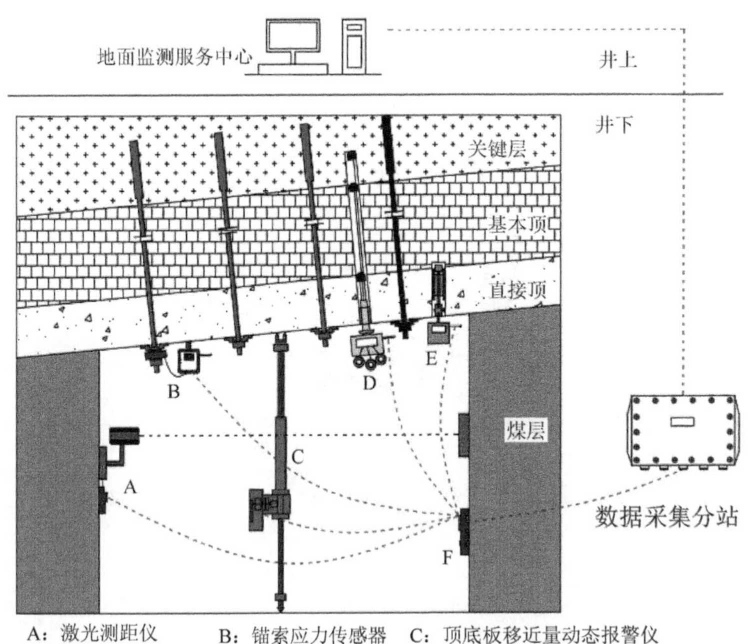

图 7.27 巷道智能化监测控制系统构建图

（2）激光测距仪布置于巷道帮部用于监测巷道两帮移近量、顶底板移近量。

（3）动态报警仪布置于巷道中线位置，用于测量巷道顶底板变形情况。

（4）数据监测子站与各传感器共同布置于一个平面，形成一个监测断面，将各传感器收集到的数据上传到数据采集分站，再由数据采集分站将采集到的数据上传到地面监测服务中心进行分析与处理，实现井下实时动态监测和预警控制。

各传感器将收集到的数据上传到地面监测服务中心，通过与预设的安全阈值比对，调整巷道支护结构与布置方式，控制巷道顶板应力、锚索锚固力、顶板离层及巷道围岩变形，形成表面变形、深部离层、支护结构内外兼具的巷道围岩全时空智能监控系统。

3. 深井超高水充填效果评价体系

通过超高水充填工作面智能化监测、监控及预警得到的数据，初步构建充填体质量指标、覆岩运移特征、地表沉陷程度在内的充填开采监测预警及效果评价体系，如图 7.28 所示。

（1）通过监测充填体水体积比、工作面采充比、煤体受力及变形特征，归纳确定影响充填效果的关键因素，对深部煤层超高水充填开采参数进行合理设计。

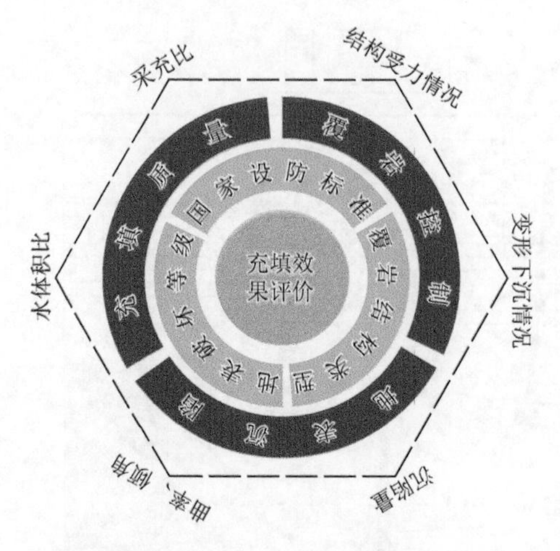

图 7.28　深井超高水充填效果评价体系

（2）监测充填工作面覆岩结构受力状况、运移程度、地表下沉及变形状况，据所测数据动态修正材料配比参数及开采参数；智能监测并实时获取充填工作面应力、变形及能量积聚演化信息，总结归纳充填工作面潜在灾变预警判据。

（3）构建充填体—覆岩—地表变形时空演化系统模型，科学评价超高水充填开采控制效果并提出优化方案。

7.5　本 章 小 结

（1）探究了不同埋深充填开采对覆岩运移的控制程度及地表沉陷的防治效应，合理充填率及充填材料水体积比能减缓地表下沉及矿山压力，开采与充填的主要影响因素为开采及充填能力，二者相互匹配有利于实现矿井安全高效开采。

（2）以义能煤矿 CG1304 工作面为工程背景提出了智能化充填开采技术，全面提高了开采效率、充填能力及质量，提升了矿井的安全水平，增加了矿井的经济效益，实现了深部煤层安全高效智能绿色开采。

（3）为提高充填与开采协调的覆岩运移控制效果，提出了深井大流量浆料输送、管道堵塞防治、二次充填、协同控顶及矸石泵送留巷无煤柱开采等采充协调的覆岩运移控制技术。

（4）构建了充填工作面智能预警、巷道智能化控制及深井超高水充填效果评价系统，形成了深井超高水充填开采工作面安全高效智能化监测预警机制。

参 考 文 献

戴华阳，郭俊廷，阎跃观，等. 2014. “采-充-留”协调开采技术原理与应用. 煤炭学报，39（8）：1602-1610.

冯光明，贾凯军，尚宝宝. 2015. 超高水充填材料在采矿工程中的应用与展望. 煤炭科学技术，43（1）：5-9.
李新旺，赵新元，程立朝，等. 2020. 密实充填矿压显现时空演化规律研究. 岩石力学与工程学报，39（2）：341-348.
刘金海，孙浩，田昭军，等. 2018. 煤矿冲击地压的推采速度效应及其动态调控. 煤炭学报，43（7）：1858-1865.
刘正和，赵通，杨录胜，等. 2015. 大采高工作面矸石充填开采技术及应用. 煤炭科学技术，43（4）：19-22.
王国法，刘峰，庞义辉，等. 2019. 煤矿智能化——煤炭工业高质量发展的核心技术支撑. 煤炭学报，44（2）：349-357.
王磊，张鲜妮，郭广礼，等. 2013. 综合机械化固体充填质量控制的体系框架. 煤炭学报，38（9）：1568-1575.
王龚，熊祖强，张耀辉，等. 2019. 基于超高水材料充填系统优化的地表减沉研究. 中国安全科学学报，29（4）：112-119.
张吉雄，张强，巨峰，等. 2018. 深部煤炭资源采选充绿色化开采理论与技术. 煤炭学报，43（2）：377-389.

第8章　结　论

安全生产压力大、采出率低、生态环境破坏严重等问题是我国煤炭工业可持续发展的主要制约因素，如何实现煤炭资源安全高效绿色开采是保障我国中长期能源战略安全的关键。随着煤矿长期大规模高强度开采，我国中东部矿区长期开发的主力矿井与西部新近建设矿井多已进入深部开采，我国“三下”（建筑物下、铁路下、水体下）压煤资源量丰富，“三下”深部煤炭资源安全高效开采与生态环境保护是当前亟待研究的重要课题。本书瞄准深部煤层超高水充填开采覆岩运动控制技术的瓶颈难题，立足山东义能煤矿超高水材料充填开采示范区，综合运用现场调研、实验室试验、理论分析、数值模拟与现场实测等方法，围绕厚层砂岩顶板活动规律、采动覆岩运移规律、充填条件下区段煤柱稳定性机理及工作面安全高效过断层技术等展开了研究，为实现“三下”深部煤层安全高效开采与地表生态环境保护协调发展提供了科学依据。主要研究结论包括：

（1）在义能煤矿 CG1302 充填工作面进行了取样与实验室煤岩物理力学测试分析，理论分析确定直接顶、基本顶初次断裂步距分别为 29.7m、63.0m，表明垮落法管理顶板时存在厚砂岩顶板大面积来压冲击动力灾害隐患，应采用充填开采技术防止厚砂岩顶板大面积悬顶突然破断造成动力灾害、减缓上覆岩层沉降程度。

（2）提出了超高水充填开采顶板破断判据：当充填率为 90%、充填体水体积比大于 95%时，直接顶发生破断；充填体水体积比为 90%～95%时，直接顶、基本顶都不发生破断；充填工作面回采期间液压支架平均循环工作阻力为 20.3MPa，来压时支架平均工作阻力为 35.0MPa，动载系数均值为 1.70，巷道最大离层量为 24.5mm，表明超高水充填开采能有效控制覆岩运移、减小来压强度、降低围岩变形程度，能有效保障工作面开采安全。

（3）采用 UDEC 软件模拟预计垮落法开采条件下煤层上方 70m 处岩层最大竖向位移为 1.5m；当充填率为 90%、水体积比为 95%时，竖向最大下沉量为 0.11m；现场实测地表最大下沉量为 0.13m，最大倾斜值为 1.2mm/m，平均曲率为 0.03mm/m^2，监测结果表明超高水充填开采能够有效控制地表下沉、保护建筑物，实现安全高效绿色开采。

（4）探究了工作面地质条件、煤柱强度、采矿因素等对区段煤柱稳定性的影响特征，研究了不同宽度煤柱受压时弹塑性区范围分布、充填后煤柱破坏机制；构建了超高水材料充填体＋煤柱协同承载结构力学模型，采用 PFC 软件模拟分析了不同充填率、水体积比条件下充填体 + 煤柱的应力分布、裂纹演化特征，结果表明当充填率超过 90%、水体积比低于 95%时，充填体 + 煤柱协同承载可有效降低顶板破裂范围、应力集中及覆岩运移程度。

（5）采用 $FLAC^{3D}$ 软件对比模拟充填开采条件下不同宽度煤柱稳定性特征，结果表明当煤柱宽度为 30m 及以上时，煤柱竖向应力变化范围小、塑性区范围稳定、基本顶最大下沉量为 33～35cm；从煤柱稳定性、保证地表生态环境及提高资源采出率等方面综合考虑，设计合理区段煤柱宽度为 30m；由工作面区段煤柱应力监测可知，超前工作面 32m 左右为峰值应力区，表明充填体 + 煤柱协同承载有利于降低煤柱应力集中程度、提高煤柱稳定性。

（6）研究了 CG1302 工作面断层分布特征及其对工作面回采的影响程度，构建了垮落法、充填开采断层覆岩运移结构力学模型，探究了垮落法、充填开采条件下过断层时覆岩运移特征，结果表明与垮落法相比，充填开采过断层对应力传递、塑性区发育有明显阻隔作用，降低了能量积聚程度。为避免超高水充填工作面过断层时发生动力灾害，提出了区域防冲、爆破碎岩、冒顶片帮防治等技术，现场应用实现了安全高效过断层效果。

（7）结合现场地质开采条件，确定义能煤矿具有发生冲击压力型冲击地压的条件。基于能量理论分析了超高水充填开采的采动影响及煤体变形能分布规律，提出发生冲击地压的最小动能临界值为 $U_{pmin} = 77kJ/m^3$，模拟结果表明超高水充填开采能有效防止冲击动力灾害。现场微震监测统计可知不具备发生冲击地压的条件，表明超高水充填开采有效降低了工作面围岩能量积聚程度，揭示了深部煤层充填开采冲击地压防治效应。

（8）探究了开采与充填协调的覆岩运移控制机制，指出开采能力及充填能力相互匹配有利于实现安全高效绿色开采；提出了深部煤层超高水材料智能化充填开采技术，实现了充填与开采的协调控制，显著提高了开采效率、充填能力及质量，提升了矿井安全水平、经济效益，实现了深部煤层安全高效智能绿色开采。

（9）提出了深井大流量浆料输送、管道堵塞防治、二次充填、协同控顶及矸石泵送留巷无煤柱开采等采充协调的覆岩运移关键控制技术；构建了充填工作面智能预警、巷道智能化控制及深井超高水充填效果评价系统，形成了深井超高水充填开采安全高效智能化监测预警机制。义能煤矿超高水材料充填开采现场实践实现了“三下”深部煤层安全高效智能绿色开采，为类似条件煤炭资源科学开发提供了示范。

编 后 记

《博士后文库》是汇集自然科学领域博士后研究人员优秀学术成果的系列丛书。《博士后文库》致力于打造专属于博士后学术创新的旗舰品牌，营造博士后百花齐放的学术氛围，提升博士后优秀成果的学术和社会影响力。

《博士后文库》出版资助工作开展以来，得到了全国博士后管委会办公室、中国博士后科学基金会、中国科学院、科学出版社等有关单位领导的大力支持，众多热心博士后事业的专家学者给予积极的建议，工作人员做了大量艰苦细致的工作。在此，我们一并表示感谢！

《博士后文库》编委会